ポイント解説
水処理技術

和田洋六 [著]

東京電機大学出版局

本書は2008年の初版発行以来、㈱工業調査会から刊行され、幸いにも長きにわたって多くの読者から愛用されてきました。このたび東京電機大学出版局から新たに刊行されることとなりました。本書が今後とも読者の役に立つことを願っています。

　2011年5月　　　　　　　　　　　　　　　　　　　　　　　　和田洋六

はじめに

　この本は実務に役立つ水処理の要点についてわかりやすく解説したものです。

　水は地球上に一定量しか存在しない限りある資源で、水がなければ人の生命維持や産業は成り立ちません。

　近年、世界の水問題は深刻化し、今から数年前に21世紀は「水の世紀」になるといわれました。現在、その言葉が水不足、水環境汚染、穀物生産の仮想水（バーチャルウォーター）問題などを包括する概念としてにわかに現実味を帯びてきました。

　今、石油資源を押さえた者が世界経済の行方を左右しています。近い将来、「水」が「石油」にとって代わる時代が来るかも知れません。

　私達は水が地球を循環しているものであるということを常に念頭において、人類共通の資産である水の汚濁防止に努め、高度処理、リサイクル化、節水に配慮した「循環型社会の構築」を目指すべきだと思います。

　水処理技術者は、化学、生物、機械、電気、環境などの基礎理論に加え実体験の積み重ねが必要です。自分の知識と経験が一致したときの手ごたえは、まさに技術者の喜びであり、仕事への意欲がわいてきます。この体験により、それまでの知識が本物となり、やがては新技術開発のきっかけともなります。本書がこれらの課題を解決するために少しでもお役に立てば幸いです。

　この本は日ごろ水処理の業務に携わる技術者はもとより、理工学部の学生、初心者の方々でも容易に理解できるように書かれています。内容は基礎的な凝集沈殿や砂ろ過をはじめ、最近の環境規制の動向、排水のリサイクルに至るまで幅広いのですが、どの項目を読んでも4ページで概要が把握できるようにしました。

　紙面の都合で内容を伝えきれないと思われる部分については、補足説明と確認を兼ねて演習問題と解答を記載しました。

　本書の作成にあたって、本文中に掲げた優れた文献、著者、発行者の資料を参考にさせていただいたことを感謝します。また、出版の協力をいただいた(株)工業調査会編集部の各位に厚くお礼申し上げます。

2008年10月　　　　　　　　　　　　　　　　　　　　　　　　　和田　洋六

目　　次

はじめに

第 1 章　水処理の基本 …………………………………… 7
1.1　水は貴重な資源　*8*
1.2　環境規制と化学物質規制の動向　*12*

第 2 章　水処理で使う主な用語 …………………………… 17
2.1　pH　*18*
2.2　酸化還元電位（ORP）　*22*
2.3　電気伝導率　*26*
2.4　蒸発残留物　*30*
2.5　溶存酸素（DO）　*34*
2.6　BOD と COD　*38*
2.7　酸化、還元　*42*
2.8　硬度　*46*
2.9　アルカリ度　*50*
2.10　塩素殺菌　*54*
2.11　紫外線殺菌　*58*
2.12　オゾン酸化　*62*
2.13　促進酸化法（AOP）　*66*

第 3 章　生活用水と工業用水 ……………………………… 71
3.1　上水道水源の水質　*72*
3.2　飲料水の水質　*76*

目次

　3.3　凝集　　*80*
　3.4　沈殿分離　　*84*
　3.5　浮上分離　　*88*
　3.6　緩速ろ過と急速ろ過　　*92*
　3.7　除鉄、除マンガン　　*96*
　3.8　砂ろ過（圧力式ろ過）　　*100*
　3.9　活性炭吸着　　*104*
　3.10　UV オゾン酸化　　*108*
　3.11　イオン交換樹脂による脱塩　　*112*
　3.12　MF 膜ろ過　　*116*
　3.13　UF 膜ろ過　　*120*
　3.14　RO 膜脱塩　　*124*
　3.15　電気透析　　*128*
　3.16　純水　　*132*
　3.17　超純水　　*136*
　3.18　ボイラ水の管理　　*140*
　3.19　冷却水の管理　　*144*
　3.20　海水淡水化　　*148*

第4章　生物学的処理　　*153*

　4.1　流量調整槽　　*154*
　4.2　沈殿槽の構造　　*158*
　4.3　活性汚泥法　　*162*
　4.4　長時間ばっ気法と汚泥再ばっ気法　　*166*
　4.5　バルキングの原因と対策　　*170*
　4.6　生物膜法　　*174*
　4.7　回分式活性汚泥法理　　*178*
　4.8　汚泥負荷と容積負荷　　*182*
　4.9　毒性物質と阻害物質　　*186*
　4.10　窒素の除去　　*190*
　4.11　リンの除去　　*194*

第5章　物理化学的処理 ･････････････････････････････････････ *199*

5.1　pH調整による重金属の処理　*200*
5.2　硫化物法による重金属処理　*204*
5.3　粒子径と沈降速度　*208*
5.4　6価クロム排水の処理　*212*
5.5　シアン排水の処理　*216*
5.6　フッ素含有排水の処理　*220*
5.7　ホウ素含有排水の処理　*224*
5.8　亜鉛含有排水の処理　*228*
5.9　フェントン酸化　*232*
5.10　シリカの除去　*236*

第6章　排水のリサイクル ･････････････････････････････････ *241*

6.1　RO膜による重金属含有排水のリサイクル　*242*
6.2　イオン交換樹脂法による重金属含有排水のリサイクル　*246*
6.3　UVオゾン酸化とイオン交換樹脂法によるシアン含有排水の
　　　リサイクル　*250*
6.4　UVオゾン酸化とイオン交換樹脂法による3価クロム化成処理排水
　　　のリサイクル　*254*

第1章

水処理の基本

1.1 水は貴重な資源

地球上の水は**図 1.1.1** のように海や陸から蒸発して雲となり、雨や雪となって地球上に降り注ぎ、表流水、地下水に形を変えて再び海に戻るという循環を繰り返している。この水の総量（約 14 億 km³）は何億年も前に最初の水ができた時から今日に至るまでほとんど増えもせず減りもしていない。

今から 35 億年前、海の中で単細胞生物が最初に誕生した。これ以降、人を始めとする地球上の生物は水を介して進化した。人体の 60% 以上は水で、組成も海水とよく似ている。人は水さえあれば 30〜60 日くらいは生き続けることができる。しかし、水を飲まなかったら脱水症状を起こして、細胞の働きや血液の運行ができなくなり 10 日以上は体がもたない。水はまさに生命の源である。

人類は 100 年くらい前までは、水資源を他の動物や植物と分かち合って生きてきた。水は、森をつくり、土をつくる。そして、その恩恵で人類は穀物を作り、家畜を育てて食料とし、文明を築いてきた。4 大文明発祥の地はいずれも大河のほとりである。このように、水は生命の維持と産業に必須の資源である。

最近になって、われわれは水を汚し続け、枯渇寸前にしている。われわれは水が地球上を循環していることを常に念頭において、水質汚濁防止を心がけ、高度処理、リサイクル化、節水に配慮した循環型社会の構築を目指すべきである。

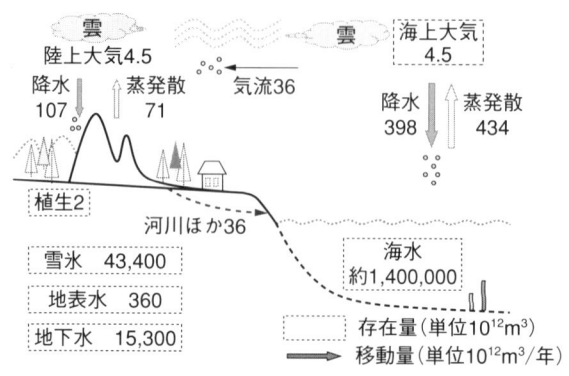

図 1.1.1 地球上の水量[1)]

● 水の循環速度と淡水の量

　海から蒸発した水分が雲となって移動し、雨となって陸地に降り注ぐのに10～15日くらいの時間がかかる。地下水の中には50年から100年もかかってゆっくりと地下を移動し、やがて湧水となる。地球上の水量はいつも変わらないが、形を変えながら地球上のどこかを循環している。

　図1.1.2に地球上の水の比率を示す。地球にある水のうち約97.47%は海水で残り2.53%が淡水である。ところが、淡水の約70%は南極や北極の氷として閉じ込められているので、われわれが生活に利用できる水（河川、湖沼、地下水など）は地球上の総水量のうち0.76%しかない。残りわずか0.76%の淡水であるが、このうち、循環している水は地球上の水の約0.05%に過ぎないといわれている。われわれはこの循環水の一部を使っているので、限りある地球の水のごく一部を日常生活や産業活動に使用していることになる。つまり、実際に使える淡水の量は限られた量でしかないのである。

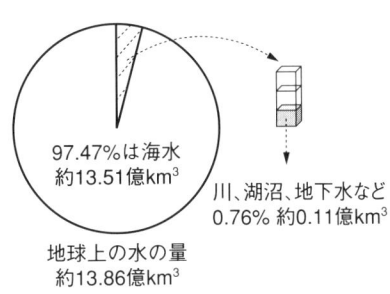

図1.1.2　地球上の水量[2)]

● 日本の河川の特殊事情

　図1.1.3は日本と世界の河川の河口からの距離と標高の関係である。日本の河川は海までの距離がおよそ200kmたらずで、山間部に降った雨は2日間程度で海に到達してしまう。しかも、日本の国土に降る雨は梅雨、台風などの限られた時期に集中し、大部分が利用されぬまま一気に海に流出してしまう。これに対して、メコン河やセーヌ河は600km以上もある国際河川で、その間に多くの人々に利用されている。

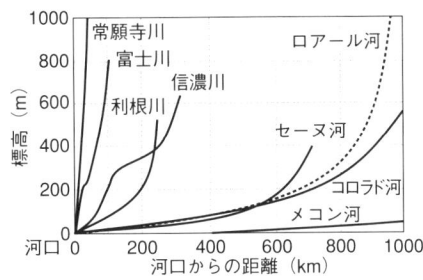

図1.1.3　日本と世界の河川縦断勾配

日本の年間平均降水量

図1.1.4は世界の降水量である。わが国の年間平均降水量は約1,718 mmで、世界平均降水量約880 mmの2倍と恵まれている。しかし、狭い国土の割りに人口が多く、1人あたりの平均降水量は世界平均の1/3程度であり、決して豊富とはいえない。

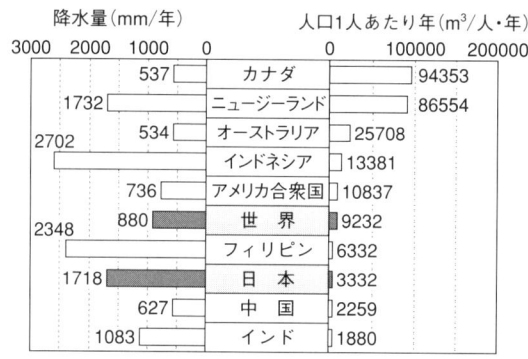

図1.1.4 世界の降水量

1人あたりの水使用量

図1.1.5は家庭1人あたりの水使用量と用途例である。昭和59年には1人あたり215 l だったが、生活が便利になり水道水を使う機器が増えたこともあって平成6年には248 l と増加した。

その後、節水機器の技術の向上や普及を反映して平成16年は1人あたりの平均使用水量は244 l と減少した。使用目的の割合は、トイレ（28%）、風呂（23%）、炊事（23%）、洗濯（17%）と主に洗浄目的に使用されている。

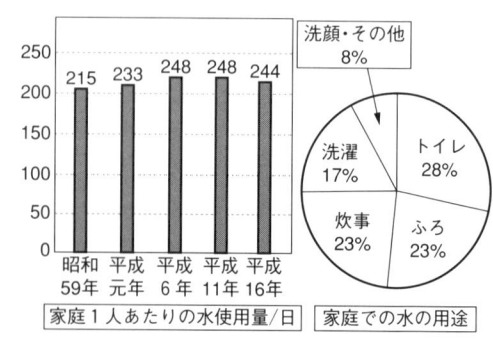

図1.1.5 家庭1人あたりの水使用量と用途例

● バーチャルウォーター

バーチャルウォーターとは、ある国の輸入物資をもし仮に自国内で作るとしたときに必要となる水の量のことをいう。一例として、ステーキ200gに必要な水は約4,000lで、2lのペットボトルで約2,000本分に相当する。

図1.1.6は主要穀物（5品種）の水消費原単位、図1.1.7は主要畜産物（4品種）の水消費原単位試算例である。これらに伴う水の総輸入量は年間640億m³にも達する。

品目別の年間の水量は、とうもろこし145億m³、牛140億m³、大豆121億m³などで、工業製品はわずか14億m³である。これだけの水を日本が外国で消費していることになる。世界の水問題は深刻化し、今から数年前に21世紀は「水の世紀」になるといわれた。

現在、その言葉が水不足、水汚染、水紛争などを包括する概念として、しばしば使われにわかに現実味を帯びてきた。

20世紀は石油を押さえたものが世界経済の行方を左右した。

近い将来、「水」が「石油」にとって代わる時代が到来するかも知れない。世界の水を消費する日本は世界の水問題に無関心であってはならない。

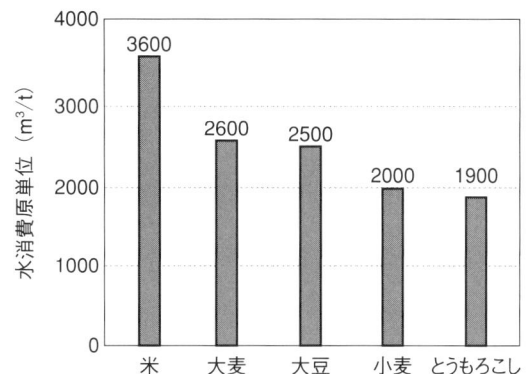

図1.1.6　主要穀物の水消費原単位[3]

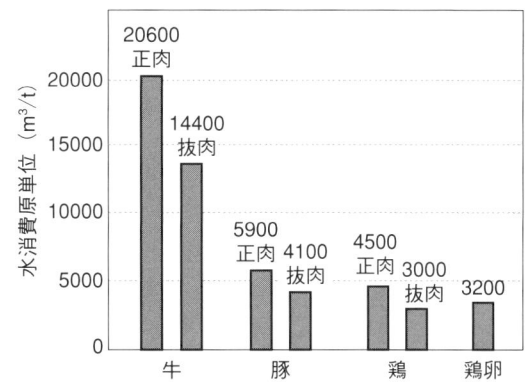

図1.1.7　主要畜産物の水消費原単位[3]

---

1) 武田喬男ほか：「水の気象学」東京大学出版会（1992）を参考に作成
2) （財）水資源協会：「日本の水」（2005）を参考に作成
3) 沖大幹：「世界の水危機、日本の水問題」、東京大学生産技術研究所（2003）を参考に作成

1.2 環境規制と化学物質規制の動向

1.2.1 環境規制の動向

水の環境基準[1]と排水基準[2]はこれまで人に有害な健康項目（シアン、6価クロム、鉛、ヒ素など）と生活環境項目（pH、COD、BOD、ニッケル、亜鉛など）に分けて、それぞれの基準値が設けられていた。今後の環境規制は上記の2項目に加え、水生生物の保護や新たな化学物質規制など、地球環境全体に配慮した時代が到来する。

● **亜鉛規制強化の動向**

2006年12月、亜鉛の排水基準はそれまでの5 mg/l から2 mg/l と大幅に引き下げられた。今回の亜鉛規制強化では人への影響よりも水生生物[3]の保護を優先している。

亜鉛は人体にとって必須の元素であるがミジンコやカゲロウなどの水生生物には低濃度でも悪影響を与える。欧米諸国では1970年代から生物多様性の確保や生態系維持の観点から、水生生物への影響を考えた亜鉛の排水基準を設定していた。

図1.2.1.1によるとカゲロウ、カワゲラなどは0.03 mg/l を超えると生息できる種が急減する。こうした経緯から亜鉛の環境基準は0.03 mg/l となった。重金属の排水基準はこれまで環境基準の10倍とされてきたので、本来ならば0.3 mg/l となる。しかし、これでは実際の排水処理が困難なので産業界、学会、関係省庁で協議した結果、2 mg/l に落ち着いたという経緯がある。

● **フッ素、ホウ素、硝酸性窒素、亜硝酸性窒素規制の動向**

2007年7月、環境省は水質汚濁防止法における、フッ素、ホウ素、硝酸性窒素、亜硝酸性窒素の暫定排出基準を適用している業種の見直しを行った。

その後、3年ごとに見直しが行われ、2016年7月の見直しでは、電気めっき業を含む工業分野の**9業種**に暫定排水規準が設定されている。**カドミウム**は現在の0.1 mg/l から更に規制強化の方向で検討が進められている。

フッ素、ホウ素は電気めっき業、ほうろう鉄器製造業など、硝酸性窒素は非鉄金属、イットリウムなど特殊な分野の薬品メーカーから多く排出される。これらの業種では経済的に見合う処理方法で規制値まで対応するのは亜鉛以上に難しいので、経済産業

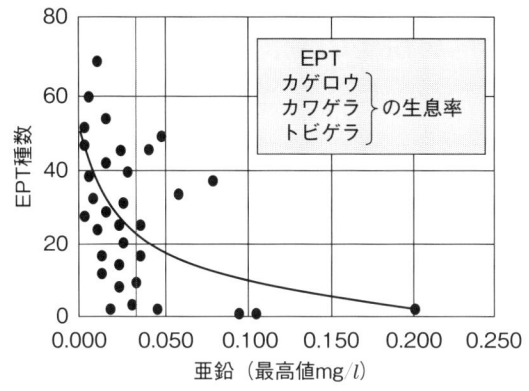

図 1.2.1.1　水生生物と亜鉛濃度の関係[4]

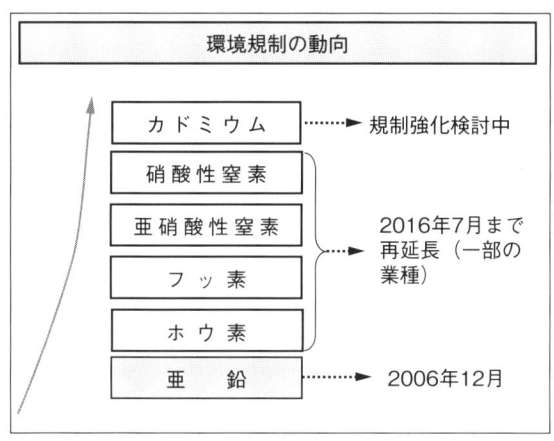

図 1.2.1.2　環境規制の動向

省と環境省が中心となり、新基準を達成するためのサポート体制構築が進められている。

1) 環境基準：人の健康保護を目的に決めた公共水域の水質基準。
2) 排水基準：事業所の特定施設から排出する処理水の水質。工場の排水が公共水域に流れ込むと 10 倍に希釈されるとの観点から、環境基準の 10 倍の値が「排水基準」となる。
3) 水生生物：魚介類のイワナ類、餌となるヒラタカゲロウ類の最終毒性値が $0.03\,mg/l$ なのでこの値を環境基準値としている。
4) 出所：国土交通省・河川局河川環境課（51 水系 163 地点調査）

1.2.2 化学物質規制の動向

　欧州では市民の環境に対する危機意識が高く下記①～⑤の化学物質に関する規制が進行している。2006年1月、EU（欧州連合）は①フタル酸エステル類を3歳未満向け玩具に使用することを禁止した。

　2006年7月、EUは②RoHS指令を施行した。RoHS指令では、電気電子機器に鉛、水銀、カドミウム、6価クロム、ポリ臭化ビフェニル、ポリ臭化ジフェニルエーテルなど6物質の使用を禁じている。

　今後は図1.2.2.1に示すように③REACH規則を中心とした化学物質規制、④PFOS指令、⑤PFOA問題などが注目される。

① **フタル酸エステル**[5]：主に塩化ビニルの可塑剤。塩ビ用可塑剤は電線、乳児の玩具、おしゃぶり、調理用手袋などに使われている。

② **RoHS指令**：（Restriction of the use of certain Hazardous Substances in electrical equipment）電気電子機器の生産から処分に至る段階で環境や人の健康に危険を及ぼすのを最小限にすることを目的としたEUの規制。

③ **REACH**：Registration（登録）、Evaluation（評価）、and Authorization（認可）of chemicals（化学物質）の頭文字。化学物質を使用、生産する際に人の健康と環境に与える悪影響を最小に留めようとするもので新規物質以外に約3万種の既存物質についても安全性のデータ提出を義務付けている。

④ **PFOS（パーフルオロオクタンスルホン酸）**：揮発性のないきわめて安定な化合物。環境中で分解されにくく生体蓄積性がある。精密機器の潤滑性を保つ撥油剤や表面処理薬品（無電解めっき、クロムめっきなど）の添加剤として使われている。

⑤ **PFOA（パーフルオロオクタン酸）**：フッ素樹脂製造の助剤。製品に不純物として微量含まれるほか製造工場排水に含まれる可能性がある。

　表1.2.2.1に示すようにPFOSとPFOAとも微量ながら河川水や海水に検出される。電気機器をはじめとする日本の工業製品はEU諸国、アメリカ、中国など、国境を越えて世界中に流通している。ものづくりの過程で関わるこれらの化学物質の規制は、製品の製造、廃棄、環境管理に至るすべての段階で新たな取り組みが求められている。これらの動向から、今後の生産現場では環境に負荷をかけない処理プロセスの選択が優先課題となる。

⑥ **1,4ジオキサン**：水と良く混ざる有機溶剤。発がん性が懸念されるため2012年5月に排水基準が0.5 mg/l に設定された。

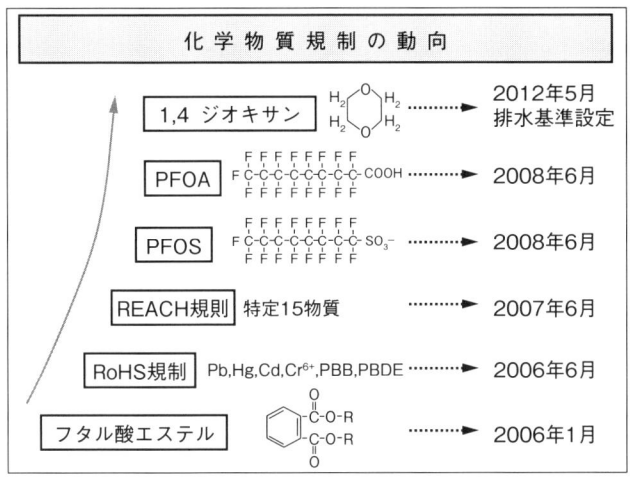

図 1.2.2.1 化学物質規制の動向

表 1.2.2.1 河川水・海水の PFOS と PFOA の濃度例[6]

地　域	試料数	PFOS（ng/l）	PFOA（ng/l）
石狩川河口	3	0.48–2.0	0.69–1.9
隅田川河口	3	15–19	10–11
名古屋港	3	5.5–5.8	2.6–2.9
大阪湾	3	5.5–7.8	67–70
徳山湾	3	0.24–0.35	0.65–0.67
大牟田沖	3	0.16–0.37	0.62–0.65

5) フタル酸エステル：フタル酸エステルには約 10 種類ある。その中でも DEHP（フタル酸ジ-2-エチルヘキシル）と DINP（フタル酸ジイソノニル）の 2 種類が使用量の 8 割を占める。
フタル酸エステルは 1977 年ころ環境ホルモンの疑いのある物質としてマスコミなどで話題となった。
6) 出所：京都大学（医学研究科）と岩手県（環境保険研究センター）の共同研究（2002 年調査）。ナノグラム（ng）は 10 億分の 1 グラム。

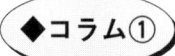 水は優れた溶媒

　水の分子は図（上）のように、ふたつの水素（H）イオンとひとつの酸素（O）イオンが折れ曲がった棒磁石のようにH_2Oを形成している。このように、水はひとつの分子の中でプラス極とマイナス極の位置がずれる「双極子」という変わった形を示す。これこそが水分子があらゆる物を溶かす最大の要因である。
　一例として、食塩（NaCl）が水に溶ける現象について考えてみよう。NaClはNa^+　Cl^-という形で結びついている。これはイオン結合と呼ばれ大変強いので熱や圧力を加えてもその結合はなかなか切れない。ところが、食塩を水に入れると35 g/lも溶けNa^+とCl^-がばらばらになって、イオン結合が簡単に切れてしまう。これは水分子が食塩に接すると図のようにNa^+とCl^-に水のマイナス極かプラス極のどちらかが結びついて$Na^+\cdot nH_2O$や$Cl^-\cdot mH_2O$のような「水和」の形になるからである。食塩に限らず、水分子は「双極子」によりあらゆる物質を溶かすので金やケイ酸塩鉱物ですら溶かしてしまう。
　ところで、双極子である物質（水、エチルアルコールなど）を電子レンジに入れてスイッチを入れるとマイクロ波（2,450 MHz）により分子が激しく揺り動かされて発熱する。これは料理をはじめ酒の「お燗」などにはもってこいである。しかし「双極子」ではない物質（四塩化炭素、ベンゼンなど）は分子のバランスがとれているので電子レンジでは発熱しない。
　マイクロ波はもともと通信などで用いられてきたが、これを加熱に使用するという着想は、まったくの偶然から生まれた。発明者はアメリカのレーダー技師パーシー・スペンサーという人で、ポケットの中に入れていた食べかけのピーナッツバーが溶けていたことから、調理に応用できるのではないかとのヒントになったといわれている。
　発明や発見のヒントはいつも「実務の現場」に転がっているようだ。

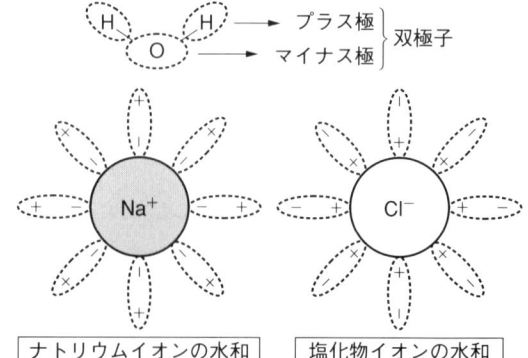

第2章

水処理で使う主な用語

2.1 pH

pHは水溶液の酸性・中性・アルカリ性の度合いを表わす数値（指標）で、用水・排水の水質を始め農作物の生育や植物の発色[1]にも影響を与える。多くの生物や農作物にとって適切なpH値は5.8～8.6とされ、排水基準もこの数値を採用している。

pHの語源はラテン語のpounds Hydrogeniiでpoundsは重量、Hydrogeniiは水素の意味である。その他pにはpotentialやpowerなどの説があり、Hはhydrogenで、それぞれの頭文字をとってピーエッチまたはペーハーと読む。もともとpHの発見者がデンマーク人（ゼーレンセン）であったことからペーハーと呼ばれることが多かったが1957年にpHのJISを制定するときにピーエッチと英語読みに統一された。その後、pHの呼び方は正式にピーエッチとなったが今でも両方が使われている。

● pH調整と中和反応

図2.1.1はpH調整と中和反応の模式図である。

一例として、中性（pH 7）の水①に塩酸（2 HCl）を加えると②のようにH$^+$イオン

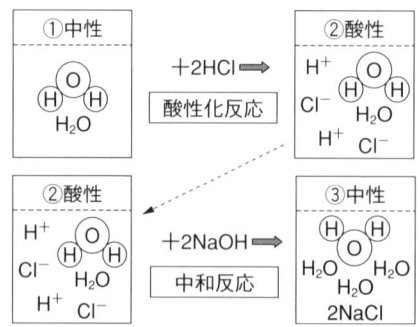

図2.1.1　pH調整と中和反応

---

1) アジサイの花の色とpH
酸性の土壌では青色が強く、酸性が弱くなるにつれて赤味を帯びてくる。
日本の土壌は酸性なので青いアジサイが一般的である。酸性土壌でアジサイに含まれるアントシアニン系色素のデルフィニジンにアルミニウムイオンが絡みつくと青色になる。これが石灰などで土壌をアルカリにするとアルミニウムイオンが溶出しないので色がピンクに変わる。

が増えるので酸性となる。次いで、②の酸（2 HCl）に見合う量のアルカリ（2 NaOH）を加えると H^+ イオンと OH^- イオンが反応して H_2O となるので中性の pH 7 に戻る。ここで、②の酸性水は中和されるが③では中性塩（NaCl）が副生するので塩分濃度が上昇する。

これが pH 調整と中和処理の原理である。pH 値は酸、アルカリの調整だけでなく、凝集や沈殿処理を効果的に行うためにも重要な意味がある。

● 水素イオン指数 pH

pH の値には 0〜14 までがあり 7 を中性もしくは化学的中性点という。

pH は 7 より小さくなるほど酸性が強く、7 より大きくなるほどアルカリ性が強い。水溶液中の水素イオンのモル濃度、つまり $1l$ 中に存在する H^+ のモル数を $[H^+]$ としたとき、次のように定義される。

$$pH = -\log[H^+] = \log 1/[H^+]$$　　（ここで log は常用対数である）

上記の関係から $[H^+] = 10^{-3} mol/l$ の場合は pH 3、$[H^+] = 10^{-9} mol/l$ は pH 9 となる。

pH 値は対数で示されるので、一例として、pH 3 の溶液 $1l$ を水で希釈して pH 4 にするには理論上 10 倍量の $10l$ が必要となる。

● 水のイオン積

純水または酸・塩基・塩類の希薄溶液中に存在する水素イオン（H^+）および水酸イオン（OH^-）のモル濃度（mol/l）をそれぞれ $[H^+]$、$[OH^-]$ で表わすと、温度一定ならば、その積は一定であることが知られている。この値を水のイオン積といい K_w で表わす。

常温の水や水溶液では K_w の値はほぼ一定で 1×10^{-14} である。すなわち、

$$K_w = [H^+] \times [OH^-] = 1\times10^{-14}$$

$[H^+] \times [OH^-]$ は一定なので水素イオン濃度が上昇すれば水酸イオン濃度が減少し（酸性化）、水素イオン濃度が減少すれば、水酸イオン濃度が上昇（アルカリ性化）する。そして、水素イオン濃度と水酸イオン濃度がちょうどバランスしたところがいわゆる中性で pH 7 となる。

したがって、水溶液中の水素イオン濃度 $[H^+]$ がわかれば水酸イオン濃度は $[OH^-] = 10^{-14}/[H^+]$ で容易に求めることができる。

中和曲線

図 2.1.2 に中和曲線の一例を示す。①のように不純物を含まない酸性の水（pH 2）に中和剤を加えると、pH は 7 付近で急激に上昇する。

実際の中和処理であまり濃度の高いアルカリ溶液（NaOH など）を使うと pH 上昇が急激で調整がうまくできないことを経験する。

通常、水酸化ナトリウムや硫酸を中和剤に用いる場合は 3〜5% が適当である。

②のように重金属やアルカリを消費する成分を含む排水の中和では OH イオンが重金属などに先に消費されるので、中和剤を加えても pH がなかなか上昇しないことがある。また、重金属を含まなくても炭酸ナトリウム（Na_2CO_3）などの弱アルカリで中和すると②と同様の曲線が得られる。

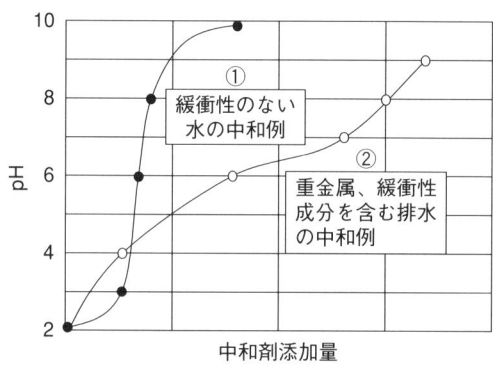

図 2.1.2　中和曲線

いくつかの溶液の pH 値

表 2.1.1 にわれわれの身近にある物質の pH 値を示す。

レモン汁や梅干は pH 2〜3 で、なめると"すっぱい"ので確かに「酸」である。ところが、栄養学的には「アルカリ」食品に分類されている。ではなぜレモン汁や梅干はアルカリ食品なのか？

栄養学でいう酸性食品・アルカリ性食品は食品そのものが酸性であるとかアルカリ性であるとかということではない。食品を燃やして、その灰を水に溶かしたとき、酸性かアルカリ性を示すかで判別する。

リンゴ、ミカン、梅干しなどの味は酸っぱくてもカルシウム（Ca）、ナトリウム（Na）、カリウム（K）、マグネシウム（Mg）などを多く含む。これらの成分を焼いて水に溶かすとアルカリ性を示すのでアルカリ性食品ということになる。

これに対して、肉類、魚類、卵などは、リン（P）、硫黄（S）などを多く含み、これらを焼いて水に溶かすとリン酸や硫酸となって酸性を示すので酸性食品となる。

酒の中では、清酒、ビール、みりんが酸性食品、ワインがアルカリ性食品に属する。

表 2.1.1　身近にあるいくつかの溶液の pH 値

酸性〜中性		中性〜アルカリ性	
胃液	1.8–2.0	水道水	5.6–8.4
レモン汁	2.0–3.0	牛乳	6.4〜7.2
食酢	2.4–3.0	母乳	6.8〜7.4
ワイン	3.0–3.8	血液	7.4
炭酸水	4.5	唾液	7.2〜7.4
雨	5.6	海水	8.3
尿	4.8–8.0	汗	7.0–8.0
コーラ	2.8	漂白剤	12.5
日本の土壌	4.2–5.5	石鹸水	9.0–10.0

演習問題

水 $1l$ に NaOH を 0.4 g 溶かした液の pH はいくらか。

解　答

NaOH の分子量：40、NaOH のモル濃度は $0.4/40 = 0.01$ mol/l

NaOH が完全に電離するとすれば $[OH^-] = 0.01$

水酸イオン濃度は $[OH^-] = 10^{-14}/[H^+]$ であるから $[H^+] = 10^{-14}/[OH^-]$

ゆえに $[H^+] = 10^{-14}/0.01 = 10^{-14}/10^{-2} = 10^{-12}$

$pH = -\log(10^{-12}) = 12$

水 $1l$ に NaOH を 0.4 g 溶かすと pH 12 となる。

2.2 酸化還元電位（ORP）

酸化還元電位は水中に含まれる成分の酸化力と還元力の差を表したもので ORP（Oxidation Reduction Potential）と呼ぶ。

ORP は水中の成分が他の物質を酸化しやすい状態にあるのか、還元しやすい状態にあるのかを表す指標である。したがって、この値がプラスで大きければ、酸化力が強く、マイナスで大きければ還元力が強いということになる。

● ORP の値と酸化、還元の状態

図 2.2.1 はわれわれの身近にあるいくつかの溶液の pH と ORP の関係例である。水道水の pH は 6.8〜7.5、ORP 値は +400〜+700 mV である。飲料水にしては ORP 値が高いと思われるが、この主な原因は水道水中の残留塩素によるものである[1]。

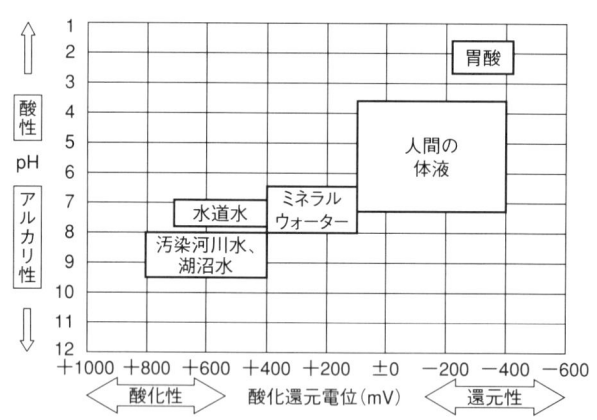

図 2.2.1　いくつかの溶液の pH と酸化還元電位

[1) 試みに、残留塩素 0.2 mg/l、ORP +450 mV の水道水 100 ml に日本茶の粉末を 0.5 g 加えると ORP は +50 mV に低下する。これは下式のように茶葉に含まれる還元物質（ポリフェノール、ビタミン C など）が塩素（Cl_2）により還元されて、塩素が酸化力のない塩化物イオン（Cl^-）に変化したためである。

$$Cl_2 + 茶葉 \rightarrow 2\,Cl^-$$

水道水中の残留塩素の除去は活性炭を使ってもできる。ただし、塩素除去した飲料水は殺菌力を失って保存がきかなくなるのですぐに飲んでしまうことをお勧めする。

図 2.2.1 に示すように、人間の体液は弱酸性〜中性で還元性に保たれている。これらのことから、酸化した食べ物や古い油を使った食品は健康を損なう恐れがある。

● ORP の測定方法

化学平衡の成立している水溶液に白金のような不活性金属の電極と比較電極を入れると電極の間に電位差が生じる。この間の電位差を酸化還元電位（ORP）といい、溶液の酸化力または還元力の指標としている。最近は白金電極と比較電極を一体にした複合電極が広く用いられている。

酸化還元電位は下記のネルンストの式によって導き出すことができる。

$$E = E_0 + (RT/nF) \cdot \ln[O_x]/[R_{ed}] \quad \cdots\cdots (1)$$
$$E = E_0 + (RT/nF) \cdot 2.3\log[O_x]/[R_{ed}] \quad \cdots\cdots (2)$$

ここに、E：酸化還元電位、E_0：標準酸化還元電位（V）、R：気体定数（8.31 J/mol·K）、T：水溶液の絶対温度（273+℃）、n：反応前後のイオンの電荷数の差、F：ファラデー定数 96,500（クーロン）、$[O_x]$：酸化体のイオン濃度（g イオン/l）、$[R_{ed}]$：還元体のイオン濃度（g イオン/l）

● 代表的な化学物質の酸化還元電位

表 2.2.1 に代表的な物質の酸化還元電位を示す。

表 2.2.1　代表的な物質の酸化還元電位 E（V）

酸化還元反応	E（V）
$H_2O_2 + 2H^+ + 2e = 2H_2O$	1.77
$Cl_2 + 2e = 2Cl^-$	1.36
$Cr_2O_7^{2-} + 14H^+ + 6e = 2Cr^{3+} + 7H_2O$	1.33
$Fe^{3+} + e = Fe^{2+}$	0.77
$O_2 + 2H^+ + 2e = H_2O_2$	0.68
$SO_4^{2-} + 4H^+ + 2e = H_2SO_3 + H_2O$	0.17
$S + 2H^+ + 2e = H_2S$	0.14
$2H^+ + 2e = H_2$	0.00
$CrO_4^{2-} + 4H_2O + 3e = Cr(OH)_3 + 5OH^-$	−0.13
$CO_2 + 2H^+ + 2e = HCOOH$	−0.20
$2SO_3^{2-} + 2H_2O + 2e = S_2O_4^{2-} + 4OH^-$	−1.12

過酸化水素（H_2O_2）、塩素（Cl_2）、二クロム酸イオン（$Cr_2O_7^{2-}$）などはORP値が高いので酸化性が強い。これに対して、クロム酸イオン（CrO_4^{2-}）、二酸化炭素（CO_2）、亜硫酸イオン（SO_3^{2-}）などはORP値がマイナスなので還元力がある。

一例として、水中の6価クロムイオン（Cr^{6+}）とpHの関係は下式(3)となる。

$$2\,CrO_4^{2-} + 2\,H^+ \rightarrow Cr_2O_7^{2-} + H_2O \quad \cdots\cdots (3)$$

式(3)より、水素イオン濃度（pH）が低くなると二クロム酸イオン（$Cr_2O_7^{2-}$）の比率が高くなる。具体的には、pH 3あたりを境にこれよりpHが上がるとクロム酸イオン（CrO_4^{2-}）の比率が増えてくる。

表2.2.1によれば$Cr_2O_7^{2-}$とCrO_4^{2-}のORPは式(4)(5)である。

$$Cr_2O_7^{2-} + 14\,H^+ + 6\,e = 2\,Cr^{3+} + 7\,H_2O\,(E=1.33) \quad \cdots\cdots (4)$$
$$CrO_4^{2-} + 4\,H_2O + 3\,e = Cr(OH)_3 + 5\,OH^-\,(E=-0.13) \quad \cdots\cdots (5)$$

二クロム酸イオン（$Cr_2O_7^{2-}$）は酸性下で式(4)を右へ進め、強力な酸化力を発揮すると同時に自らは3価クロム（Cr^{3+}）に還元されようとする。

一方、式(5)のクロム酸イオン（CrO_4^{2-}）はORP値がマイナス（$E=-0.13$）を示し、アルカリ側では式(5)を左へ進めようとするから酸化力がない。

このようなクロムの性質から、6価クロムを還元するには溶液のpHをまず酸性にすることである。酸化力の強い二クロム酸イオン（$Cr_2O_7^{2-}$）の存在比を高めたところで還元剤（$NaHSO_3$など）を加えれば6価クロムは容易に3価クロムに還元される。

この方法は排水処理における6価クロムの還元工程で実際に採用されている。

● 微生物の活動と酸化還元電位

図2.2.2に微生物の活性と酸化還元電位の関係を示す。

用水・排水処理における微生物の作用はその環境の酸化還元電位と密接な関係がある。好気性微生物の活動に適した酸化還元電位は$-200\,mV \sim +400\,mV$、嫌気性の場合$+50\,mV \sim -400\,mV$である。これらのことから、嫌気性微生物は好気性微生物よりも酸化性の弱い環境で活動する。嫌気性微生物と好気性微生物の両方が共存できるのは$-100\,mV \sim +100\,mV$あたりである。

これを要約すると次のようになる。
・酸化還元電位が低い環境：嫌気性微生物が活躍しやすい
・酸化還元電位が高い環境：好気性微生物が活躍しやすい

したがって、酸化還元電位の低い環境を好む微生物は嫌気呼吸を行うといえる。中でも高い嫌気度を要求する微生物として有名なものがメタン菌であり、棲息環境の酸

化還元電位は-0.33 V以下が必要とされる。他にも一般的な脱窒菌、硫酸還元菌などは低い酸化還元電位を要求する。

一例として、活性汚泥処理槽の中で嫌気性菌による異常発酵が起こると、その部分のORP値が低下するので問題の場所を検知することができる。このように、微生物を使った排水処理でもORP測定は重要な役割を果たしている。

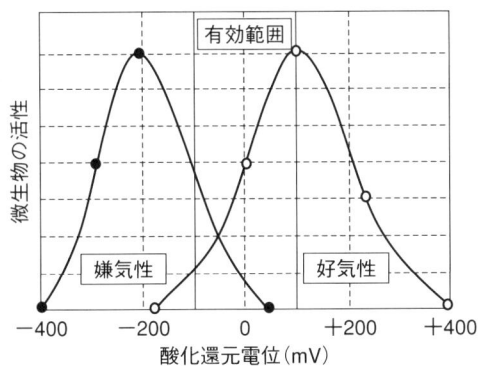

図2.2.2 微生物の活性と酸化還元電位の関係[2]

演習問題

25℃でFe^{2+} 0.01 gイオン/lとFe^{3+} 0.1 gイオンを含む溶液がある。この溶液の酸化還元電位を求めよ。ただし、$Fe^{3+} + e \rightarrow Fe^{2+}$の$E_0 = 0.75$ Vとする。

解 答

(1) 式 $E = E_0 + (RT/nF) \cdot \ln[O_x]/[R_{ed}]$ に
$E_0 = 0.75$ V、$R = 8.31$ J/mol·K、$T = 298$ K、
$F = 96,500$(クーロン)、$R_{ed} = Fe^{2+} 0.01$(gイオン/l)を代入すると、
$E = 0.75 + (8.31 \times 298 / 1 \times 96,500) 2.3 \times \log 0.1/0.01$
$= 0.75 + (0.0257 \times 2.3)$
$= 0.81$ V

---

2) W. N. Grue, J. H. Lofer : Water & Sewage Works, 105, 37 (1958)

2.3 電気伝導率（EC）

電解質（NaClなど）を含む水は H_2O が水素イオン（H^+）と水酸イオン（OH^-）に電離するが純水は H_2O なのでほとんど電気を通さない。電気の伝わりやすさ（電気伝導率）は水に含まれる電解質の多少に応じて変化する。このため、電気伝導率は水の電解質濃度を知る指標として用水・排水処理プロセスで広く用いられている。

● 電気伝導率（EC：Electric Conductivity）の測定方法 ─

電気伝導率は断面積 1 cm^2、距離 1 cm の相対する極板を有する一定形状の電極を検水中に浸し極板間に一定の電圧をかけたときに生じる電気抵抗の変化から求める。

1 cm の距離にある電極間の電気抵抗値を Ω・cm（オーム・センチ）と呼び、その逆数を電気伝導率としている。さらに、その値に 100 万をかけた数値が通常われわれが使っている電気伝導率〔ジーメンス（S/m）またはマイクロジーメンス（μS/cm）〕である[1]。1 cm あたりの電気抵抗が 100 万 Ω・cm であれば電気伝導率は 100 万

表 2.3.1 主な水の電気伝導率、電気抵抗の関係

電気伝導率（μS/cm）	電気抵抗（Ω・cm）	水の種類
1,000,000	1	
100,000	10	
44,000	22.7	海水
10,000	100	
1,000	1 k	
100	10 k	水道水
10	100 k	雨水
1	1 M	純水
0.1	10 M	超純水
0.05479	18.25 M	理論純水

---

1) 電気伝導率は水温 1℃ の上昇に比例して約 2% 増加するので、水の試験では 25℃ における数値を用いる。

分の1であり、電気伝導率はそれに100万をかけて$1\mu S/cm$となる。

表 2.3.1 に主な水の電気伝導率、電気抵抗の関係を示す。

電気伝導率の測定はpH、ORPと同様に、測定しようとする検水に電極を浸漬するだけですぐに値がわかるので簡便で確実な測定法である。

● 電気伝導率と全溶解固形分（TDS：Total Dissolved Solid）の関係

逆浸透膜やイオン交換樹脂を使って水から電解質を取り除いていくと電気伝導率はどんどん小さくなっていく。しかし、電解質を完全に取り除いても電気伝導率は0とはならない。理由は水の分子自体がごくわずかにH^+とOH^-にイオン化しているからである。図 2.3.1 にNaCl溶液の電気伝導率、電気抵抗、温度の関係を示す。理論的に考えられる全く純粋な水の電気伝導率は$0.05479\mu S/cm$（25℃）で電気抵抗18.25 $M\Omega\cdot cm$で完全な絶縁体となる[2]。

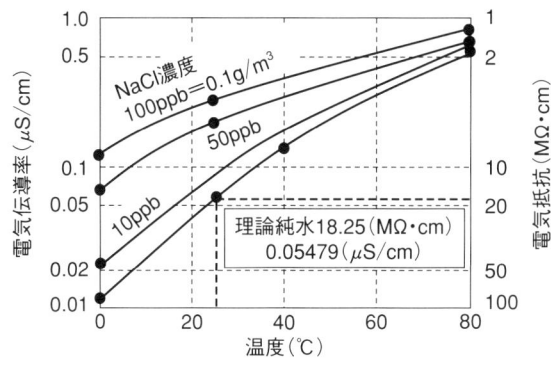

図 2.3.1 NaCl溶液の電気伝導率、比抵抗、温度の関係

電気伝導率は水中に含まれる陽イオン、陰イオンの合計と関係があり、同一水系の水ではpH 5～9の範囲でTDSと近似的に比例する。

多くの場合、電気伝導率とTDSとの比は1：0.5～0.8の範囲である。一例として、日本近海の海水の電気伝導率（EC）は$44,000\mu S/cm$くらいで、TDSは$34,000 mg/l$程度である。これはTDS/EC＝0.77に相当し、おおむね上記比率の範疇に入る。

著者の経験では用水・排水処理の現場でまず水の電気伝導率を測定して、その後、

2）理論純水は計算上の数値で実際には入手不可能。仮につくれてもタンクや配管材料からの不純物溶出や空気中の気体を吸収して、すぐに汚染してしまう。

同じ水の TDS を測定すると電気伝導率の 0.7～0.8 の範囲におさまる場合が多い。

電気伝導率は水中に含まれる陽イオンと陰イオンの合計量と関係があるので、水処理の現場では原水への下水、産業排水および海水混入の推定や給水と配水系統の違い、クロスコネクション、漏水の判定などに利用できる。

● 電気伝導率と無限希釈における当量電気伝導率

間隔が 1 cm の電極の間に電解質（NaCl など）が 1 g 当量含まれている溶液の導電率を当量電気伝導率という。この値はイオンの種類によって異なり特有の値を示す。上記濃度の電解質を薄めていくと電離度が次第に増加する。さらに無限に薄めたと仮定すれば、電解質の全部が解離したイオンになる。このときの当量電気伝導率は電解質特有の値となり最大値を示す。この無限に希釈されたときの当量電気伝導率を極限当量電気伝導率、または無限希釈における当量電気伝導率という。

表 2.3.2 に水溶液中の主なイオンの無限希釈における当量電気伝導率を示す。

通常の用水処理で扱う程度の 0.001 $-$N 前後またはそれ以下の低濃度におけるイオンは無限希釈の場合と同様にほとんどが電離する[3]。

表 2.3.2 イオンの無限希釈における当量電気伝導率

陽イオン	λ^∞	陰イオン	λ^∞
H^+	349.81	OH^-	198.30
Na^+	50.10	Cl^-	76.35
K^+	73.50	Br^-	78.14
NH_4^+	73.55	NO_3^-	71.46
Ca^{2+}	59.50	SO_4^{2-}	80.02
Ba^{2+}	63.63	HCO_3^-	44.50
Mg^{2+}	53.05	CO_3^{2-}	69.30

表 2.3.2 の無限希釈におけるイオンの当量電気伝導率は、陽イオン、陰イオンのほとんどが 40～80 であるが H^+ は 349.81、OH^- は 198.30 と数値が高い。

用水・排水処理で実際に酸性の水の電気伝導率を測定すると中性のときよりも高い

---

[3] 例えば、NaCl の 0.001 N の当量電気伝導率は 123.74 であるが、無限希釈の場合は 126.45 でほとんど変わらない。電気化学便覧（第 4 版）、丸善（1985）

値を示す。これは酸性の水は H^+ の含有量が多いので当量電気伝導率が高いことに由来する[4]。

演習問題　①

電気抵抗が $10\,k\Omega\cdot cm$ および $10\,M\Omega\cdot cm$ の水の電気伝導率（$\mu S/cm$）はそれぞれいくらか。

| 解　答 |

電気抵抗の逆数が電気伝導率であるから
$10\,k\Omega\cdot cm$：$1/10,000\times1,000,000=100\,\mu S/cm$
$10\,M\Omega\cdot cm$：$1/10,000,000\times1,000,000=0.1\,\mu S/cm$

演習問題　②

電気伝導率（EC）に関する記述として誤っているのは次のうちどれか。

① 電気伝導率（EC）は電気抵抗の逆数である。一例として、電気伝導率 $1.0\,\mu S/cm$ は電気抵抗 $1\,M\Omega\cdot cm$ となる。
② 純水に NaCl などの塩類を溶かすと電気伝導率（EC）は全溶解固形分（TDS）にほぼ比例して上昇し、海水の場合で TDS/EC＝0.77 程度である。
③ H^+ イオンの無限希釈における当量電気伝導率は高いので、同じ塩分濃度の場合は酸性側の水のほうが電気伝導率も高い。
④ 電気伝導率 $0.1\,\mu S/cm$ の純水をビーカーに入れておくと純度が高いのでいつまでも同じ値である。
⑤ 電気伝導率の値だけでは水中に含まれるイオンの種類までは判別できない。

| 解　答 |

④　不純物を含まない純水は大気中の酸素や二酸化炭素を吸収しやすいので電気伝導率が上昇する。

4）一例として、pH 6.9、電気伝導率 $125\,\mu S/cm$、ORP＋750 mV の水道水 $1\,l$ に 5% H_2SO_4 溶液を加えて pH 3.0 にすると電気伝導率 $430\,\mu S/cm$、ORP＋900 mV となる。これは H_2SO_4 の H^+ イオンにより電気伝導率が上昇した結果である。

2.4 蒸発残留物

蒸発残留物は水中に浮遊または溶解しているものが水を蒸発させた後に残ったもので、その総量は（mg/l）の単位で表示する。

水道水中の主な蒸発残留物の成分は、カルシウム、マグネシウム、ナトリウム、カリウム、シリカなどの塩類および有機物などである。一般に日本の水道水の蒸発残留物は 200 mg/l 以下で、多くても 300 mg/l を超えることはない[1]。

水中に懸濁している物質および水を蒸発したときの残留物質は概略次のように測定する。
① 懸濁物質：試料をろ過したとき、ろ材上に残留する物質。
② 全蒸発残留物：試料を蒸発乾固したときに残留する物質。
③ 溶解性蒸発残留物：懸濁物質をろ別したろ液を蒸発乾固したときに残留する物質。
④ 強熱残留物：懸濁物質、全蒸発残留物および溶解性蒸発残留物のそれぞれを 600±25℃ で 30 分間強熱したときの残留物で、それぞれの強熱残留物として示す。

● 用水処理と排水処理における蒸発残留物 ────────────

図 2.4.1 に水中の懸濁物質、全蒸発残留物質、溶解性蒸発残留物質の関係を示す。

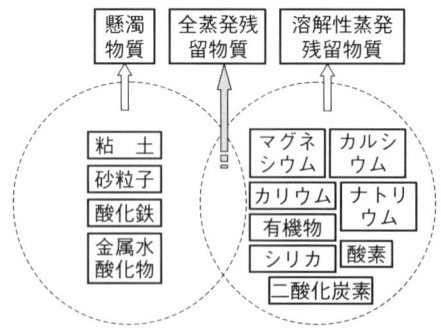

図 2.4.1　水中の懸濁物質、全蒸発残留物質、溶解性蒸発残留物質

---

1) 日本各地の水道水はほとんどが軟水で、カルシウムやマグネシウムに由来する懸濁物質は 80〜180 程度の地区が多い。

全蒸発残留物は懸濁物質と溶解性蒸発残留物質を加えたもので下記(1)となる。

　　　全蒸発残留物＝懸濁物質＋溶解性蒸発残留物　　　　　………(1)

　RO膜処理やイオン交換処理などの用水処理における全蒸発残留物の数値は、前処理の凝集沈殿やろ過で懸濁物質をあらかじめ除去した後の数値を扱うので溶解性蒸発残留物と類似した値を示すことが多い。

　これに対して、排水処理における全蒸発残留物の数値は、微細な懸濁物質[2]を含むときがあるから用水処理の場合と内容が異なる。

● 用水処理における蒸発残留物（溶解固形分）の除去

　ボイラや循環式冷却水の運転では蒸発残留物や溶解塩類の濃度管理が重要である。図2.4.2に水中の全蒸発残留物やCa^{2+}などがスケールとなる概略を示す。

　水に溶解している蒸発残留物や塩類が核となってボイラや熱交換器の管壁にスケールとなって堆積すると熱効率を低下させるばかりか時には流路をふさいで管を破裂させることもある[3]。

　蒸発残留物（溶解固形分）の除去には、減圧蒸留法、RO膜法、イオン交換樹脂法などが実用化されているが、現在ではRO膜法とイオン交換樹脂法が普及している。

● 塩分濃度と浸透圧の関係

　用水処理や排水処理における蒸発残留物はほとんどが$NaCl$、Na_2SO_4などの塩分である。水に溶解している塩分濃度と浸透圧はほぼ比例しているので塩分濃度を測定すればおよその浸透圧がわかる。

　浸透圧（π）は下式(2)のように溶解している塩分濃度（c）に比例する。

---

2) 懸濁物質は2mmのふるいを通過した試料水を孔径1μmのガラス繊維ろ紙でろ過し、ろ紙に捕捉された物質を水洗後、乾燥して測定する。
3) 工場やビルの建物に付設されている冷却水ラインの水は蒸発残留物や硬度成分（Ca^{2+}、Mg^{2+}など）の不純物を多く含んでおり、下記①〜③の腐食やスライム障害が発生しやすくなる。
　① 腐食障害
　　二酸化炭素、溶存酸素、亜硫酸ガスなどの影響で、腐食が発生しやすくなる。
　② スライム障害
　　微生物の発生により、冷却塔の目詰まり、配管の閉塞、腐食障害を促進する。
　③ スケール障害
　　全蒸発残留物、Ca^{2+}、Mg^{2+}、SiO_2などの付着は容易にスケールを形成し水の流動阻害、腐食促進などの障害を引き起こす。慢性的なスケール付着はエネルギー効率低下の原因となる。

第 2 章　水処理で使う主な用語

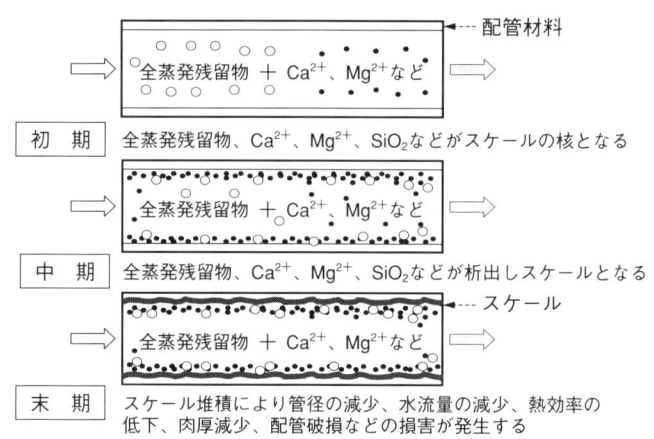

図 2.4.2　全蒸発残留物、Ca^{2+}、Mg^{2+}、SiO_2 などがスケールとなる概略図

$$\pi = 0.0385\,c\,(T+273)/[1,000-(c/1,000)] \times 0.07 \quad \cdots\cdots (2)$$

ただし、π：浸透圧（kg/cm^2）、c：濃度（mg/l）、T：水温（℃）

海水の溶解塩分を $34,000\,mg/l$ とすれば 25℃ における浸透圧は下記計算より約 $28.3\,kg/cm^2$（$2.83\,MPa$）となる[4]。

$$\pi = 0.0385 \times 34,000(25+273)/[1,000-(35,000/1,000)] \times 0.07$$
$$= (390,082/965) \times 0.07$$
$$= 28.3\,kg/cm^2$$

● 水のおいしさと蒸発残留物

1985 年（昭和 60 年）4 月に厚生省が設置した「おいしい水研究会」は**表 2.4.1** に示す水道水のおいしさを表す指標（抜粋）を定めた。

水の味に影響を及ぼす水質項目には種々のものがあるが表 2.4.1 では水の味を良くする要素として、①蒸発残留物、カルシウム・マグネシウム、遊離炭酸など、水の味を悪くする要素として、②有機物（過マンガン酸カリウム消費量）、臭気強度（TON）、残留塩素などがあり、水をおいしく飲むための要素として③水温を定めている。蒸発残留物の中で水に溶解するものは基準値を越した場合でも健康への影響はほとんどない。ただし、蒸発残留物に含まれる無機塩類は多くても少なくても水の味をまずくする。

4）日本近海の海水の浸透圧は $25\,kg/cm^2$（$2.5\,MPa$）程度なので計算値とおおむね一致する。

表 2.4.1 おいしい水の要件と蒸発残留物

おいしい水の要件	
蒸発残留物	30～200 mg/l
カルシウム、マグネシウム等（硬度）	10～100 mg/l
遊離炭酸	3～30 mg/l
有機物等（過マンガン酸カリウム消費量）	3 mg/l 以下
臭気強度	3 以下
残留塩素	0.4 mg/l 以下
水温	最高 20℃ 以下

演習問題 ①

ある排水の塩分濃度を 5,000 mg/l とすれば 25℃ における浸透圧はいくらか。

解　答

(2) 式 $\pi = 0.0385\,c\,(T+273)/[1,000-(c/1,000)] \times 0.07$ より、

$\pi = 0.0385 \times 5,000(25+273)/[1,000-(5,000/1,000)] \times 0.07$

$= (57,365/995) \times 0.07$

$= 4.0\,\mathrm{kg/cm^2}\ (0.4\,\mathrm{MPa})$

演習問題 ②

蒸発残留物に関する記述として誤っているのは次のうちどれか。

① 電気伝導率の高い水は一般に塩分濃度が高いので蒸発残留物も多い。
② おいしい飲料水には適度の蒸発残留物が含まれている。
③ RO膜処理の前処理で水中の懸濁物質を確実に除いておけば蒸発残留物があってもかまわない。
④ 懸濁物質を完全に除去した透明なろ過水には蒸発残留物は含まれない。
⑤ 蒸留水の中には蒸発残留物が含まれない。

解　答

④ 誤り：一例として、濁った海水を 1 μm の膜でろ過して懸濁物質を完全に除去しても、塩分はそのまま蒸発残留物として残っている。

2.5 溶存酸素（DO）

　水に溶けている酸素を溶存酸素（DO：Dissolved Oxygen）と呼び mg/l の単位で表わす。溶存酸素は pH や ORP と並んで用水・排水処理における重要な管理項目のひとつである。酸素の溶解度は水温、塩分、気圧等に影響され水温の上昇につれて小さくなる。一般に清浄な河川ではほぼ飽和に達しているが、汚濁が進んで水中の有機物が増えると、好気性微生物による有機物の分解により酸素が多量に消費されるので水中の溶存酸素濃度が低下する。

● 水温と酸素の溶解度

　図 2.5.1 に水に対する酸素（O_2）と二酸化炭素（CO_2）溶解度を示す。酸素は 1 気圧、20℃ で水 1l に約 8.8 mg 溶解する。

　酸素や二酸化炭素などの気体は一般に水温が上昇するにつれて溶解度が低下する。身近な事例では、ビーカーの中に水を入れ、下から加熱するとビーカーの内壁に気泡が付着する。これは、水温が上昇し酸素などの溶解度が低下したために過飽和になった気体が内壁に気泡となって付着したからである。

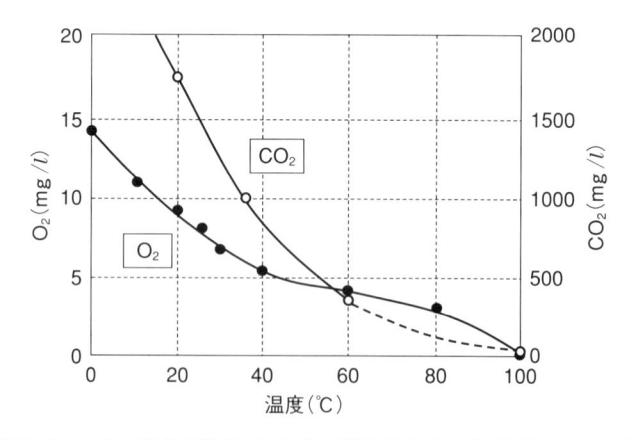

図 2.5.1　水に対する酸素（O_2）と二酸化炭素（CO_2）溶解度のめやす

● 水中の生物と酸素

　水中の溶存酸素量は水生生物や動物にとって死活問題である。図 2.5.1 のように酸素の溶解量は水温が上がると低下するので、水温の高い夏では酸素不足となる。これに加えて、水温の高い水域では生物の活動が活発になり、酸素消費量も増加するので大量の酸素が消費される。このため、酸欠による魚の大量死などはほとんどが夏に発生する。これらの現象は水が常に流れて酸素補給される河川では少なく、水が停滞する湖沼や内湾で発生しやすい。

　これに対して寒冷地に生息する水生生物や魚は水中の酸素量も多いので酸素不足に悩まされることは少ないと思われる。

　活性汚泥処理は好気性のバクテリアを多量に閉じ込めた環境で排水の浄化を行うので強制的に酸素を送っている。一例として、空気を連続的に送る合併浄化槽の DO は約 $1\,\mathrm{mg}/l$ 程度が必要とされている[1]。

● 酸素の溶解方法

　用水・排水処理の分野で実際に使われている酸素溶解装置例を**図 2.5.2** と**図 2.5.3** に示す。図 2.5.2 は一般に広く使われている酸素溶解装置である。

　左側の多孔性散気管はセラミック製またはプラスチック製で、セラミック製のものはオゾンの溶解、プラスチック製のものは活性汚泥処理などで使われている。

　右側のディスク型散気装置も同様の材質で酸素の溶解効率が高く、閉塞しにくいので排水処理や活性汚泥などの分野で使われている。

　図 2.5.3 は加圧ポンプを使った空気溶解装置例である。

　加圧ポンプの左側にある調整

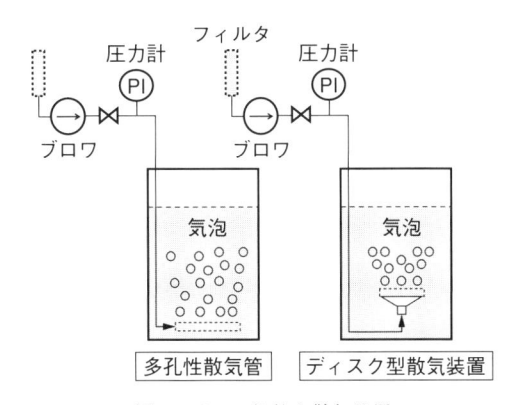

図 2.5.2　一般的な散気装置

---

[1] 空気を強制的に送らない水域では、一般に魚介類が生存するための DO は $3\,\mathrm{mg}/l$ 以上、好気性微生物が活発に活動するためには $2\,\mathrm{mg}/l$ 以上が必要である。

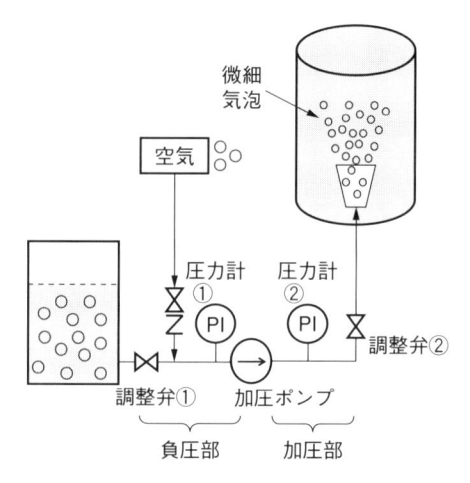

図 2.5.3　加圧ポンプによる空気溶解方法

弁①を少し絞ると圧力計①が負圧になるので自然に空気を吸い込むようになる。

次に、調整弁②を調整して圧力計②を 0.2〜0.4 MPa にして加圧空気を作り、水槽の底部から気泡を放出する。

このようにすると図 2.5.2 の方式よりも空気が水にたくさん溶解するので小規模の反応装置に使われている。

● 酸素の化学的除去法

ボイラの供給水に酸素が含まれていると水管やドラム材料を腐食させる原因となる。この対策としてスプレー式の脱気器などで給水中の DO 除去を行うが、供給水の DO 7 mg/l を 0.3 mg/l 程度まで低下させるのが限界である。そこで、さらに DO を下げる目的で下記(1)(2)の亜硫酸ナトリウム（Na_2SO_3）やヒドラジン（N_2H_4）による酸素除去が行われている。

$$2\,Na_2SO_3 + O_2 \rightarrow 2\,Na_2SO_4 \qquad \cdots\cdots\cdots (1)$$
$$N_2H_4 + O_2 \rightarrow N_2 + 2\,H_2O \qquad \cdots\cdots\cdots (2)$$

これにより、DO は目標値まで低減できるが(1)の反応では処理後に塩分（Na_2SO_4）が副生するので、この濃度管理が必要である。これに対して(2)の方法は分解生成物が N_2 と H_2O で塩分副生の懸念がないので高圧ボイラや貫流ボイラの DO 除去に使われている。

● 酸素の物理的除去法

　ゴム風船が数日で自然にしぼむように孔のない高分子膜でも気体をわずかに通すことが知られている。これと同様に、水中の酸素や二酸化炭素などの気体を透過分離できる脱気膜が開発された。図 2.5.4 は脱気膜を用いた水の脱酸素の仕組みの例である。

　脱気膜の内外に濃度差を生じさせるために膜を隔てた一方の空間を真空ポンプで負圧にして物理的に脱気している。この方法は RO 膜法による脱塩処理水中の二酸化炭素や酸素を脱気除去する手段として実用化されている。

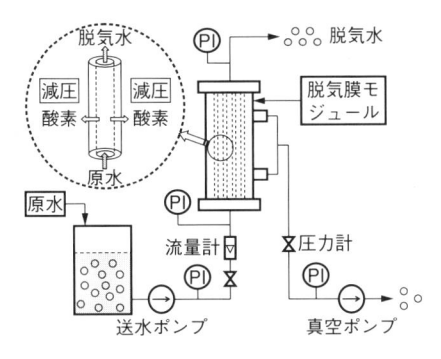

図 2.5.4　脱気膜による脱酸素の仕組み

演習問題

　夏に水温 30℃ の富栄養化した湖沼水の水質を測定したら pH 9.5、溶存酸素（DO）15 mg/l を示した。この原因として考えられる正しいのは次のうちどれか。

① pH 値の上昇はアルカリ成分によるものなので NaOH などの化学物質の混入が考えられる。
② 通常 30℃ の DO 濃度は 7 mg/l 程度である。したがって 15 mg/l という測定値そのものが誤りである。
③ プランクトンの炭酸同化作用により水中の炭酸（H_2CO_3）が消費されて pH が上昇し、酸素の放出により DO が過飽和となって上昇した。
④ 溶存酸素が 15 mg/l と高いのは停滞水域に DO の高い水が流れ込んできているからと考えられる。

　解　答
③　富栄養化した夏の湖沼では植物性プランクトンによる炭酸同化作用が活発で炭酸を吸収するので pH が上昇し、酸素の放出により DO が過飽和となる。

第 2 章 水処理で使う主な用語

2.6 BOD と COD

● BOD（生物学的酸素要求量）

　BOD（Biochemical Oxygen Demand）とは微生物が水中の有機物を分解するときに必要な酸素量を mg/l で表したものである。（図 2.6.1 参照）
　BOD は微生物が 5 日間に消費する酸素量を BOD 5 として表すのが一般的である。
　分解しやすい生活系や食品系の排水ならば 3 日程度でほぼ生物分解できる。
　窒素系化合物は有機物に比べて分解速度が遅いが、それでも 5 日あれば反応はほぼ終了するとみなされている。

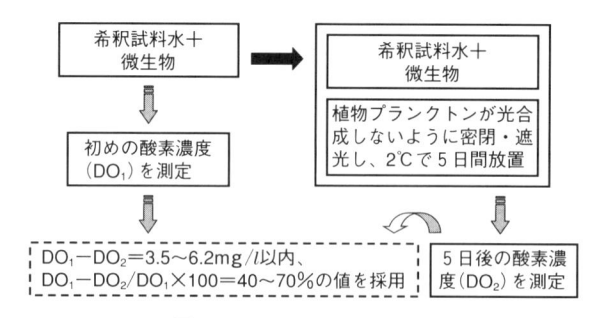

```
希釈試料水＋          希釈試料水＋
微生物      →      微生物
  ↓                植物プランクトンが光合
初めの酸素濃度         成しないように密閉・遮
（DO₁）を測定         光し、2℃で5日間放置
  ↓                  ↓
DO₁－DO₂＝3.5～6.2mg/l以内、   5日後の酸素濃
DO₁－DO₂/DO₁×100＝40～70％の値を採用   度（DO₂）を測定
```

図 2.6.1　BOD 5 の測定方法

● BOD 5 で分解できる物質とできない物質

　工場排水の中には化学的に安定な物質や生物の代謝を阻害する物質が混入することがある。この場合は BOD 5 で分解しきれないことがある。
　図 2.6.2 ①～④にいくつかの化学物質と BOD–時間曲線の関係例を示す。図中の TOD（Theoretical Oxygen Demand）とは C は CO_2、H と O は H_2O、N は NH_3 になるのに必要な理論的酸素量を示している。
① エチルアルコールは 5 日間でほぼ分解が終了し、10 日間かけても同じ数値なので分解しやすい物質である。
② アセトニトリルは 2 日目あたりから分解が始まり 5 日で急激に分解が進み 10 日ほどでようやく終了する。

③ エチルエーテルは4日目あたりからようやく分解が始まるが10日かかっても終わらない。
④ ピリジンに至っては分解反応がほとんど進まない。

生活排水や食品排水は有害物を含まないので大部分は①の線をたどりBOD5で分解される。ところが、成分不明の食品添加物（防腐剤、着色剤、調味液など）を含む食品工場排水ではBOD5以上でも分解できない時がある。

この場合は急激な濃度変化を避け徐々に負荷を上げるなどの処置をとる。

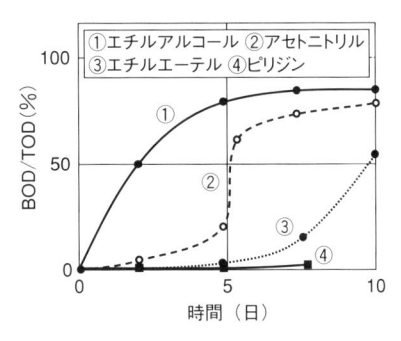

図2.6.2　BOD—時間曲線の関係例[1]

もし可能であれば、連続式から回分式に変更すると処理がうまくいくことがある。

● BOD5の由来

BODは主に河川の水質を表す指標として用いられてきた。イギリスのテムズ川の長さは約356kmあり、上流の水が下流に達するのに約5日かかる。

その間にどの位の酸素が必要かを知るという観点からイギリスでBOD5という指標が最初に用いられ、これが次第に世界的に普及した。

● 湖沼水と海水がCOD、河川水がBODで評価される理由

湖沼と海域は水が滞留しているので、植物プランクトンが多く生息する。植物プランクトンは光があると炭酸同化作用により酸素を吐き出す。

BODは光を遮断して測定するので、試料中に植物プランクトンがあると水中の酸素を消費してしまう。これでは、せっかくBOD測定をしてもバクテリアが酸素を消費したのか、植物プランクトンが酸素を消費したのか区別できない。したがって、植物プランクトンの多い湖沼と海域はCODとなった。河川水にも植物プランクトンは存在するが流水なので測定に障害を与えるような数は存在しない。これらの理由で河川水はBOD評価となった。

---

1) 左合正雄ほか：下水道協会誌、Vol. 2、No. 11、pp. 20-33（1965）

第2章 水処理で使う主な用語

● COD（化学的酸素要求量）

COD（Chemical Oxygen Demand）とは水中の被酸化性物質（有機物や還元剤など）によって消費される酸素量（mg/l）のことである。

CODには①マンガンCOD_{Mn}と②クロムCOD_{Cr}の二通りの測定法がある。

COD_{Mn}とCOD_{Cr}の測定法の概要を**図2.6.3**に示す。

① マンガンCOD

過マンガン酸カリウム（$KMnO_4$）は硫酸酸性で式(1)のように酸素を発生するので、その消費量からCOD_{Mn}を求めることができる。

$$2 KMnO_4 + 3 H_2SO_4 \rightarrow K_2SO_4 + 2 MnSO_4 + 3 H_2O + 5[O] \cdots\cdots (1)$$

COD_{Mn}は日本における法定試験方法であるため、国内で最も広く用いられる。

COD_{Mn}は有害なクロムを使用しない、測定操作が短時間などのメリットはあるが、酸化力が弱く**図2.6.4**のようにCOD_{Cr}よりも低い数値となる事例が多い。

② クロムCOD

二クロム酸カリウムによる酸素要求量（KCr_2O_7-COD）は欧米で広く用いられる方法である。

過マンガン酸カリウムよりも酸化力が強いためほぼ全量の有機物が分解される。

測定薬品に有害なクロム、硫酸水銀を使うので試験後の廃液の処分には注意が必要である。

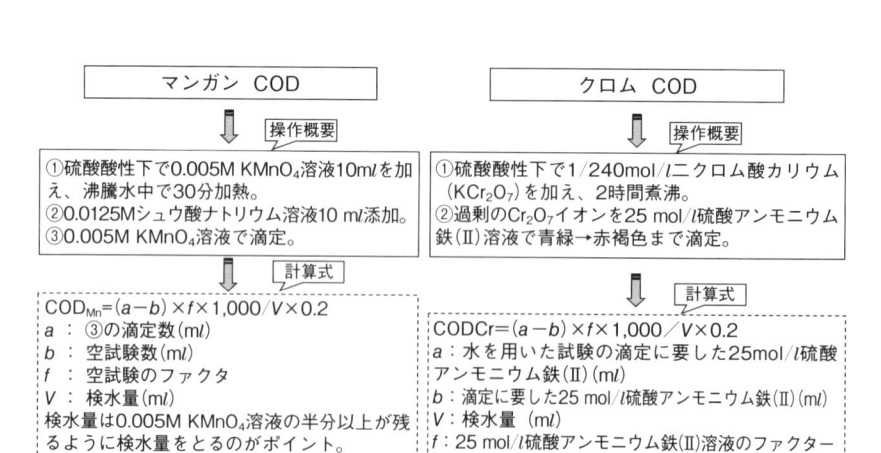

```
┌─────────────────────────┐         ┌─────────────────────────┐
│      マンガン COD        │         │       クロム COD         │
└─────────────────────────┘         └─────────────────────────┘
            ↓ 操作概要                          ↓ 操作概要

①硫酸酸性下で0.005M KMnO₄溶液10m$l$を加     ①硫酸酸性下で1/240mol/$l$二クロム酸カリウム
 え、沸騰水中で30分加熱。                      （$KCr_2O_7$）を加え、2時間煮沸。
②0.0125Mシュウ酸ナトリウム溶液10m$l$添加。    ②過剰の$Cr_2O_7$イオンを25 mol/$l$硫酸アンモニウム
③0.005M KMnO₄溶液で滴定。                    鉄（Ⅱ）溶液で青緑→赤褐色まで滴定。

            ↓ 計算式                            ↓ 計算式

$COD_{Mn}=(a-b) \times f \times 1,000/V \times 0.2$   $COD_{Cr}=(a-b) \times f \times 1,000/V \times 0.2$
 $a$：③の滴定数（m$l$）                        $a$：水を用いた試験の滴定に要した25mol/$l$硫酸
 $b$：空試験数（m$l$）                           アンモニウム鉄（Ⅱ）（m$l$）
 $f$：空試験のファクタ                         $b$：滴定に要した25 mol/$l$硫酸アンモニウム鉄（Ⅱ）（m$l$）
 $V$：検水量（m$l$）                            $V$：検水量（m$l$）
 検水量は0.005M KMnO₄溶液の半分以上が残         $f$：25 mol/$l$硫酸アンモニウム鉄（Ⅱ）溶液のファクター
 るように検水量をとるのがポイント。
```

図2.6.3 COD_{Mn}とCOD_{Cr}の概略測定法

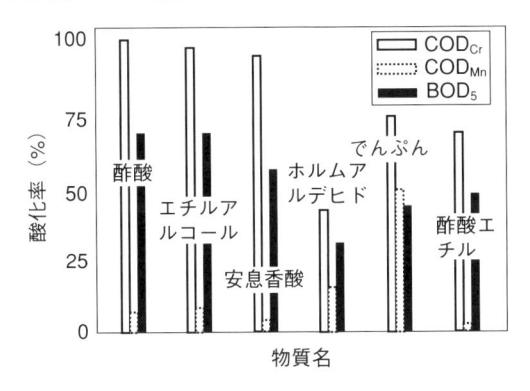

図 2.6.4 有機化合物の酸素要求量[2]

演習問題 ①

ある工場排水のBODを測定するために、検水を20倍（希釈倍率P）に希釈したものをBOD測定ビンにとり、20℃の恒温槽に入れて、5日間放置した。

希釈検水の初めの溶存酸素（D_1）は 8.0 mg/l、5日後の溶存酸素（D_2）は 3.0 mg/l であった。この排水のBODを求めよ。

解 答

BOD$=(D_1-D_2)P$ より、BOD$=(8.0-3.0)\times 20=100$ mg/l

演習問題 ②

ある排水の100℃における過マンガン酸カリウムによるCODを測定して次の値を得た。検水量（V） 10 ml、0.005 M(1/40 N) $KMnO_4$ 溶液（$f=1.000$）滴定量：試料測定（a） 5.2 ml、空試験（b） 0.2 ml この排水のCOD値はいくらか。

解 答

COD$=(a-b)\times f\times 1{,}000/V\times 0.2$ より、

COD$=(5.2-0.2)\times 1.000\times 1{,}000/10\times 0.2=100$ mg/l

---

[2] 徳平　淳ほか：用水と廃水、Vol. 12、No. 2、pp. 10-12（1970）の一部を参考に著者が作図

2.7 酸化、還元

酸化は古くから「物質が酸素と結びつくこと」で、還元はその逆の「物質が酸素を失うこと」とされた。例えば、鉄は空気中で自然に錆びる。これは鉄が酸化されるからである。これとは逆に、酸化鉄と炭素を反応させると酸化鉄は還元されて元の鉄に戻る[1]。その後、酸化は下記①～③の現象も含めて呼称されるようになった。
① ある物質が電子を失う反応
② 水素化合物から水素が奪われる反応
③ ある物質の酸化数が増えること

現在はこれらをまとめて「酸化」と呼んでいる。酸化と反対の還元は同時に起こる。上記の酸化、還元の定義を要約すると**表 2.7.1** のようになる。

酸化反応と還元反応の要約を**図 2.7.1** および**図 2.7.2** に示す。

● 酸素が関与する酸化・還元

酸化、還元はもともと金属と酸素との化学反応を表す呼称であった。

例えば、金属銅（Cu^0）は空気中の酸素と徐々に反応し、表面は褐色の酸化銅（CuO）に変わる[2]。

$$2\,Cu^0 + O_2 \rightarrow 2\,CuO \qquad \cdots\cdots (1)$$

表 2.7.1 酸化・還元の要約

酸 化	① ある物質が酸素と結合すること ② ある物質が電子を失う反応 ③ 水素化合物から水素が奪われる反応 ④ ある物質の酸化数が増えること
還 元	① ある物質が酸素を失うこと ② ある物質が電子を得る反応 ③ ある物質が水素と結合すること ④ ある原子の酸化数が減少すること

---

1) 実際に製鉄所では天然の酸化鉄とコークスを溶鉱炉の中で反応させ、酸化鉄を鉄に還元している。我々が食事をして糖分や脂肪分を燃やしてエネルギーを取り出しているのも酸化の一例である。
2) 銅や鉄は電気的に中性で電荷は 0 なので（Cu^0）および（Fe^0）と書く。

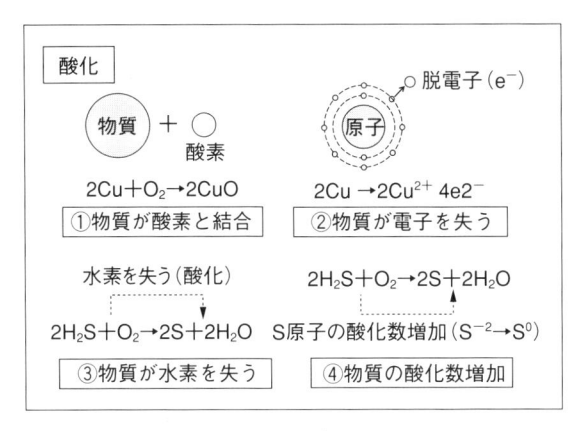

```
┌─────────────────────────────────────────────────┐
│ 酸化                                             │
│                                    ○脱電子(e⁻)   │
│   物質  +  ○              (原子)                 │
│            酸素                                  │
│   2Cu+O₂→2CuO          2Cu→2Cu²⁺ 4e²⁻           │
│  ①物質が酸素と結合      ②物質が電子を失う         │
│                                                  │
│   水素を失う(酸化)     2H₂S+O₂→2S+2H₂O          │
│   2H₂S+O₂→2S+2H₂O   S原子の酸化数増加(S⁻²→S⁰)   │
│  ③物質が水素を失う      ④物質の酸化数増加         │
└─────────────────────────────────────────────────┘
```

図 2.7.1　酸　化

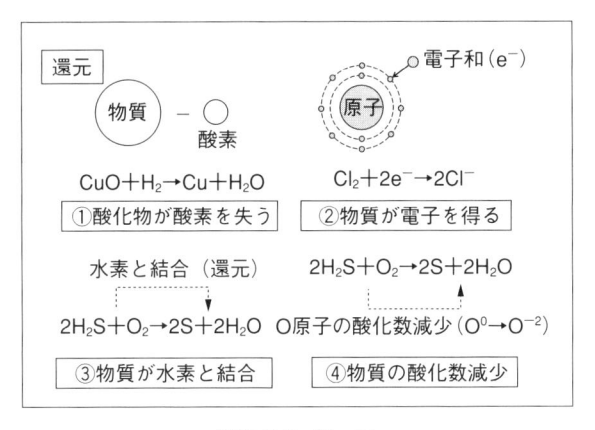

```
┌─────────────────────────────────────────────────┐
│ 還元                                             │
│                                    ○電子和(e⁻)   │
│   物質  -  ○              (原子)                 │
│            酸素                                  │
│   CuO+H₂→Cu+H₂O         Cl₂+2e⁻→2Cl⁻            │
│  ①酸化物が酸素を失う     ②物質が電子を得る        │
│                                                  │
│   水素と結合（還元）    2H₂S+O₂→2S+2H₂O          │
│   2H₂S+O₂→2S+2H₂O   O原子の酸化数減少(O⁰→O⁻²)   │
│  ③物質が水素と結合      ④物質の酸化数減少         │
└─────────────────────────────────────────────────┘
```

図 2.7.2　還　元

酸化銅（CuO）は水素と反応すると酸素が奪われて元の金属銅（Cu^0）に戻る。

$$2\,CuO + H_2 \rightarrow 2\,Cu^0 + H_2O \qquad \cdots\cdots\cdots (2)$$

ここでは(1)を酸化といい(2)を還元と呼ぶ。このとき、銅を中心に反応を見ているから銅を酸化する物、すなわち酸素は酸化剤である。また、酸化銅（Ⅱ）を還元して金属銅に戻す水素は還元剤である。

● 電子と水素イオンが関与する酸化・還元

一例として、銅が酸に溶解するときの反応を考えてみよう。
① 塩酸は水中で H^+ と Cl^- イオンに解離している。

$$HCl = H^+ + Cl^- \qquad \cdots\cdots\cdots (3)$$

② 銅（Cu^0）が水素イオン（H^+）に出会うと電子2個（$2e^-$）を失い銅イオン（Cu^{2+}）となる。　→　酸化
同時に水素イオン（H^+）は電子2個（$2e^-$）を得て水素（H_2）となる。　→　還元

$$Cu^0 + 2H^+ \rightarrow Cu^{2+} + H_2 \quad \cdots\cdots (4)$$

● 酸化数の増減と酸化・還元 ─────────────────

図2.7.3に硫化水素（H_2S）の酸化、還元における酸化数の関係を示す。

図の中で、H_2SのSの酸化数はマイナス2（-2）からゼロ（0）に増加（$S^{-2} \rightarrow S^0$）しているので酸化である。一方、O_2の酸化数はゼロ（0）からマイナス2に減少（$O^0 \rightarrow O^{-2}$）しているので還元である。物質の酸化、還元では酸化数が増加した原子を含む物質が酸化された物質で、酸化数が減少した原子を含む物質が還元された物質である。

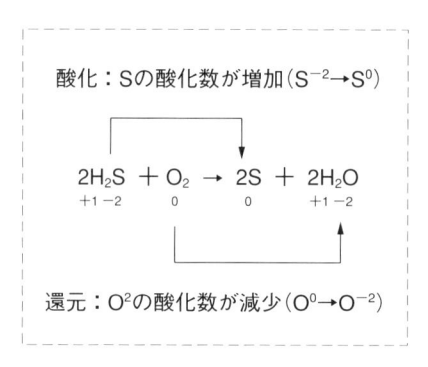

```
酸化：Sの酸化数が増加（S⁻²→S⁰）
          ┌─────────┐
          │         ↓
    2H₂S + O₂ → 2S + 2H₂O
    +1 -2   0    0   +1 -2
       │              ↑
       └──────────────┘
還元：O²の酸化数が減少（O⁰→O⁻²）
```

図2.7.3　硫化水素（H_2S）の酸化、還元における酸化数の変化

● 酸化剤と還元剤 ────────────────────────

表2.7.2は水処理で使われる酸化剤と還元剤の反応例である。

酸化剤は相手を酸化する物質で①相手に酸素原子を与え、②水素を奪い取り、③電子を奪い取る。ハロゲン族のフッ素（F）、塩素（Cl）、臭素（Br）、ヨウ素（I）などはいずれも電子を取り込むことによって原子内の電子状態が安定化する。

一般に、塩素に代表される酸化剤は生物にとって有毒である。

還元剤は酸化剤の裏返しと考えれば理解しやすい。自分自身が酸化されやすいので相手を還元する。漂白は一般に塩素や過酸化水素などの酸化剤で行われるが、一時期、製紙業界ではパルプの塩素漂白でダイオキシン問題が発生した。

表 2.7.2 酸化剤と還元剤の反応例

酸化剤	オゾン	$O_3 \rightarrow O_2 + (O)$
	過酸化水素	$H_2O_2 \rightarrow H_2O + (O)$
	過マンガン酸カリウム	$2\,MnO_4^- + 6\,H^+ \rightarrow 2\,Mn^{2+} + 3\,H_2O + 5(O)$
	塩 素	$Cl_2 + H_2O \rightarrow 2\,HCl + (O)$
	二クロム酸カリウム	$Cr_2O_7^{2-} + 8\,H^+ \rightarrow 2\,Cr^{3+} + 4\,H_2O + 3(O)$
	フッ素	$F_2 + H_2O \rightarrow 2\,HF + (O)$
	希硝酸	$2\,HNO_3 \rightarrow 2\,NO + H_2O + 3(O)$
還元剤	亜硫酸ナトリウム	$SO_3^{2-} + 2\,H^+ \rightarrow H_2SO_3$
	シュウ酸	$H_2C_2O_4 + (O) \rightarrow 2\,CO_2 + H_2O$
	水 素	$H_2 + (O) \rightarrow H_2O$
	硫化水素	$H_2S + (O) \rightarrow S + H_2O$
	酸化鉄（Ⅱ）	$2\,Fe^{2+} + 2\,H^+ + (O) \rightarrow 2\,Fe^{3+} + H_2O$
	塩化スズ（Ⅱ）	$Sn^{2+} + 2\,H^+ + (O) \rightarrow Sn^{4+} + H_2O$

現在、これらの対応策として、二酸化チオ尿素、ハイドロサルファイトなどによる還元漂白が検討されている。衣服などの塩素漂白で鉄分による汚れを酸化するとFe^{2+}がFe^{3+}となり赤褐色に変色してしまう。還元漂白[3]ならFe^{2+}のままなので実質的にほとんど無色の衣類漂白ができる。

演習問題

酸化、還元に関する記述として誤っているのは次のうちどれか。
① 酸素と化合するか、水素を失う反応は酸化である。
② 水素と結合する反応は還元である。
③ 電子を失う反応は還元である。
④ 酸化数が増加する反応は酸化である。
⑤ 酸化反応と還元反応は同時に起こる。

解 答

③ 電子を失う反応は酸化である。：還元とは物質が①水素と化合する②酸素を奪われる③電子を受け取る④物質の酸化数が減少することである。

---

3) 還元漂白：漂白剤が色素の酸素を奪う事によって色素を分解し無色化させる。鉄分による黄ばみの除去。毛・シルクの漂白に適している。二酸化イオウ、亜硫酸ナトリウムなども使用できる。

2.8 硬度

水の硬度はカルシウムやマグネシウムなどの量を炭酸カルシウム（$CaCO_3$）に換算した数値で表したものである。

硬度を表す方法は国により異なり、日本やアメリカではカルシウムとマグネシウムの量を炭酸カルシウム量（$CaCO_3$）に換算しており、mg/l または ppm で表示する。

全硬度は以下の式から計算する。

全硬度(mg/l)＝[カルシウム濃度(mg/l)×2.5]＋[マグネシウム濃度(mg/l)×4.0]

飲料水では、軟水と硬水の目安を**表 2.8.1** のように定めている。

表 2.8.1 WHO による軟水・硬水の目安

区　分	硬度（mg/l）
軟　水	0–60
中程度の軟水	60–120
硬　水	120–180
非常な硬水	180 以上

● **硬度の測定方法**

硬度には全硬度（Ca^{2+} と Mg^{2+} を加えたもの）、Ca 硬度、および Mg 硬度がある。

全硬度の測定は試料水を pH 10 に調整した後、BT 指示薬を加えて、EDTA 標準溶液で滴定する。

BT 指示薬は pH 10 付近では青色であるが Ca^{2+}、Mg^{2+} などを含む溶液中に加えると赤紫色に変わる。次に、この溶液に EDTA 標準溶液を滴下すると EDTA の方が BT 指示薬よりも Ca^{2+}、Mg^{2+} とキレートを形成しやすいため反応終了と同時に溶液の色は遊離した BT 指示薬により青色となる。

試料水の pH 値を 12〜13 にすると Mg^{2+} は安定な水酸化物となって EDTA と反応しなくなるので、この pH 領域で作用する NN 指示薬を用いて Ca^{2+} のみを定量することができる。

試料水に Fe^{2+}、Cu^{2+} などが共存するとこれらの金属イオンも EDTA と反応する。そこで、隠ぺい剤として Na_2S を加えておくと、これらのイオンは安定な硫化物となるので EDTA と反応しなくなる。

このようにして①全硬度と②カルシウム硬度が分けて測定できるので①－②によりマグネシウム硬度も測定できる[1]。

● 硬水の軟水化

カルシウム、マグネシウムなどの硬度成分を含む水をボイラ水や冷却水として用いるとスケールを生成するのでこれらを除去する必要がある。このような硬度成分を除去する方法を軟化と呼ぶ。

軟化には①石灰ソーダ法と②イオン交換法が実用化されている。

石灰ソーダ法：カルシウム、マグネシウムなどを含む水に炭酸ナトリウム（Na_2CO_3）、水酸化カルシウム［$Ca(OH)_2$］を加えて溶解度の低い $CaCO_3$、$Mg(OH)_2$ として不溶化[2]させるもので、ケイ酸、鉄、マンガンなども除去できる。

$$CaSO_4 + Na_2CO_3 \rightarrow CaCO_3 + Na_2SO_4 \quad \cdots\cdots (1)$$

$$CaCl_2 + Na_2CO_3 \rightarrow CaCO_3 + 2NaCl \quad \cdots\cdots (2)$$

$$MgSO_4 + Na_2CO_3 + Ca(OH)_2 \rightarrow CaCO_3 + Mg(OH)_2 + Na_2SO_4 \quad \cdots\cdots (3)$$

イオン交換樹脂法：Na 型にした陽イオン交換樹脂を使用し、原水中の Ca^{2+}、Mg^{2+} その他の多価イオンを Na^+ と交換する方法である。

$$R-SO_3 \cdot Na_2 + Ca^{2+} \Leftrightarrow R-SO_3 \cdot Ca + 2Na \quad \cdots\cdots (4)$$

図 2.8.1 に示すように強酸性陽イオン交換樹脂を Na 型に調整したものを使用する。

---

1) 硬度測定の計算法の概要
 0.01 M-EDTA 1 ml と反応する量は下記の 1/100 モルである。
 $CaCO_3$ ………1.00 mg（分子量：100.08）
 Ca^{2+} ………0.40 mg（原子量：40.08）
 Mg^{2+} ………0.24 mg（原子量：24.312）
 pH 10 に調整した試料水 50 ml の 0.01 M-EDTA の滴定数を A ml、ファクターを f とすれば、
 　全硬度（$CaCO_3$ mg/l）$= 1.00 \times A \times f \times 1,000/50$ 　　　$\cdots\cdots (1)$
 pH 12～13 に調整した試料水 50 ml の 0.01 M-EDTA の滴定数を B ml、ファクターを f とすれば
 　Ca 硬度（Ca mg/l）$= 0.4 \times B \times f \times 1,000/50$ 　　　$\cdots\cdots (2)$
 　Mg 硬度（Mg mg/l）$= 0.24 \times (A - B) \times f \times 1,000/50$ 　　　$\cdots\cdots (3)$
2) 溶解度：$CaCO_3$ 13 mg/l、$Mg(OH)_2$ 1.9 mg/l、$MgSO_4$ 363 g/l

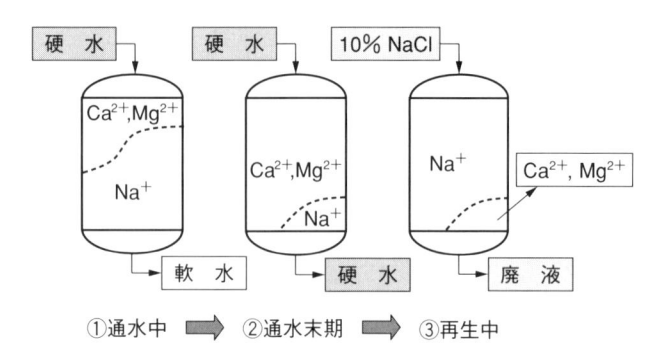

図 2.8.1　イオン交換樹脂による硬水の軟化

再生は 10% NaCl 溶液を SV（m^3/m^3 樹脂/h）6〜8 で樹脂層に通す。これにより、樹脂は繰り返し使用できる。小型ボイラや冷却水の水質調整に使われている。

● 水の硬度と料理

水の硬度は水源の種類に影響される。硬度は一般に河川水よりも地下水のほうが高い。欧米では地下水が石灰質の地層を長時間かけて浸透してくるので日本に比べて硬度が高い[3]。日本のように地中での滞留時間や河川の距離が短い場合は硬度が低い。表 2.8.2 は水の硬度と料理の関係例である。

表 2.8.2　水の硬度と料理

軟水	日本茶 紅茶	軟水でお茶をいれると緑茶成分のカテキン類とアミノ酸がうまく引き出せる。
	日本料理の汁	軟水は昆布や鰹のグルタミン酸などを溶解し、うまみ成分を引き出す。
硬水	中国料理や西洋料理のスープ	硬水で煮込むと肉の臭みがやわらぎ、臭みの元となる灰汁（アク）がよく抜ける。
	ミネラル水	人工的にミネラル分を溶かし込んだスポーツ飲料や天然の硬水はミネラル補給源として役立つ。

---

3) 欧米の水の硬度は日本人がふだん飲んでいる水道水の 4〜8 倍もある。
この水を日本人が飲むと大抵の人は下痢をする。原因は細菌ではなく水に含まれるマグネシウムのためである。マグネシウムはもともと下剤なのでおなかを壊すのは当然である。
4) ヨーロッパや中国旅行に行ったときや温泉に行ったときに「石鹸が泡立たない」ことを経験する。これは、石鹸と硬度成分が結合して泡立たなくなるからである。

中国やヨーロッパの水は硬度が200～600 mg/l もある[4]。この水でタンパク質を含む肉や豆を煮ると硬くなったり、洗濯をすると泡立ちが悪く作業が困難な水（hard water）になるので昔の人は経験的に硬水と呼んだようである。

中国料理やフランス料理では牛や豚の骨に含まれるコラーゲンを長時間煮て、可溶性タンパク質のゼラチンに変え、次にカルシウムやマグネシウムと反応させ「アク」として除去している。

こうして硬水を軟水に変え、スープに味付けするという調理法を確立した。これに対して、日本の水はもともと軟水なので水をそのまま汁として全部利用する料理法が確立された。

硬度の高い水を使って豆や芋を茹でると硬くなることを知っていた中国では、日本のようにたっぷりの水で茹でる方法ではなく「蒸し煮」にする調理方法を確立させた。蒸気で蒸せば水中の石灰やカルシウムなどの硬度成分は蒸発しないので豆や芋に接触しない。蒸留水で料理しているようなものなので素材は硬くならないからである。

中国の野菜料理では野菜をまず炒めてから、次にゆっくり加熱するといった煮込み方法をとる。これは野菜を煮る前にまず油で加熱し、素材に含まれている水を利用して材料を柔らかくするのである。

演習問題

水の硬度に関する記述として誤っているのは次のうちどれか。

① 水の硬度はCaやMgの量を炭酸カルシウム（$CaCO_3$）に換算したものである。
② 日本の水が軟水なのは地中での滞留時間や河川の距離が短いからである。
③ 肉を硬水で煮るとカルシウムやマグネシウムが「アク」として除去できる。
④ カルシウムを含むpH 3.5 の水に$NaCO_3$を加えてpH 10 にしてもアルカリ性になるだけである。
⑤ イオン交換樹脂による軟化処理水は小型ボイラや冷却水の水質調整に実用化されている。

解 答

④ 誤り：$CaCl_2 + Na_2CO_3 \rightarrow CaCO_3\downarrow + 2NaCl$ の反応によりCaイオンは不溶化され、同時にpHも上昇する。

2.9 アルカリ度

アルカリ度は酸消費量ともいい、水中に含まれる炭酸水素塩、炭酸塩、水酸化物などのアルカリ分を強酸で滴定して酸の量を試料 $1l$ についての mg 当量か、これに相当する炭酸カルシウム（$CaCO_3$）の量（mg/l）に換算して表す。

アルカリ度は測定対象が明確でないという特性がある。また、飲料水や工業用水などの汚染に関する直接的な意味はなく、水の特性を表わすという実用的な面から重要な項目である。

● アルカリ度の成因

雨水は自然の蒸留水なのでアルカリ分をほとんど含まない。雨水は地下に浸透すると土壌や岩石と接して、やがてアルカリ分を含んだ地下水となる。したがって、アルカリ度は地下水やその付近の地質条件を知るための指標になる。

地下水中の二酸化炭素（CO_2）生成は土壌中で行われる生物の呼吸作用や有機物質が土壌中のバクテリアにより分解されて発生することに由来していると考えられる。

この二酸化炭素（CO_2）は地下水と作用してまず、炭酸（H_2CO_3）となり、これが pH 値によって炭酸水素イオン（HCO_3^-）や炭酸イオン（CO_3^{2-}）となり水に溶解したアルカリ度成分となる。

$$CO_2 + H_2O \Leftrightarrow H_2CO_3 \qquad \cdots\cdots (1)$$
$$H_2CO_3 \Leftrightarrow H^+ + HCO_3^- \qquad \cdots\cdots (2)$$
$$HCO_3^- \Leftrightarrow H^+ + CO_3^{2-} \qquad \cdots\cdots (3)$$

このとき土壌や岩石のカルシウム、マグネシウム、ケイ酸等を水に溶かし込むと共に、ナトリウム、カリウム等も溶出することもある。

この他に、アルカリ成分は動物の排泄物、腐敗した有機物質、工場排水などにも含まれており、これらが混合して増加することがある。

● アルカリ度と pH の関係

アルカリ度として測定される水中の炭酸水素イオン（HCO_3^-）や炭酸イオン（CO_3^{2-}）の濃度は pH、水温をはじめ、溶存している多くの物質の影響を受ける。

図 2.9.1 に pH の変化と二酸化炭素（CO_2）、炭酸水素イオン（HCO_3^-）、炭酸イオ

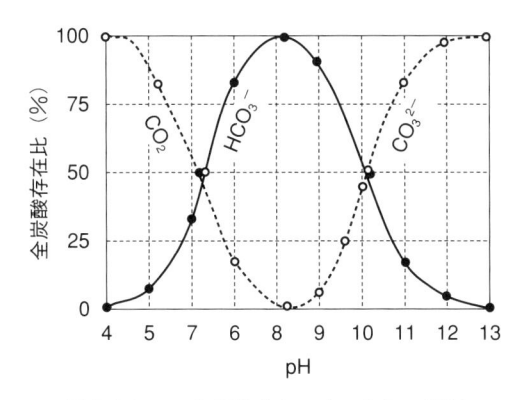

図 2.9.1　pH と炭酸イオン（CO_3^{2-}）の関係

ン（CO_3^{2-}）の関係を示す。炭酸水素イオン（HCO_3^-）は pH 8.3 で 100％ を占める。

pH 値が 8.3 より酸側に変化すると二酸化炭素（CO_2）の比率が高まり、アルカリ側に移動すると炭酸イオン（CO_3^{2-}）の存在比が大きくなる。炭酸イオンの変化は pH 値に大きく依存するのでアルカリ度による酸消費量を知ればその水の特性がわかる。一般にアルカリ度が高い水は以下の特性がある。

① 　pH が高くナトリウム、カリウムを含む。
② 　カルシウム、マグネシウムを溶かしている場合は硬度が高い。
③ 　ケイ酸、シリカ（SiO_2）成分を含む。
④ 　アルカリ度の低い水は金属などを腐食する。

● P アルカリ度と総アルカリ度

図 2.9.2 に pH 値とアルカリ度の関係を示す。図 2.9.2 の中で①が強塩基（OH^- など）の中和曲線、②が CO_3^{2-} などを含む溶液の炭酸イオン中和曲線である。

天然水のアルカリ成分はほとんどが OH^-、CO_3^{2-}、HCO_3^- である。アルカリ性の試料水に酸を滴下していくと、このうちの OH^- が酸により中和されて水になる。

$$OH^- + H^+ \rightarrow H_2O \qquad \cdots\cdots (4)$$

OH^- だけを含む強塩基試料ならば図に示す強塩基中和曲線を描く。

ところが、炭酸イオンを含んだ試料の場合は、CO_3^{2-} が 2 段階に分けて中和される。まず、②炭酸イオン中和曲線では pH 8.3 付近で CO_3^{2-} が中和される。

$$CO_3^{2-} + H^+ \rightarrow HCO_3^- \qquad \cdots\cdots (5)$$

次に pH 4.8 付近で HCO_3^- が中和される。

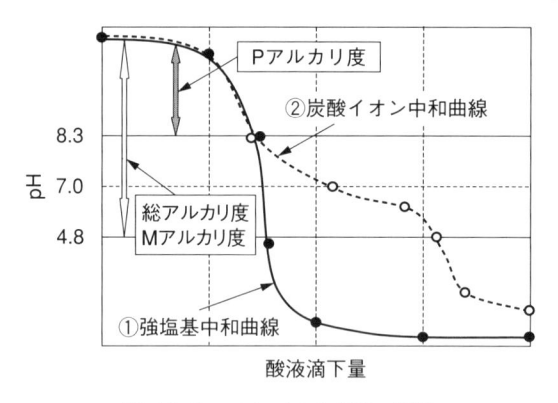

図 2.9.2　pH とアルカリ度の関係

$$\mathrm{HCO_3^-} + \mathrm{H^+} \rightarrow \mathrm{CO_2} + \mathrm{H_2O} \qquad \cdots\cdots\cdots (6)$$

図 2.9.2 の中で①の曲線は 1 段で pH が大きく変化している。②の曲線では小さく 2 段階に変化している。この 2 段の変化がそれぞれ (5)(6) 式の反応が起こっているところである。これらの変化は P アルカリ度、総アルカリ度（M アルカリ度）としてそれぞれの酸滴下量から計算して求める[1]。

表 2.9.1 にアルカリ度と $\mathrm{OH^-}$、$\mathrm{CO_3^{2-}}$、$\mathrm{HCO_3^-}$ の関係を示す。

測定で得られた総アルカリ度を T、P アルカリ度を P とすれば 3 つのイオンのアルカリ度は表 2.9.1 のように計算できる。

一般に水道水は $P=0$ なので $T=\mathrm{HCO_3^-}$ アルカリ度となる。

表 2.9.1　アルカリ度と $\mathrm{OH^-}$、$\mathrm{CO_3^{2-}}$、$\mathrm{HCO_3^-}$ の関係

滴定結果	$\mathrm{OH^-}$ アルカリ度	$\mathrm{CO_3^{2-}}$ アルカリ度	$\mathrm{HCO_3^-}$ アルカリ度
$P=0$	0	0	T
$2P<T$	0	P	T−2P
$2P=T$	0	P	0
$2P>T$	2P−T	M−P	0
$P=T$	P	0	0

演習問題

アルカリ度に関する記述として誤っているのは次のうちどれか。
① アルカリ度は酸消費量とも呼ばれ、測定対象物質が明確でないという特性がある。
② アルカリ度と硬度との直接関係はなく、水の特性を表わすというという実用的な面から重要な項目である。
③ アルカリ度は地下水やその付近の地質条件を知るための指標になる。
④ 地下水中の二酸化炭素（CO_2）は土壌中に生息する生物の呼吸や有機物分解により発生する。
⑤ CO_3^{2-} の存在比は pH 8.3 が一番高い。

解 答

⑤ pH 8.3 で存在比が高いのは炭酸水素イオン（HCO_3^-）である。pH 4 以下になると HCO_3^- はゼロとなり、代わりに CO_2 が 100% となる。

---

1) アルカリ度の測定方法
① 総アルカリ度（M アルカリ度）：
試料をビーカーにとり、pH 計を用い、N/10 塩酸で pH 4.8 になるまで滴定する。pH 計の代わりにメチルレッド・ブロムクレゾールグリーン混合指示薬を用いてもよい。次式からアルカリ度を算出する。

A（mg 当量/l）＝$a \times f \times 1/10 \times 1,000/V$
B（mg $CaCO_3/l$）＝$a \times f \times 1,000/V \times 5$

ここに、A：アルカリ度（酸消費量）（pH 4.8）（mg 当量/l）
a：滴定に要した N/10 塩酸（ml）
f：N/10 塩酸のファクター
V：試料（ml）
5：N/10 塩酸 1 ml の炭酸カルシウム相当量（mg）

② P アルカリ度：
試料をビーカーにとり、pH 計を用い、N/10 塩酸で pH 8.3 になるまで滴定する。pH 計の代わりにフェノールフタレイン指示薬を用いてもよい。
次式からアルカリ度を算出する。

A（mg 当量/l）＝$a \times f \times 1/10 \times 1,000/V$
B（mg $CaCO_3/l$）＝$a \times f \times 1,000/V \times 5$

ここに、A：アルカリ度（酸消費量）（pH 8.3）（mg 当量/l）
a：滴定に要した N/10 塩酸（ml）
f：N/10 塩酸のファクター
V：試料（ml）
5：N/10 塩酸 1 ml の炭酸カルシウム相当量（mg）

2.10 塩素殺菌

塩素殺菌は飲料水、プール水、浴場水、下水などの除菌をはじめ、果実・野菜の除菌、繊維や紙の漂白にも使われている[1]。塩素殺菌に多く使われている次亜塩素酸ナトリウムは水酸化ナトリウムに塩素を反応させて作る[2]。

$$2\,NaOH + Cl_2 \rightarrow NaOCl + H_2O + NaCl \qquad \cdots\cdots (1)$$

式(1)より、次亜塩素酸ナトリウム溶液にはNaOClと同じモル量の塩化ナトリウム(NaCl)を含んでいることがわかる。

一般に使用されている12%次亜塩素酸ナトリウム溶液はNaClが11%、残留アルカリが0.5～1.2%程度含まれている。

● **次亜塩素酸ナトリウムの殺菌力**

次亜塩素酸ナトリウム(NaOCl)で実際に殺菌効果があるのは次亜塩素酸(HOCl)である。次亜塩素酸イオン(OCl^-)は次亜塩素酸(HOCl)に比べて酸化力が弱く殺菌効果は約1/80であるとされている。したがって、次亜塩素酸ナトリウムは液中の次亜塩素酸(HOCl)の存在比が殺菌力を左右する。

図2.10.1はpH5～10における次亜塩素酸(HOCl)および次亜塩素酸イオン(OCl^-)の存在比である。

アルカリ性の次亜塩素酸ナトリウム溶液に酸を加えていくとpHが低くなり、次亜塩素酸の割合が増加する。したがって、アルカリ側よりpHが低いほうが殺菌効果は

---

[1] 次亜塩素酸ナトリウムの用途と有効濃度例

用　途	実効有効塩素 (mg/l)
水（飲料水、排水）の殺菌	約0.8
食器類の除菌	約100
野菜・果実類の除菌	約100
浴室、浴槽、便器等の除菌	約600
しみ抜き、繊維・紙の漂白	600～2,000

[2] 次亜塩素酸ナトリウムの生成方法には式(1)の反応の他に海水を電気分解する方法もある。主にこの方法は臨海にある工場施設で採用され、配水管などに海洋生物が付着するのを防ぐために使われている。

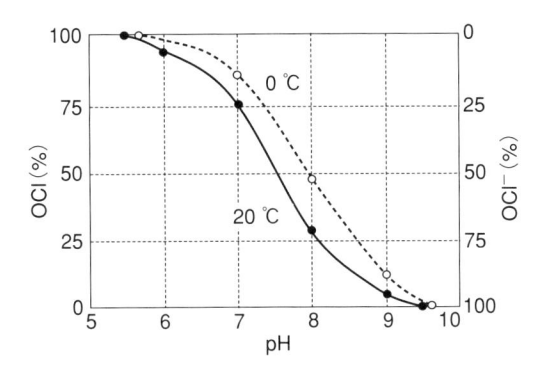

図 2.10.1 各 pH における次亜塩素酸（HOCl）および次亜塩素酸イオン（OCl⁻）の分布

上昇する。しかし、あまり下げ過ぎると有毒性の塩素ガスが発生するので危険である[3]。次亜塩素酸ナトリウム水溶液の pH 調整は、pH メータを用いて濃度に低い酸（塩酸、クエン酸など）をゆっくり加えて pH 6 程度にする。

図 2.10.2 は pH と塩素（Cl_2）、次亜塩素酸（HOCl）、次亜塩素酸イオン（OCl⁻）の存在比である。

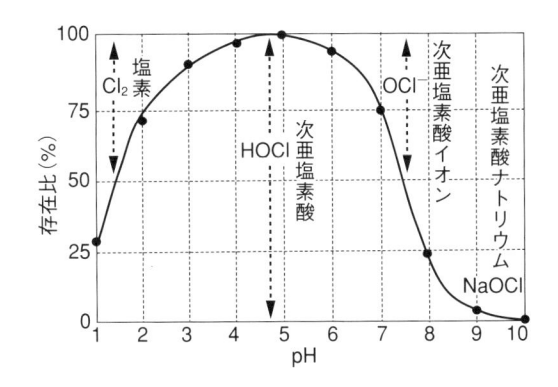

図 2.10.2 各 pH における塩素（Cl_2）、次亜塩素酸（HOCl）、次亜塩素酸イオン（OCl⁻）の存在比

---

[3] 塩素系漂白剤と酸との反応
　家庭用の塩素系漂白剤と塩酸などの強酸性物質（トイレ用の洗剤など）と混合すると式(4)のように黄緑色の有毒な塩素ガス（Cl_2）を発生する。
$$NaClO + 2HCl \rightarrow NaCl + H_2O + Cl_2 \qquad \cdots\cdots (4)$$
上記の誤った使い方により死者も出ている。特に、密閉された浴室などでの取り扱いには注意が必要である。

第 2 章 水処理で使う主な用語

一般に、塩素の化学種（Cl_2、$HOCl$、OCl^-）の間には下記の平衡関係がある。

$$Cl_2 + H_2O \Leftrightarrow HCl + HOCl \qquad \cdots\cdots\cdots (2)$$

$$HOCl \Leftrightarrow H+ + OCl^- \qquad \cdots\cdots\cdots (3)$$

これらの存在比率はpH、水温、共存物質によって変わるが、特に、pH値に大きく依存する。pH 8.5以上ではHOClが減少するので殺菌効果が低くなる。pH 4.5〜6.0ではHOClの割合が95％以上となるので殺菌効果が高い。

水道水質基準のpH 8.6以下（pH 5.8〜8.6）という数値はこれらを根拠としている。

● **有効塩素濃度の経時変化と保存法**

次亜塩素酸ナトリウム溶液は、一般に有効塩素6％と12％のものが市販されている。

図 2.10.3は次亜塩素酸ナトリウム（有効塩素12％）の経時変化例である。

次亜塩素酸ナトリウムは分解しやすいが3〜6％の時はかなり安定である。次亜塩素酸溶液中の遊離塩素は熱や光によって分解するため、温度が上昇すると濃度が低下する恐れがある。

このため、次亜塩素酸溶液は冷暗所に保存するなどの配慮が必要である。

実際に次亜塩素酸ナトリウムを使用するときは使用量、貯蔵期間、希釈の程度、使用pH範囲などを考慮することが重要である。

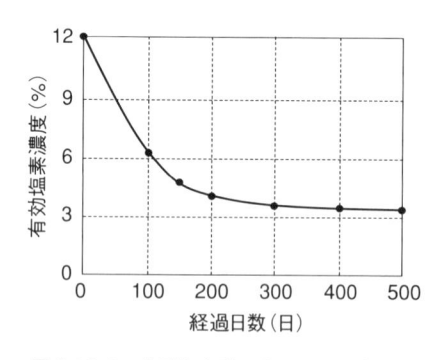

図 2.10.3 次亜塩素酸ナトリウムの経時変化例

● **次亜塩素酸ナトリウムの殺菌力と副作用**

次亜塩素酸ナトリウムの殺菌力は**表 2.10.1**のとおりである。

飲料水の基準では残留塩素が1 mg/l 以下と定められているが実際には0.1〜0.4

表 2.10.1 次亜塩素酸ナトリウムの殺菌力

死滅濃度 (mg/l)	細菌の種類
0.1	チフス菌、赤痢菌、コレラ菌、黄色ブドウ球菌
0.15	ジフテリア菌、脳脊髄膜炎球菌
0.2	肺炎球菌
0.25	大腸菌、溶血性連鎖球菌

mg/l で管理されている。これにより、飲料水の細菌学的な衛生は保たれておりわれわれは安心して水道水を飲むことができる。

ところが、最近の水質汚濁により水道水源に難分解性有機物や化学物質が混入するようになった。

水道水源の汚濁は塩素の過剰添加となり、浄水の工程では意図しなかった有害なトリハロメタンや他の有機塩素化合物が副生することが明らかとなった。塩素殺菌は水道水や汚濁水の有力な浄化手段ではあるが、過剰添加は上記の副作用を派生するので注意が必要である。

演習問題

塩素殺菌に関する記述として誤っているのは次のうちどれか。

① 次亜塩素酸ナトリウムは NaOH 溶液に塩素（Cl_2）を溶かしたものと考えてよい。
② 次亜塩素酸ナトリウム溶液の中で殺菌力が強いのは次亜塩素酸（HOCl）である。
③ 殺菌力の強い次亜塩素酸（HOCl）が発生するのは pH 4.5～6.0 あたりである。
④ 次亜塩素酸も次亜塩素酸イオンも殺菌力は pH 値に関係なく同じである。
⑤ 塩素は有害な細菌を死滅させる一方、有害な有機塩素化合物を副生する。

解　答

④ 誤り：次亜塩素酸イオン（OCl⁻）は次亜塩素酸（HOCl）に比べて酸化力が弱く殺菌効果は約 1/80 とされている。

2.11 紫外線殺菌

紫外線はX線と可視光線の間に位置する波長10～400 nmの電磁波である[1]。

紫外線は化学薬品を使わないで水を殺菌できるので、水産、食品などに関する水の殺菌、超純水、プール水および排水の殺菌など、幅広い分野で使われている。

● 紫外線の波長と殺菌効果

太陽光に含まれる紫外線には強い殺菌作用がある。これは虫干しや日光消毒などの体験からよく知られている。紫外線の波長（10～400 nm）はUV-A（400～315 nm）、UV-B（315～280 nm）、UV-C（280 nm未満）に分けられている。

図2.11.1に紫外線の波長と殺菌効果を示す。紫外線の中で殺菌効果が高いのは波長の短いUV-C（254 nm）である。光のエネルギー（E）は次式で示される。

$$E = hc/\lambda \qquad \cdots\cdots\cdots (1)$$

ここで、h：プランク定数（9.5323×10^{-14} kcal/mol）、c：光速（2.998×10^{8} m/sec）、

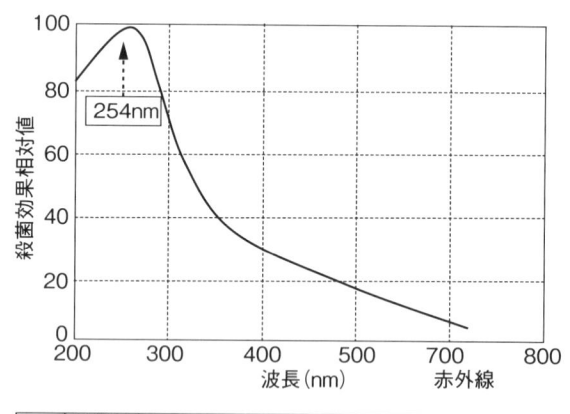

図2.11.1　紫外線の波長と殺菌効果

1) 可視光スペクトルの紫よりも外側に位置するので紫外線と呼ばれている。英語のUltraviolet も「紫を超えた」という語（ラテン語のUltraは、英語のbeyondに相当）に由来している。

λ:波長(nm)

式(1)より光は波長が短いほどエネルギーレベルが高いことになる。

● 紫外線の殺菌機構

図2.11.2はDNAの相対的な紫外線吸収曲線である。

細菌は細胞の中の核に遺伝子情報を伝えるDNA(デオキシリボ核酸)がある。

DNAは図2.11.2のように波長260 nm付近に吸収スペクトルを持っている。DNA吸収スペクトルと殺菌力の強い254 nmの波長特性とは近似している。

そこで、254 nmの紫外線を細菌に照射すればDNAを破壊するので細菌活動そのものを停止させることができる[2]。これにより、塩素殺菌と違って化学薬品を使わない殺菌が可能となる。

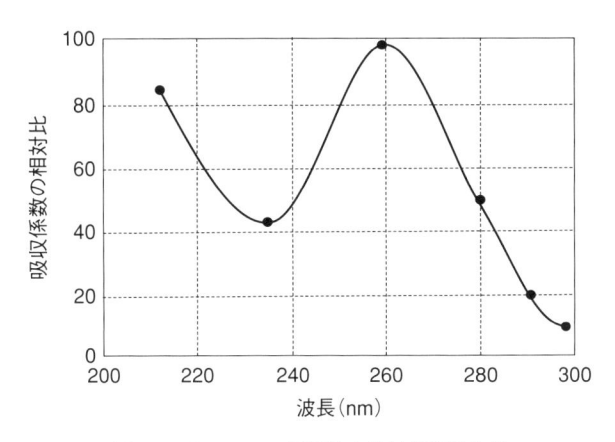

図2.11.2 DNAの相対的な紫外線吸収曲線

● 紫外線ランプの効果

紫外線ランプには高圧水銀ランプと低圧水銀ランプがある。実際の水処理には低圧水銀ランプが多く使用されている。**図2.11.3**に低圧紫外線ランプの分光分布を示す。低圧水銀ランプは主に254 nm(殺菌線)と185 nm(オゾン線)のふたつの波長を放射する。

---

[2] 紫外線(UV-C)がDNAに吸収されると、DNAを構成する5つの塩基(アデニン、シトシン、グアニン、チミン、ウラシル)が化学変化を起こして複製機能を失う。

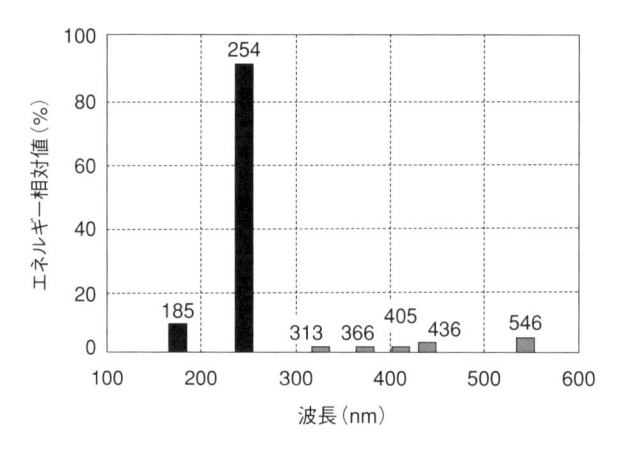

図 2.11.3　低圧紫外線ランプの分光分布

紫外線ランプは UV を通しやすい石英管に収納するが石英の材質によって①オゾンレス石英ガラスランプと②合成石英ガラスランプに分けられる。

① オゾンレス石英ランプ：石英ガラス中にチタンなどを混ぜて 200 nm 以下の波長を吸収するようにしたランプで主に 254 nm の UV を放射する。

② 合成石英ガラスランプ：オゾンレス石英ランプに比べ 200 nm 以下の透過性に優れ、ランプ点灯時間による透過性の低下が少ない（低波長側は特に吸収されやすいため）ので効率よく 185 nm の UV を放射する。185 nm の UV は空気中の酸素と作用してオゾン（O_3）を生成する。ただし、材料が高価なので用途が限られる。

①オゾンレス石英ランプと②合成石英ガラスランプの違いは石英材質の違いにより 185 nm（オゾン線）の波長が透過するかしないかの相違である。

● 塩素殺菌、紫外線殺菌、オゾン殺菌の比較

表 2.11.1 に塩素殺菌、紫外線殺菌、オゾン殺菌の比較を示す。

塩素殺菌やオゾン殺菌は細胞を変質させたり、細胞膜を破って細菌を死滅させるのに対して、紫外線は水に UV を照射するだけで細菌の活動を停止させ、水質を変えることなく殺菌できる点である。

一例として、紫外線を照射して殺菌した海水を使ったカキの養殖がある。

海水中で生育するカキは餌と共に大量の海水を吸い込むが、その海水に菌やウィルスがいると吐き出しきれずカキの内臓に残ることがある。

昔から「カキにあたる」と言われる食中毒はカキ自身が持つ毒ではなく、カキに付

表 2.11.1 塩素殺菌、紫外線殺菌、オゾン殺菌の概要比較

項　目	塩素殺菌	紫外線殺菌	オゾン殺菌
原　理	細菌の細胞を変質させて破壊する。	DNAの機能を破壊し活動を停止する	強力な酸化力で細胞壁を破壊
装　置	固形または液体塩素剤を反応槽で作用させる。装置は安価。	紫外線を照射するだけ。稼働部分が少なく単純な装置。	オゾン発生器、反応槽、排オゾン処理装置等が必要。高価
特　徴	残留塩素は長時間殺菌効果を維持。	自然光が破壊したDNAを再生する。	酸化、脱色、脱臭の効果もある。

着して繁殖した菌やウィルスが引き起こすらしいということが最近の研究からわかってきた。そこで、紫外線を照射して殺菌した海水の中で48時間程度カキを飼育したところ、「きれいな水を吸い込み体の中の不要物を吐き出させる」ことが確認できた。これにより、カキ本体を傷めたり、不快臭を残すことなく殺菌ができ安全なカキが食べられるようになった。

演習問題

　紫外線殺菌に関する記述として誤っているのは次のうちどれか。
① 紫外線はX線と可視光線の間に位置する波長 10〜400 nm の電磁波である。
② 紫外線の波長は UV-A，B，C に分けられており、殺菌効果の高いのは波長の短い UV-C である。
③ UV-C の波長と DNA の吸収スペクトルは近似している。
④ 紫外線ランプの殺菌は生物の細胞膜を破壊することによって達成される。
⑤ 合成石英ガラスランプから放射される 185 nm の UV は空気中の酸素と作用してオゾンを発生する。

解　答

④ 誤り：紫外線ランプの殺菌は生物の細胞膜を破壊するのではなく、細胞の中にある DNA を破壊することによって達成される。紫外線殺菌は塩素殺菌と違って副生成物を作らないので、食品加工における非加熱的な殺菌手段として使われる。例えば、フルーツジュースの低温殺菌工程では、強度の強い紫外線の照射が使用されている。

2.12　オゾン酸化

オゾンはその語源がギリシャ語の「におうもの」(Ozein) が示すように特有の臭気を放ち、空気中で 0.1 ppm 程度の極微量でもその「におい」を感ずる。

歴史的には 1785 年、Van Marum は電気火花が飛ぶときに妙な臭いが発生することに気付いたが、当時はあまり問題にされなかった。その後、1804 年 Schobein がこの臭いの物質をオゾンと命名した。

● オゾンの特性と利用範囲

オゾン酸化力の強さは下記の順位で、過酸化水素や塩素より強い。

オゾン(O_3) ＞ 過酸化水素(H_2O_2) ＞ 二酸化塩素(ClO_2) ＞ 次亜塩素酸($HClO$) ＞ 塩素(Cl_2) ＞ 酸素(O_2)

オゾン酸化の特長は、塩素と違って有害なトリハロメタンや有機塩素化合物を副生する懸念がないことである。この特長を生かして水処理では①〜⑥の分野で広く実用化されている。

① 殺菌、消毒、殺藻
② 着色成分の脱色
③ 脱臭、臭味除去
④ 有機物、還元性物質の酸化
⑤ 難分解性物質の生物易分解性化

図 2.12.1 に残留オゾンと pH の関係を示す。

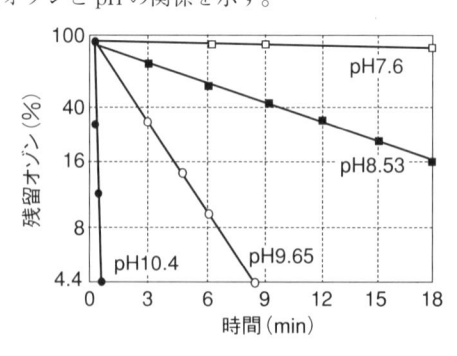

図 2.12.1　残留オゾンと pH の関係

● オゾンによる上水中の TOC 除去

精密洗浄が必要な電子工業や半導体産業では、用水の TOC 値を下げる必要がある。TOC 量が微量になるとオゾン処理が有利である。

図 2.12.2 はオゾン酸化による上水中の TOC 除去例である。TOC 2 mg/l 以上の場合は活性炭処理で対応し、TOC 2 mg/l 以下になった水にオゾン 1 mg/l 以上を常時作用させると、水中の TOC は 0.1 mg/l 以下を維持することができる。

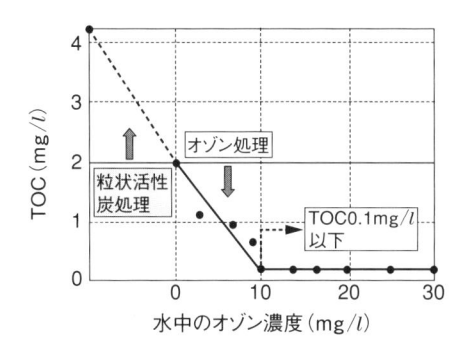

図 2.12.2　オゾン酸化による上水中の TOC 除去例

● COD 除去に必要なオゾン量

下水二次処理水には多くの有機物が混在しているが、図 2.12.3 はこの COD (Cr)

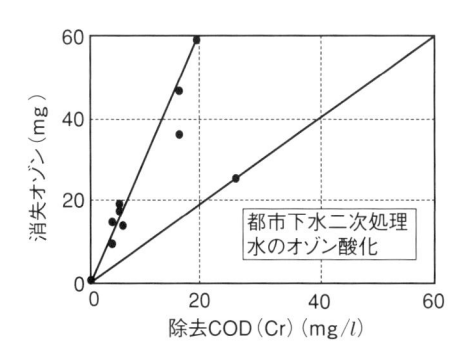

図 2.12.3　消費オゾン量と COD 除去量[1]

---

1) 宗宮　功：下水道協会誌、Vol. 10、No. 109、pp. 9 (1973)

成分の除去と消失オゾン濃度の関係を測定したものである。

オゾンの酸化反応で、オゾン中のひとつの酸素のみが反応に関与するとすれば、消失オゾン量／除去 COD 量の比は重量比で 1.0〜3.0 の範囲となる。

一例として、除去 COD が 20 mg/l あったとすれば、この酸化に消費されるオゾン量は、多い場合で 20 mg/l×3.0＝60 mg/l、少ない時で 20 mg/l×1.0＝20 mg/l ということを示しており、COD 除去におけるオゾン必要量算出の目安になる。

● オゾン酸化と活性炭吸着の組み合わせ

排水中 COD 成分のオゾン酸化は有機物の低分子化効果があり、活性炭吸着処理と組み合わせると COD 除去効果が促進される。

図 2.12.4 は都市下水の各種処理水の活性炭に対する COD 吸着等温線をフロイントリッヒ式のグラフで示したものである。

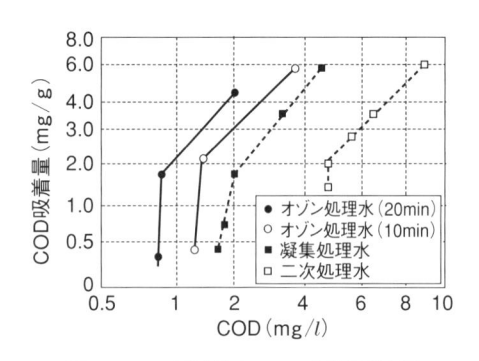

図 2.12.4　活性炭と COD 吸着等温線[2]

COD 10 mg/l 以上の二次処理水に直接活性炭を作用させた場合は COD 5 mg/l 以下には処理できず、COD 5 mg/l に相当する難分解成分が残っていることを示している。COD 4 mg/l 程度まで処理した凝集処理水に活性炭を作用させると水質はかなり改善され、COD 2 mg/l くらいまで処理できるようになる。

オゾン処理で COD 2 mg/l 程度に酸化した処理水に活性炭を作用させると COD 1 mg/l 以下にまで処理できるようになる。

これは、高分子状の COD 成分はオゾン酸化によって低分子化し、活性炭の細孔内に拡散吸着されやすくなったものと思われる。

---

2) 池畑　昭：オゾン利用の新技術、pp. 97-98、三琇書房（1986）

図 2.12.5 は下水二次処理水およびそのオゾン処理水の一定量を培養ビンにとり、馴養した好気性微生物を加え、25℃ で増殖させ、増殖の過程を酸素呼吸量の増加速度から推定したものである。

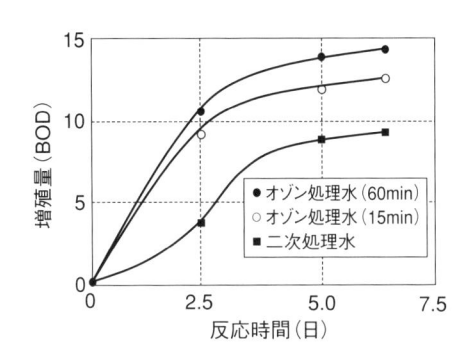

図 2.12.5 オゾン処理水中の活性汚泥の増殖量（BOD の増加）[2]

オゾン処理水（60 分と 15 分）の増殖量増加はオゾン処理を行なわない二次処理水よりも大きい。これは、オゾン処理により、低分子化された有機物が微生物に分解されやすくなったと考えられ、オゾン酸化と生物処理の組み合わせは有機物除去に有効な手段であることを示唆している。

実際に産業排水をオゾン酸化処理して COD 50 mg/l とし、これを粒状活性炭カラムに通水すると COD 20 mg/l 程度の透過水が安定して得られる。ところが、これを 10 日間以上継続すると COD がさらに低下し始める。これは、活性炭表面に微生物が繁殖し有機物の吸着と分解が促進された結果と考えられる。

演習問題

COD 8 mg/l の工場排水が 10 m³ ある。この排水を回分処理 5 時間でオゾン酸化し COD 3 mg/l としたい。

オゾン量（O_3）/COD 量（O）の比を 2.5、オゾン利用率 60% としてオゾン発生器の大きさを計算せよ。

解 答

$(8-3) \times 10 \times 2.5(O_3)/(O) \times 1/5 \times 1/60 = 41.7$ g/h

2.13 促進酸化法（AOP）

促進酸化法（AOP：Advanced Oxidation Process）は紫外線、オゾン、過酸化水素などを組み合わせて酸化力の強いヒドロキシルラジカル（OHラジカル）を発生させ水中の汚濁物質を分解する方法である。

AOPは凝集沈殿や活性汚泥などの1次処理を行って大半の汚濁物質を除いた後に残留する有機物を分解するのに適している。また、ダイオキシン類や環境ホルモン、農薬などの水中に微量含まれる有機物質の分解除去に効果がある。

● AOP処理の原理

図2.13.1はOHラジカル発生の組み合わせ例と有機物の分解生成物である。

OHラジカルは式(1)～(5)のようにオゾン、紫外線、過酸化水素を組み合わせて発生させる。

$$\text{オゾン＋紫外線：} O_3 + UV \rightarrow [O] + O_2 \quad \cdots\cdots (1)$$

$$[O] + H_2O \rightarrow 2\,OH\cdot \quad \cdots\cdots (2)$$

$$\text{オゾン＋過酸化水素：} H_2O_2 + H_2 \Leftrightarrow HO_2^- + H^+ \quad \cdots\cdots (3)$$

$$HO_2^- + O_3 \rightarrow OH\cdot + O_2^- + O_2 \quad \cdots\cdots (4)$$

$$\text{紫外線＋過酸化水素：} UV + H_2O_2 \rightarrow 2\,OH\cdot \quad \cdots\cdots (5)$$

一例として、メチルアルコールはOHラジカルにより酸化されて、アルデヒド（HCHO）や酸（HCOOH）となる。アルデヒド（HCHO）は最終的にCO_2とH_2Oに分

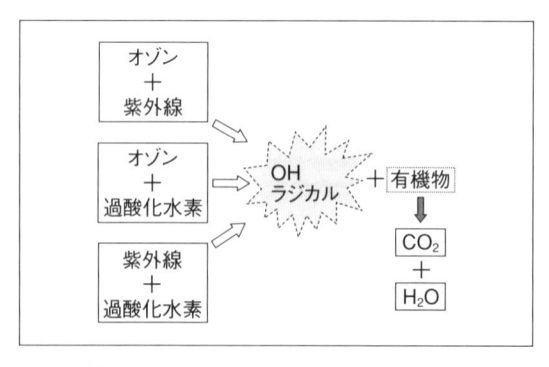

図2.13.1 OHラジカル発生の組み合わせ

解する。

$$CH_3OH + 2\,OH\cdot \rightarrow HCHO + 2\,H_2O \quad\cdots\cdots\cdots (6)$$
$$HCHO + 2\,OH\cdot \rightarrow HCOOH + H_2O \quad\cdots\cdots\cdots (7)$$
$$HCHO + [O] + H_2O \rightarrow HCOOH + [O] \rightarrow CO_2 + H_2O \cdots\cdots (8)$$

OHラジカルは我々の体内でも発生し、疲労や老化の原因物質となっているようである[1]。

● AOP処理の特長

OH・ラジカルは糖質、タンパク質、脂質、核酸（DNA、RNA）などあらゆる有機物質と反応する強みがある。しかし、反応性が高いだけに長時間残留することができず、生成後すぐに消滅してしまうという弱みがある[2]。実際の処理では反応容器の中で絶え間なくOH・ラジカルを発生させて供給する必要がある。

AOP処理の特長は以下の①〜⑤である。

① 難分解性物質の分解：従来法の処理では難しかった難分解性物質の分解、COD、BOD値の低減を効率的に行える。
② 効果が複合的：酸化分解が基本なので有機物除去と同時に脱色、脱臭、殺菌効果も期待できる。
③ ランニングコストの低減：オゾンと過酸化水素を使ったAOPではオゾン濃度を適切に制御することでオゾンや過酸化水素の消費量を低減できる。
④ 安全な処理水：ウィルスや一般細菌などが不検出となる。環境ホルモン等の微量汚染物質も大幅に低減された安全な処理水が得られる。
⑤ 二次副生成物が発生しない：オゾン、UV、過酸化水素は処理後には分解されて水、酸素となるので汚泥や処理水に有害な二次副生成物を生じない。

● AOP処理フローシート

AOPは一見して万能のように見えるが、実際にはそうでもなく、処理対象水の性状と処理手段がうまく合致しないと目的を達成できないこともある。

表2.13.1に水銀ランプの特性比較例を示す。初期のうちは高圧ランプが使われた

---

1) OHラジカルはストレスの多い、不規則な生活を続けていると体内で増加して血管を傷害し、生活習慣病、細胞のガン化、老化の原因になるようである。
2) OHルラジカル自体の寿命は短いが酸化力が強く、特に脂質の酸化を連鎖的に行う。OHラジカルが生成して存在するのは100万分の1秒間とされている。

表 2.13.1　水銀ランプの特性比較例

項　目	低圧ランプ	高圧ランプ
スペクトル（nm）	185、254	185～400
UV-C	20～40%	8～15%
単位長あたりの電力	0.8 W/cm	80 W/cm
管壁温度（℃）	60～120	600～900

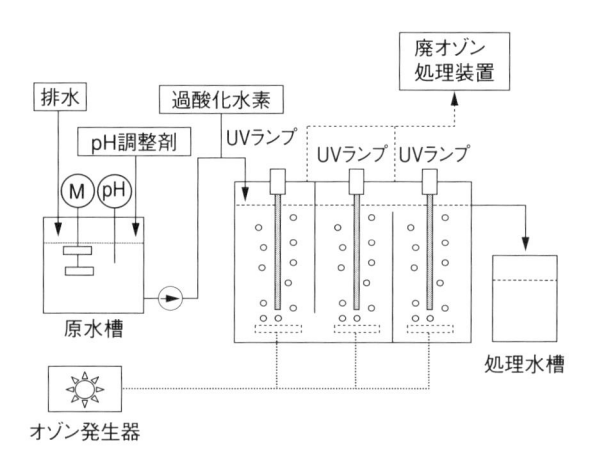

図 2.13.2　オゾン、UV、過酸化水素による AOP のフローシート例

が、現在は消費電力の少ない低圧ランプが多く採用される傾向にある。

図 2.13.2 にオゾン、UV、過酸化水素を組み合わせた AOP フローシート例を示す。図のように UV オゾン酸化に過酸化水素を添加すると酸化効果がさらに増進することがある。AOP の後工程に活性炭処理を付加すると残留した COD 成分、オゾン、過酸化水素の除去ができるので処理が確実となる。

実際の AOP では①～⑦などの注意が必要である。

① 　紫外線を使った AOP ではランプ配置の最適化。
② 　過酸化水素共存下の AOP では最適の pH 値が 7.0～9.5 である。
③ 　pH 制御だけでなく過酸化水素の添加量や注入点を適切に選ぶ。
④ 　OH ラジカルの無効消費物質の調査、対策。
⑤ 　光化学反応なので懸濁物質が含まれないこと。
⑥ 　高濃度の有機物や COD 成分を直接分解するのは不経済なので、前処理として凝集処理やろ過を行い、予め濃度を下げておく。

⑦ AOPの後段に活性炭処理、イオン交換処理、RO膜処理などを併用すると全体の処理がうまくいく。

● ヒドロキシルラジカル消費物質

水中の炭酸イオンはpH値に対応して式(9)(10)のようにOHラジカルを無効に消費する。

$$CO_3^{2-} + 4OH\cdot \rightarrow HCO_3^- + H_2O + O_2 + OH^- \quad \cdots\cdots (9)$$
$$HCO_3^- + OH\cdot \rightarrow CO_3^- + H_2O \quad \cdots\cdots (10)$$

上式より、(9)は(10)よりも4倍のOHラジカルを消費することがわかる[3]。
そのため、実際の処理では事前にpH調整を行い、CO_3^{2-}の存在比率が少ないpH 8.0〜9.5にするのが実用上有利である。

演習問題

促進酸化法（AOP）に関する記述として誤っているのは次のうちどれか。
① AOPは紫外線、オゾン、過酸化水素などを組み合わせて酸化力の強いヒドロキシルラジカルを発生させて水中の汚濁物質を分解する方法である。
② AOPは凝集沈殿や活性汚泥などの1次処理を行って大半の汚濁物質を除いた後に適用すると効果がある。
③ OHラジカルは水中なら長時間存在できるので、実際の処理では反応容器の中で絶え間なく供給しなくても処理効果が低下することはない。
④ 水中の炭酸イオンはOHラジカルを無効に消費するが、pH値が高いほどその傾向が強くなる。
⑤ OHラジカルは不規則な生活やストレスによってわれわれの体内でも発生し、疲労や老化の原因物質となっている。規則正しい生活を心がけよう。

解 答

③ OHラジカルの寿命は100万分の1秒間とされている。したがって、反応容器内ではOHラジカルが絶え間なく発生し、有効に作用できるような装置を作る必要がある。

3）和田洋六ほか：化学工学論文集, Vol. 33、No. 1、pp. 65-71（2007）

◆コラム②　富栄養化した水のpH上昇

　光合成は炭酸同化作用とも言い、太陽の光エネルギーを利用して、植物（葉緑素）が図のように水と二酸化炭素から有機物（糖類：例えばグルコース、ショ糖、デンプンなど）を合成している。同時に、光合成は水を分解する過程で生じた酸素を大気中に放散する。

　植物や藻類などは、この作用で出来たブドウ糖を直接利用したり、ブドウ糖と他のイオン（いわゆる肥料）を結合させて生命を維持し、成長をしている。したがって、光が不十分だと植物育成はうまくいかない。

　ところで、富栄養化して植物プランクトンや藻類が増殖した水域の水はアルカリ性（pH 10程度）を示し、溶存酸素濃度が過飽和（DO 10 mg/l 程度）になることが知られている。これは、水の中に水酸化ナトリウムなどのアルカリ成分が生成したのではなく、光合成により、水中の炭酸水素イオン（HCO_3^-）が植物に消費された結果、pHが上昇し併せて酸素濃度が増えたのである。

　植物がせっせと蓄えた栄養分は一方では太陽光線によって分解される。また、植物は光合成によって酸素を空気中に吐き出す。空気中の酸素は、動植物が生きるためになくてはならないものであるが、大切な栄養分を酸化して、これを有害な物質に変えてしまう困った働きもする。

　そこで植物は太陽光線（紫外線）が作り出す活性酸素などの悪さから自らを守るため、蓄えたデンプンを材料にしてビタミンCを作りつづけている。

　ビタミンCは紫外線や熱で分解されやすく酸化されやすい還元剤である。そこで、ビタミンCは蓄えた栄養分よりも先に酸化されることで自分が犠牲となり、大切な栄養分が酸化されることを防いでいる。

植物は二酸化炭素と水から有機物（ブドウ糖、デンプンなど）を生産し、酸素を吐き出す。
$$6CO_2 + 6H_2O \rightarrow C_6H_{12}O_6 + 6O_2$$

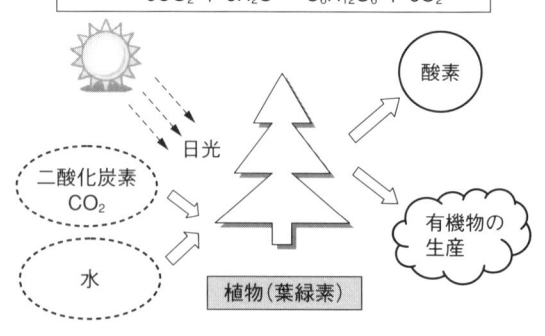

第3章

生活用水と工業用水

3.1 上水道水源の水質

日本の上水道水源は生活排水、産業排水、農薬、酸性雨などいろいろな物質で汚染されている。水は地球を常に循環しており、われわれはそのごく一部を生活用水として使っているが、産業活動や日常の快適な生活のために公共用水を汚染し、その汚染を取り除かなければ上水道として使えない状態にしてしまっている。

● 生活排水と産業排水

河川の汚れは、かつては産業排水が主な原因だった。その後、工場などに対する規制が強化され、排水処理対策が進んだ結果、生活排水が汚れの大きな原因となった。我々は一人あたり毎日約 200～300 l の水を炊事、洗濯、風呂、洗面、トイレ水洗などに使い、下水処理場や浄化槽で処理して河川に放流している。

表 3.1.1 は食品排水の BOD 値例である[1]。

表 3.1.1　食品排水の BOD 値比較

食品名	米のとぎ汁	みそ汁	ラーメン汁
BOD（mg/l）	12,000	30,000	40,000
容量（ml）	2,000	200	300
希釈水量	浴槽 16 杯	浴槽 4 杯	浴槽 8 杯
窒素（mg/l）	50	2,100	3,500
リン（mg/l）	30	180	140

BOD 濃度の高いこれらの排水を台所から流してしまったらコイやフナが住める水質（BOD 5 mg/l）にするにはどれくらいの水が必要か試算すると、表 3.1.1 の希釈水量のように濃度に応じて浴槽 4～16 杯にもなる。

1970 年代、大都市の河川に排出される BOD 量のうち生活排水が占める割合は約 40% であったが 1990 年代には 79% に増加した。すなわち、今では、生活排水が水

---

[1] これらの食品には、栄養塩類の窒素・リンも含まれており、閉鎖性水域に大量に流れ込むとプランクトンを増殖させ、赤潮や青潮（苦潮）の原因となる。

質汚濁の原因の大部分を占めているということになる。今後は、いくら工場排水の規制を強化しても、BOD 関連の水質はそれほど改善が期待できない。水質を良くするのは我々一人一人の環境に対する取り組み方が重要で、どれだけ水を汚さない努力をするかにかかっているといえよう。

一方、産業排水の水質は改善されたとは言え、最近は、微量の難分解性化学物質（PFOS、PFOA など）や有機塩素系化合物などが未処理のまま公共水域に排出されている[2]。これらの微量成分が人の健康に与える影響についてはまだよくわかっていない部分がある。溶解性化学物質は現在の急速ろ過法では除去しきれない。

今後は、膜ろ過、オゾン酸化、活性炭吸着などを組み合わせた新たな高度処理技術が必要となる。

● 厳しくなった水質基準

厚生省は 1993 年に水道水の水質基準を改正した。内容は健康に関する項目が 19、水道がもつ性質に関する項目が 17、快適水質項目が 13、監視項目が 26 で、合計 85 項目である。**表 3.1.2** は水道水の水質項目と基準値オーバーの原因例である。

濃度が高いときの原因として考えられるのはいずれも人為的なものなので、飲み水を使う我々一人一人がこれ以上、水道水源を汚さないようにするのが大切である。

具体的な対応策には下記①～③があげられる。

① 家庭雑排水とトイレ排水の合併浄化槽化
② 農薬や肥料の過剰使用抑制
③ 産業排水の高度処理とリサイクル化

現在、浄水施設の多くは急速ろ過法による除濁と塩素による消毒を主としたものである。この方法は水の濁りを除き、細菌を殺すことはできても水に溶解した化学物質までは除去できない。

● 下水処理場の処理水と上水道水源

我々が日常排出する生活排水の BOD 値は平均 $200\,\mathrm{mg}/l$ である。下水処理場では

---

[2] PFOS（パーフルオロオクタンスルホン酸）：水にも油にも溶けやすい界面活性剤。撥水剤、紙の防水剤、消化剤、床面の光沢剤などに使われている。炭素原子すべてにフッ素原子がついた PFOS は非常に安定な化合物なので環境中では分解されにくい。近年、PFOS が野生動物や環境中に広範囲に存在していることが報告され、新しい環境汚染物質として国際的に関心が持たれている。

第3章 生活用水と工業用水

表 3.1.2 水道水の水質項目と高濃度の原因例

項　目	具体的な項目の例	濃度が高いときの原因
健康に関する項目 （全29項目）	一般細菌	消毒滅菌不十分
	シアン・水銀・鉛・フッ素	水道水中に産業廃水が混入している恐れがある
	硝酸製窒素・亜硝酸性窒素	動物の糞尿や下水の混入の可能性が大きい
水道水が有すべき性状に関連する項目（全17項目）	陰イオン界面活性剤	家庭用廃水や工場廃水による汚染が推測される
	亜鉛	産業排水、タイヤの磨耗、亜鉛めっき製品からの剥離溶出がある
快適水質項目 （全13項目）	アルミニウム	過剰凝集剤注入による漏出
	有機物等	生活排水、工場排水などの混入
監視項目 （全26項目）	ホウ素・フタル酸ジエチルヘキシル	工場排水、産業廃棄物廃液の混入

これを活性汚泥法で処理してBOD 20 mg/l 以下にして河川に放流している。

生活排水の生物処理では図 3.1.1 に示すようにBODが20 mg/l くらいまではCODも同様に低下するが、BODが20 mg/l 以下になるとCOD低下速度が鈍化し始め1.0～2.7倍の開きを生ず。

一例として、BOD 6 mg/l ならCOD 16 mg/l となる。この理由は、原水中に生物処理で分解しきれない化学物質や合成洗剤などがあるとそれらがCOD成分として残留

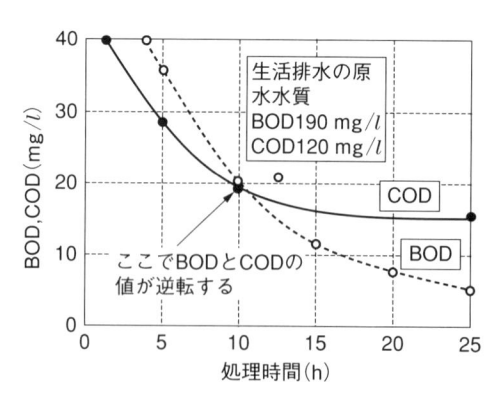

図 3.1.1　生物処理のBOD、COD変化例

するからである。試みに BOD 6 mg/l、COD 16 mg/l の活性汚泥処理水を活性炭で吸着処理すると BOD、COD ともに 3 mg/l 以下となる。

これは、生物分解では BOD 6 mg/l、COD 16 mg/l まで処理するのが限界であったが、吸着処理をすれば除ける溶解成分がまだ 3 mg/l 以上も残留していることを意味している。難分解性有機物を含んだ下水処理場の処理水は大きな容量の河川や海に放流され希釈されるので実質上の問題はないと思われるが、上水道水源の上流に下水処理場やし尿処理場などがある場合は、僅かな量の有機物成分についても監視し、対策を立てる必要がある。現在の浄水処理法は凝集沈殿法、砂ろ過、塩素消毒の組み合わせから成っている。これでは溶解性物質までは除去しきれないので、一部の浄水場ではオゾン酸化と活性炭吸着を組み合わせた浄化を実施している。

河川や湖沼の生活環境に係る環境基準は BOD 値で管理している。しかし、BOD だけでは難分解性有機物の監視はしきれない。

今後は、上水道水源の汚濁防止の観点から、河川水の水質管理は BOD に加え COD についても配慮すべきである。

演習問題

上水道水源の水質に関する記述として誤っているのは次のうちどれか。

① 河川水の汚れは、かつては産業排水が主な原因だったが、現在では生活排水が汚れの大きな原因となっている。
② 産業排水の水質は改善されたとはいえ、微量の難分解性の化学物質が未処理のまま公共水域に排出されている。
③ 水に溶解した難分解性の化学物質は砂を使った急速ろ過では除去できない。
④ 生活排水の生物処理では BOD 値が 20 mg/l のときは COD 値も同じ 20 mg/l 程度であるが、BOD が 10 mg/l 以下になると COD 値も同様に低くなる。
⑤ 近年、PFOS が野生動物や環境中に広範囲に存在していることが報告され、新しい環境汚染物質として国際的に関心が持たれている。

解 答

④ 生物処理で BOD 値が 20 mg/l 以下になると COD 値の低下速度が鈍化する。一例として、BOD 6 mg/l なら COD 16 mg/l となる。理由は BOD が低い処理水の中に難分解性の有機物が残っているからである。

3.2　飲料水の水質

我が国の水道水は水源に疑わしい物質が存在しないことを前提に水質基準が決められていた。ところが、近年、産業の発展や生活環境の変化に伴って水道水源の水質悪化が進んだ。現在、水道水を供給している施設の多くは1960年から70年代に作られたもので、急速ろ過法による除濁と塩素による消毒を主としたものである。

この方法は水の濁りを除き、細菌類を減らすことはできても、水に溶解した化学物質を除去することはできない。

● 急速ろ過の特徴

急速ろ過法は原水の濁度が高かったアメリカで開発された方法である。

当時の急速ろ過法は、まず、硫酸アルミニウムを使って沈みにくい微粒子を大きな粒子に凝集して沈殿させる[1]。次いで、上澄水を砂層に通してろ過を行なうというものである。

急速ろ過法のろ過速度は1日120〜150 m（$m^3/m^2・日$）である。これは緩速ろ過の30倍くらいの速さに相当する。急速ろ過法はたくさんの水を得ることができるが、緩速ろ過法と違って、水溶性有機物、合成洗剤、細菌などを除く効果はあまりない。ろ過工程をすり抜けた細菌や水溶性有機物などは塩素で酸化処理する。

原水に5 μm 程度の大きさのクリプトスポリジウムを含む場合は急速ろ過で対応しきれないこともある[2]。急速ろ過法は水中の懸濁物質を除いた後、ろ過水を塩素で殺菌するプロセスを骨子としたもので、原水を大量に自動的にろ過できるという点で優れてはいるが、水質の改善効果が特に優れているわけではない。

● 塩素殺菌の必要性

水道水源の水には、赤痢やコレラなどを起こす病原菌が含まれている可能性がある。

---

1) 凝集剤として初めて使用されたのは硫酸アルミニウムであるが、日本で開発されたポリ塩化アルミニウム（PAC）は凝集効果もよく安価なので世界に広まった。
2) クリプトスポリジウム：塩素に耐性を持つ「クリプトスポリジウム」は、特に家畜の糞尿を含んだ汚水に含まれる。クリプトスポリジウムはオーシストと呼ばれる殻状の中で生息するので長期間生存できる。厚労省は対策指針として、ろ過後の濁度を0.1度以下にするよう求めている。

そのため、上水道処理ではこれらの病原菌を殺すための塩素処理は欠かすことができない。

日本で水道に塩素を加えるようになったのは昭和21年にGHQの指令が出されたことに始まる。その後、昭和31年の水道法制定により蛇口出口で$0.1\,\mathrm{mg}/l$以上の遊離残留塩素があることと定められ今日に至っている。

図3.2.1に示すように塩素には殺菌効果のほかに酸化作用もあり、水に溶けている鉄・マンガンなどの金属を酸化したり、アンモニア性窒素や有機物を分解する効果もあわせ持つ。しかし、塩素が過剰になると原水中の有機物と反応し浄水の工程では意図しなかった有機塩素化合物やトリハロメタンを副成してしまう。

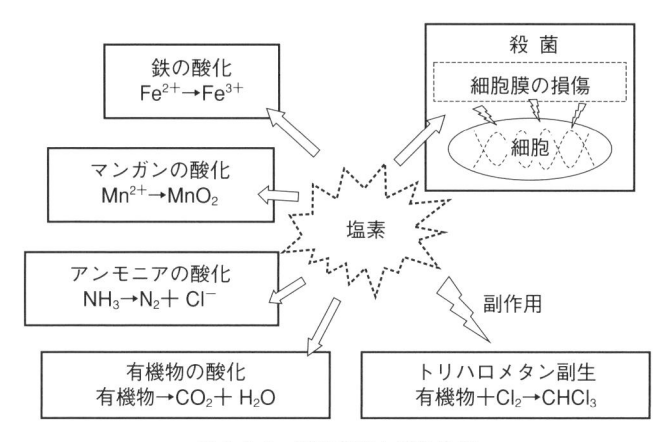

図3.2.1 塩素殺菌と酸化作用

これに対応して浄水場では粉末活性炭処理やオゾンと粒状活性炭の併用処理により、給水栓出口で管理目標値を超えないように努力している。

● 水源の有機汚染とトリハロメタンの副生

最近の河川水には産業排水や生活排水が混在している。この中には難分解性物質の「フミン質」と呼ばれるものが含まれる。この物質はし尿処理水や下水処理水などの中にCODやBOD成分として生物分解しきれずに残っている。こうした有機系物質の多くは水中の生物によって分解されるが、それでも難分解性の物質が水道水源に残存している。

図3.2.2は塩素接触時間とクロロホルム生成量の関係例である。フミン酸$10\,\mathrm{mg}/l$に塩素を$10\,\mathrm{mg}/l$添加するとクロロホルムが直線的に生成され、およそ24時間後に

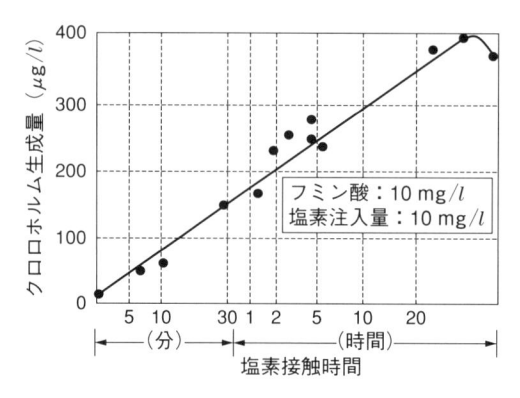

図 3.2.2　塩素接触時間とクロロホルム生成量

$400\,\mu g/l$ となる。

こうして水中に溶解しているフミン質がトリハロメタンの生成源となり、塩素などのハロゲン元素[3]と反応して、浄水処理の過程でトリハロメタンを副生する。

フミン酸には確定した構造はなく分子量が数千～数万で、ピロガロール、多価フェノールなどを含む高分子物質である。トリハロメタンはフミン酸のメチルケトン基をもつ化合物と次亜塩素酸との反応で式(1)(2)により生じるといわれている[4]。

$$CH_3(CO)CH_3 + NaOCl \rightarrow CH_3(CO)CCl_3 + 2\,NaOH \quad \cdots\cdots (1)$$
$$CH_3(CO)CCl_3 + NaCl \rightarrow CH_3(CO)CONa + CHCl_3 \quad \cdots\cdots (2)$$

塩素処理ではクロロホルムだけでなく臭素（Br）を含んだ化合物も生ずる。これは、水中に存在する臭素イオン（産業排水などに含まれる）が塩素によって臭素に酸化され、これにより臭素化合物が生成するためである。

● トリハロメタンと残留塩素の除去

水道水に含まれるトリハロメタンを家庭で除去するには沸騰させれば良いとされている。しかし、トリハロメタンは沸騰状態が一番発生しやすい。

図 3.2.3 は煮沸によるクロロホルムの除去例である。水道水中に約 $12\,\mu g/l$ あった

---

[3] 産業排水で汚染された河川水には NaCl などの塩分が増えるが、この中には臭素（Br^-）やヨウ素（I^-）も含まれる。臭素イオン（Br^-）自体はトリハロメタンを作らないが、塩素（Cl_2）と反応すると臭素（Br_2）に変化し、これが水中のメタンと作用して、ブロモジクロロメタン（$CHBrCl_2$）などの臭素・塩素系のトリハロメタンを生成する。ヨウ素についても同様である。
[4] 竹内　雍：水処理、pp. 110、技報堂出版（1992）

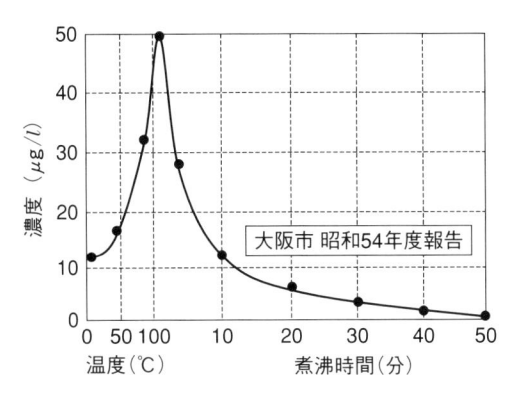

図 3.2.3 煮沸によるクロロホルムの除去

クロロホルムは 100℃ に煮沸すると 50 μg/l 程度にまで増加する。さらに煮沸を続けると次第に減少し、10 分を経過するあたりから元の濃度以下となる。したがって、沸騰してすぐに火を止めるのはあまり意味がない。

市販の活性炭入り浄水器はトリハロメタンと残留塩素の両方を除去できるが、活性炭はやがて飽和に達する。活性炭のトリハロメタンと残留塩素の除去能力は次第に低下するのでメーカーの使用法に従い定期的なカートリッジ交換をお勧めする。

演習問題

飲料水の水質に関する記述として誤っているのは次のうちどれか。

① 急速ろ過法は水の濁りを除き、細菌類を減らすことはできても、水に溶解した化学物質までは除去することはできない。
② 水道水源の水には、赤痢やコレラなどを起こす病原菌が含まれている可能性があるので塩素殺菌処理は欠かすことができない。
③ 塩素には殺菌効果のほかに酸化作用もあり、水中の鉄・マンガンなどの金属を酸化したり、アンモニア性窒素や有機物を分解する効果もある。
④ トリハロメタンはメタン成分と塩素だけが作用してできるものである。
⑤ 水道水中のトリハロメタンは沸騰しはじめが一番発生しやすい。

解 答

④ トリハロメタンは塩素だけに限らず、産業排水などに含まれる臭素やヨウ素を取り込んで生成することもある。

3.3 凝　集

イオン状物質や分子より大きく水中で長時間放置しても沈まない微粒子（1μm以下）をコロイドと呼ぶ。コロイド粒子の表面は負に帯電しており相互に反発しあって安定している。これらのコロイド粒子は「凝集」すると水に沈むようになる。

凝集処理には①無機凝集剤と②高分子凝集剤を組み合わせて使うことが多い。
① 無機凝集剤は微粒子の表面電荷を中和して凝集させる。
② 高分子凝集剤は懸濁粒子に「糸くず」のようにからみついて「橋かけ凝集」させる。

● コロイドの凝集

粘土系コロイド粒子の表面電荷はゼータ電位と呼ばれ、−20〜−30 mVの範囲にある。この粘土系懸濁物に硫酸アルミニウムなどの凝集剤を加えると電荷が中和される。図3.3.1にゼータ電位と濁度変化の一例を示す。

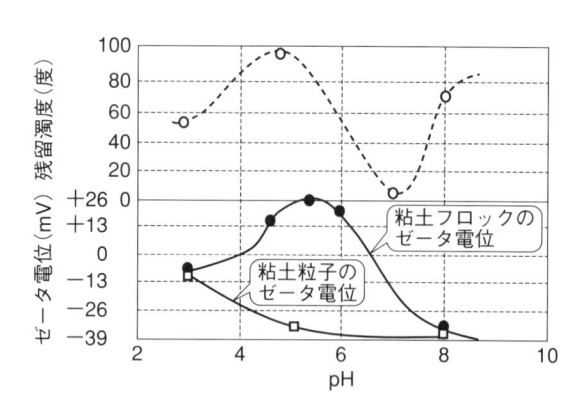

図 3.3.1　粘土粒子のゼータ電位と濁度変化[1]

図3.3.1によれば、粘土フロックのゼータ電位は等電点（±0 mV、pH 7）あたりで濁度が低い。ところが、もうひとつの等電点（pH 4）では、濁度が60度もある。

---

1) 丹保憲仁：水道協会誌、365号（1965）

これは、pH 4 でも pH 7 でもコロイドの負荷は中和されているが、pH 4 ではアルミニウムが溶解しているので架橋機能がなくフロックを形成しない。

これに対して、pH 7 ではアルミニウムイオンが不溶化し、生成した水酸化アルミニウムによる架橋現象が起こり、フロックが粗大化した結果、濁度が低下したと考えられている。マイナスに荷電して安定しているコロイド粒子は一般に、電解質を加えると凝集しやすくなる。凝集を起こすのに必要な電解質の最低濃度をその電解質の凝結価と呼ぶ。

表 3.3.1 は負に帯電したコロイドに対するいくつかの電解質の凝結価である。

表 3.3.1 負に帯電したコロイド粒子に対する各種電解質の凝結価

電解質	凝結価（ミリ mol 陽イオン/l）		
	AS_2S_3 ゾル	Au ゾル	Pt ゾル
NaCl	51	24	2.5
KCl	49.5		2.2
1/2 K_2SO_4	65.5	23	
HCl	31	5.5	
$CaCl_2$	0.65	0.41	
$Al(NO_3)_3$	0.095		
1/2 $Al_2(SO_4)_3$	0.096	0.009	0.013

表 3.3.1 より、電荷の大きなアルミニウムイオン（Al^{3+}）などの陽イオンは小さな凝結価を示し、ナトリウムイオン（Na^+）などの電荷の小さな陽イオンは大きな凝結価を示す。一般に、2 価イオンの凝集作用の強さは 1 価イオンの 20〜80 倍、3 価イオンは 2 価イオンよりもさらに 10〜100 倍も強いとされている。

したがって、凝集剤としては硫酸アルミニウム［$Al_2(SO_4)_3$］や塩化第二鉄（$FeCl_3$）など、三価の陽イオンを含んだ塩類が有効で、実際の現場でもこれらの薬品がよく使用されている。

● **アルミニウムイオンの性質**

水中のアルミニウム塩類は 6 水和物をもった三価のイオンで式(1)により弱酸性を示す。

$$Al(H_2O)_6^{3+} \rightarrow AlOH(H_2O)_5^{2+} + H^+ \qquad \cdots\cdots (1)$$

第3章　生活用水と工業用水

この溶液にアルカリを加えると水中の水酸イオン（OH⁻）と重合し、一例として、$[Al_8(OH)_{20}]^{4+}$ または $[Al_6(OH)_{15}]^{3+}$ などの正電荷ポリマーイオンを形成する。このようなアルミニウムの多価イオンが荷電中和に役立つ。

図 3.3.2 はモノマー（Al^{3+}）としてのアルミニウムイオンの溶解度である。0.01 M の KNO_3 水中では pH 5.7～6.9 の範囲内でアルミニウムイオンが 0.05 mg/l 溶解している。この濃度以上に溶存しているアルミニウムイオンが凝集に関与する。

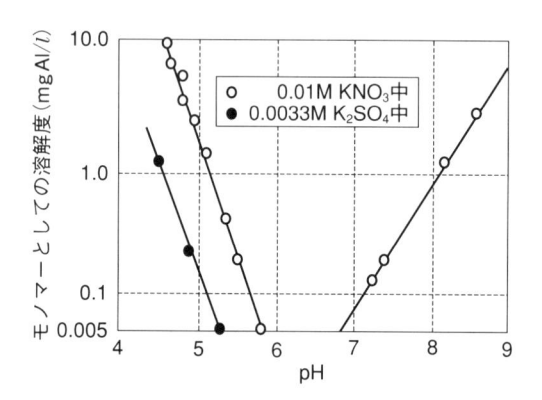

図 3.3.2　モノマーとしてのアルミニウムイオンの溶解度(25℃)[2]

● 凝集剤

凝集剤は大別して無機系と有機系に分けられる。

無機凝集剤はコロイド粒子の荷電中和とコロイド粒子を結合させる架橋作用をもった物質で、硫酸アルミニウム、塩化第二鉄などがある。

有機系高分子凝集剤は分子量 100 万以上の高分子物質で、架橋作用によりフロックを粗大化し、結合強度を増すために併用する。

図 3.3.3 はマイナスに帯電したコロイド粒子を硫酸アルミニウムなどの正電荷の凝集剤で中和、凝集し、次いで、これに陰イオン系高分子凝集剤を加えてフロックを粗大化させる経過を模式的に示したものである。このようにすると初めは電気的に反発しあって分散していたコロイド粒子もついには大きなフロックの固まりとなり、懸濁物の凝集沈殿分離ができるようになる。

---

2) 後藤克己：日本化学会誌、Vol. 81、pp. 349（1960）

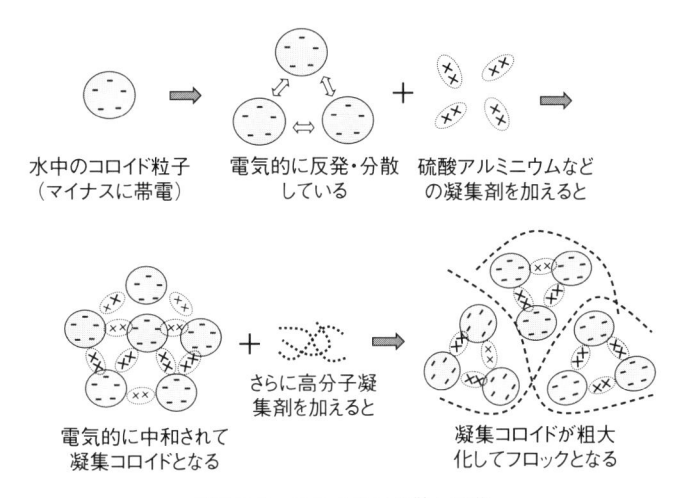

図 3.3.3 コロイドの分散と凝集

図3.3.3に示す高分子凝集剤の添加量は多ければよいというものではなく適正量がある。そのため、事前にジャーテストを行い使用量をきめるとよい。

われわれは、味噌汁の中に浮遊している大豆粒子がトロロコンブを加えると「凝集」して容器の底に「沈殿」する現象をよく経験する。これは昆布に含まれるアルギン酸ナトリウムの作用によるものである。

同様に、昆布、わかめ、ひじきなどの海草類に含まれる高分子のアルギン酸塩類は体内の「廃棄物」を「凝集」して体外に排出する役目を果たしており、人の健康維持に役立っている。

演習問題

ある工場排水の処理実験を行ったところ、硫酸アルミニウム $150 \text{ mg}/l$ を添加すると良好な結果が得られた。排水量を $500 \text{ m}^3/$日とすれば工場で1日に使う硫酸アルミニウム量はいくらか計算せよ。

解 答

$150 \text{ mg}/l = 150 \text{ g}/\text{m}^3 = 0.15 \text{ kg}/\text{m}^3$ であるから
$0.15 \text{ kg}/\text{m}^3 \times 500 \text{ m}^3/$日 $= 75 \text{ kg}/$日

3.4 沈殿分離

沈殿分離法は排水を沈殿槽に貯留するだけで懸濁物質と上澄水に分離できるので簡単で安価な固液分離法として古くから用いられている。沈殿分離効率に影響を与える要素に①粒子の沈降速度と②水面積負荷の関係がある。

● 沈澱分離効率

図 3.4.1 に沈殿分離の原理を示す。

① 粒子の沈降速度：図 3.4.1 左に示す粒子の沈降速度（V_p）と排水の上向流速度（V_w）の差が大きいほど（$V_p > V_w$）固液分離効果が高い。

② 水面積負荷：図 3.4.1 右の沈殿分離槽で沈む粒子の沈降のしやすさは沈殿分離槽の表面積 $A(m^2)$ の大小に関係する。この面積を有効分離面積という。

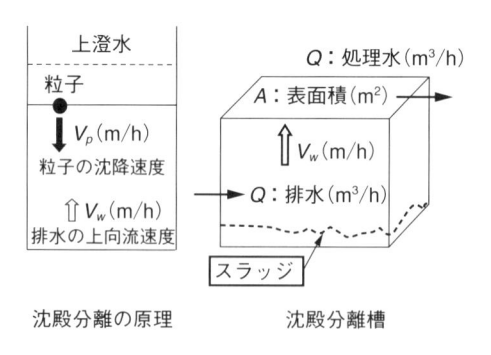

図 3.4.1　沈殿分離の原理

図 3.4.1 で汚濁水は粒子を分離しながら上澄水となり、沈殿分離槽の全表面積から処理水が均一にあふれ出ようとする。

そのときの水面における上向流速度 $V_w(m/h)$ は $[Q/A]$ となる。この場合、水の上向流速よりも沈降する粒子の沈降速度 $[V_p(m/h)]$ が大きいことが条件となる。

$$V_p(m/h) \geq Q(m^3/h)/A(m^2) \quad \text{または} \quad A(m^2) = Q(m^3/h)/V_p(m/h)$$

単位有効分離面積あたりの流入量 Q/A（$m^3/m^2 \cdot h$）を水面積負荷という。この値は分離できる粒子の最小沈降速度に相当する。

一例として、沈降しやすい金属水酸化物の沈降速度は 1 m/h 程度である。これに対して、沈殿槽内の上向流速度を 0.5 m/h に設計すれば確実な分離が期待できる。

排水中の汚濁物質の沈殿分離効率（E）と沈殿分離槽の水面積 A（m²）、排水の流量 Q（m³/h）、粒子の沈降速度 V_p（m/h）の関係は式(1)で示される。

$$E = V_p/(Q/A) \qquad \cdots\cdots (1)$$

式(1)より、沈殿分離槽の処理効率を上げるには水面積負荷（Q/A）を小さくすればよいことがわかる。

● 越流せきと越流負荷

図 3.4.2 に越流せきと越流負荷の概要を示す。図 3.4.2 に示す越流せき（$A \sim B$ の間）を処理水が流れ出るときに、流速が早いと粒子も流出してしまうので固液分離効率が低下する。そこで、沈殿槽を設計するときに越流せきを通過する水量の大小を比較するために「1日あたり、単位長さの"せき"を越流する水量」を決めており、これを越流負荷と呼ぶ。

一例として、流量調整槽を設けた浄化槽の越流負荷は 45 m³/m・日 （1.88 m³/m・h）以下、調整槽を設けない場合は 30 m³/m・日 （1.25 m³/m・h）以下が適切である。

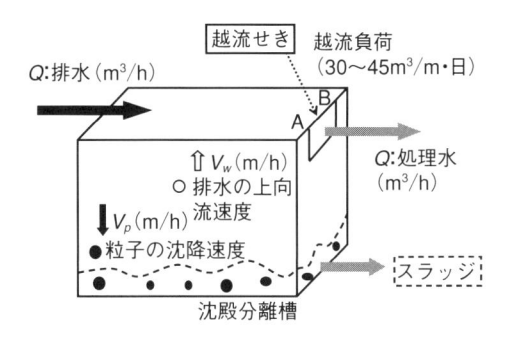

図 3.4.2　越流せきと越流負荷

● 沈殿槽の表面積と深さの関係

図 3.4.3 は同じ深さで、直径 5.0 m と 7.1 m の上向流式沈殿槽の水面積を比べたものである。一例として、流量 20 m³/h の排水が①直径 5.0 m の沈殿槽と②直径 7.1 m の沈殿槽に流入したとする。この場合の上向流速は①1.0 m/h ②0.5 m/h となる。

粒子の沈降速度を 1.0 m/h とすれば、①では上向流速度と同じなので粒子は沈降

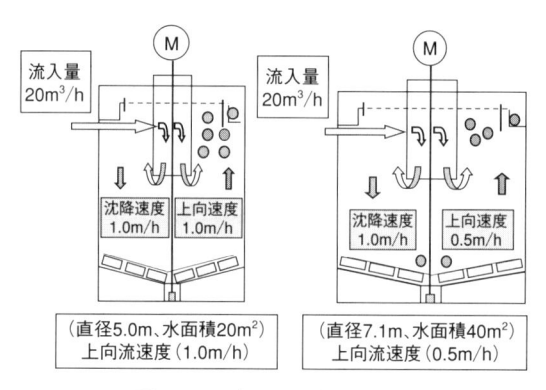

図 3.4.3　沈殿槽の水面積比較

できない。これに対して、②は上向流速度が半分の 0.5 m/h なので沈殿分離できる。

このように、沈殿槽の分離効率は粒子の沈降速度と水面積で決まる。

● 凝集槽と沈殿槽の接続配管 ─────────────────

図 3.4.4 に凝集槽と沈殿槽の接続例を示す。図 3.4.4 左の配管で連結する場合は細い配管で接続してはならない。理由は以下である。

一例として、凝集槽と沈殿槽の連絡配管に直径 200 mm と 100 mm の配管があったとする。直径 200 mm と 100 mm の配管の断面積を比較すると直径 100 mm の管は 200 mm 管の 1/4 となる。

ここで 2 本の管に同じ流量で水を流したとすると、直径 100 mm の管内流速は直径 400 mm の管の 4 倍にもなる。直径 200 mm の太い管の中では緩やかに流れていた凝集フロックは、直径 100 mm の細い管の中では 4 倍の速さとなり、フロックが壊れ、流速増により沈殿槽内部で乱流を起こして分離がうまくできない。したがって、凝集槽と沈殿槽の連絡配管の太さはむしろ大きすぎるくらいでよい[1]。

---

1) 凝集槽と沈殿槽の連絡配管の太さ金属水酸化物を含む凝集フロックの場合は一例として下記の連絡配管径と流量が適用できる。

配管径（mm）	流量（m³/h）
100	5
200	20
300	45

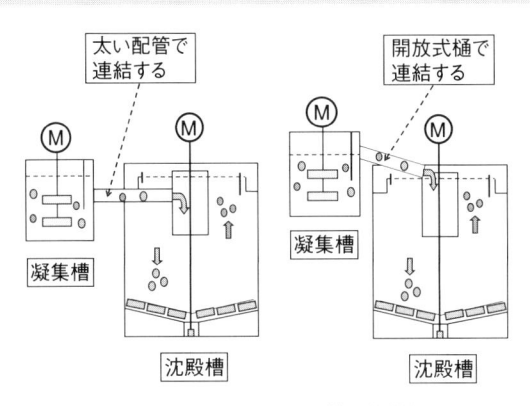

図 3.4.4 凝集槽と沈殿槽の接続例

　凝集槽と沈殿槽の連絡配管が細いと冬になって水温が低下した場合、水の粘度低下と凝集処理水の塩分の溶解度が低くなるので、管内に結晶が析出して流路が閉塞することがある。この現象は、夜間、運転を止めて早朝運転を再開しようとするときに起きやすい。

　これを防止するために、連絡管の途中に高圧の空気や水を吹き込むことのできる配管を設け、堆積したスラッジやスケールを排除できるようにしておくと良い。

　図 3.4.4 右は開放 U 字連絡水路の例である。この方式は流路の閉塞がないうえに、点検が簡単で掃除もしやすいので維持管理が容易である。

演習問題

　直径 5.0 m の沈殿分離槽（表面積約 20 m²）で 1 日に 100 m³ の排水を沈殿処理している。この沈殿槽が理想的な条件で管理されているものとすれば、沈降速度がどのくらいまでの懸濁物が分離できるか。

解　答

(1) 式 $E = V_p/(Q/A)$ を利用する。E は完全に除去される懸濁物なので $E = 1$ とする。$Q = 100$ m³、$A = 20$ m² であるから

$$V_p = Q \times E/A = (100 \text{ m}^3/\text{日} \times 1)/20 \text{ m}^2$$
$$= 5.0 \text{ m/日} = 0.2 \text{ m/h}$$

したがって、$V_p = 0.2$ m/h より沈降速度の大きい粒子は分離できる。

3.5 浮上分離

浮上分離は①自然浮上分離と②加圧浮上分離に大別される。自然浮上分離は水中の油滴のように静置するだけで自然に浮かぶので水と油が分離できる。

加圧浮上分離は静置するだけでは分離が困難な場合で、除去しようとする粒子に微細な空気の泡を付着させ見かけの比重を軽くして分離する方法である。

● 自然浮上分離

自然浮上分離においてもストークスの式が適用できる。排水中の油を分離するとき、油滴の直径を 0.015 cm (150 μm) とし、ストークスの式に代入して次のような油滴の浮上速度が提案されている。

$$v = 0.735(\rho_w - \rho_o/\mu) \quad \cdots\cdots\cdots (1)$$

v：油滴の浮上速度（cm/min）、ρ_w：水の密度（g/cm³）
ρ_o：油の密度（g/cm³）、μ：水の粘度（g/cm·s）

ここで、油滴の径を 0.015 cm とした理論的な根拠はないが、実用上、利用しうる数値である。また、油滴を分離するための分離槽の最小面積は次式から計算できる。

$$A = F(Q/v) \quad \cdots\cdots\cdots (2)$$

A：分離槽の表面積（m²）、Q：排水の流入量（m³/min）、v：油滴の浮上速度（m/min）
F：安全係数（乱流の影響による安全率（1.3～1.8 であるが、通常、1.5 を採用する））

● 加圧浮上分離

図 3.5.1[1] に加圧浮上装置のフローシートを示す。凝集槽で処理したフロックを含む処理水は加圧浮上槽の下部入り口で空気を溶解した加圧水と混合する。

凝集したフロックには気泡が付着するので軽くなり、加圧浮上槽をゆっくり上昇し水面に達する。水面に浮上した凝集フロックはスカムスキーマーでかき寄せ槽の外に排出する。一方、フロックと分離した水は槽の中間部分にある集水管に集めて大部分は槽の外に処理水として排出する。ここで、凝集フロックは加圧水と混合する際の衝撃で崩れて漏洩するので、沈殿分離に比べて水質が低下する。

---

1) 和田洋六：水のリサイクル（基礎編），pp. 106～108，地人書館（1992）

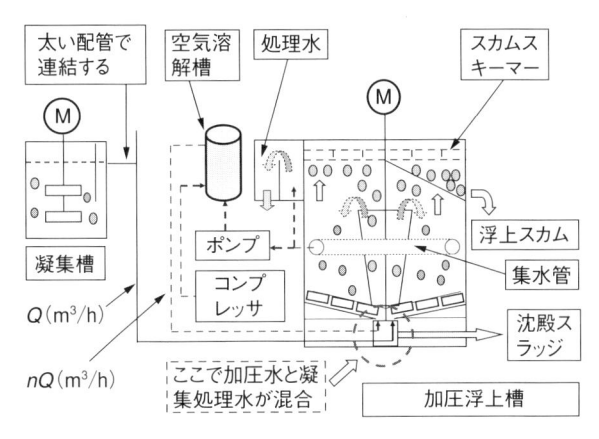

図 3.5.1 加圧浮上装置フローシート例

　処理水の一部は加圧ポンプで空気溶解槽に送り込み 0.3～0.5 MPa の加圧下で空気を溶解させる。

　加圧水は微細な気泡を含んだ状態で加圧浮上槽底部に送り、凝集処理水と接触し、気泡はフロックや汚濁粒子に付着して浮上する。浮上しきれないで沈降したスラッジは槽の底部に設けたスラッジ引き抜き管から引き抜く。加圧浮上装置の設計は処理対象液によって多少の差があるが一般には下記の範囲で決める。

① 空気溶解槽：空気の溶解方式で異なるが、通常、滞留時間 3～5 分、溶解効率 50～60% である。
② 気－固比：発生する気泡重量と排水中の SS 重量の比を気－固比と呼ぶ。浮遊物質の重量を S、気泡として発生した空気の重量を A とすると気-固比 R は式(3)で示される（図 3.5.1 参照）。

$$R = A/S = (a-b) \times nQ/C_s \times Q \qquad \cdots\cdots (3)$$

　　a：加圧水に溶解している空気量（mg/l）
　　b：大気圧時に水に溶解している空気量（mg/l）
　　n：排水量に対する加圧の割合、Q：排水量（m³/h）
　　C_s：排水中の浮遊物濃度（mg/l）

気-固比と処理水水質の関係例を**図 3.5.2**[2]に示す。

図 3.5.2 から、下水汚泥（SVI=85）は気-固比が 0.02 以上あれば処理水の浮遊物

---

2) 井出哲夫ほか：水処理工学, pp. 95～96, 技報堂出版（1990）

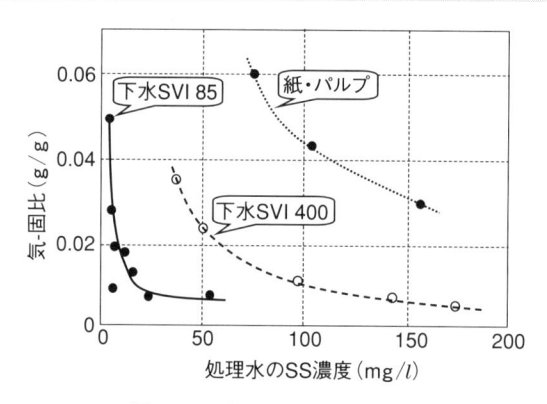

図 3.5.2　気-固比と処理水水質

濃度は 15 mg/l 以下となり安定した処理水が得られることがわかる。

③　表面積負荷：表面積負荷は、通常、下水汚泥 0.7〜3.0 m³/m²·h、含油排水 4〜7 m³/m²·h、紙パルプ 3〜8 m³/m²·h が設計値として採用されている。これらの数値は沈殿分離に比べて 3〜8 倍も高い。これは加圧浮上処理装置がそれだけ小さくて済むことを意味している。

加圧水倍量、固形物負荷量（kg/m²·h）、固形物除去率（％）の関係を図 3.5.3[2)]に示す。これによれば加圧水倍数に関係なく 12 kg/m²·h 以上で除去率が急に低下する。

④　加圧浮上槽の滞留時間：図 3.5.4[2)]に活性汚泥の滞留時間と浮上物濃度の関係を示す。滞留時間は一般に 30 分程度を採用する。加圧浮上処理は処理時間が短いので装置を小型化できるが懸濁物質が漏洩しやすく沈殿分離より水質が悪い。

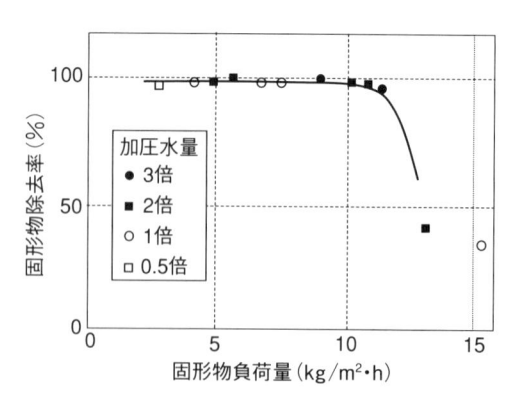

図 3.5.3　固形物負荷量と処理水水質

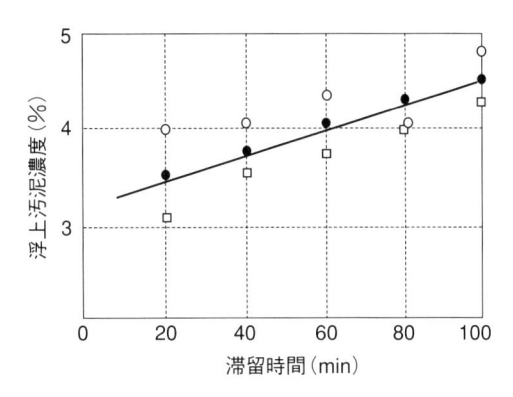

図 3.5.4　浮上汚泥濃度と滞留時間

本項で述べた加圧水製造装置とは別にコンプレッサや空気溶解のためのエゼクターの不要な加圧水製造システムが日本のポンプメーカーから上市されている。

これはポンプの吸い込み側の弁を少し閉めて負圧とし、ここに流量の 5% 程度の空気を送り、ポンプ出口圧によって空気を加圧溶解し、ポンプ出口弁を 0.2〜0.4 MPa に調節することによって加圧水を作るというもので小型の加圧浮上装置やオゾン溶解装置に適用すると便利である。

演習問題

ある排水の加圧浮上分離試験を行ったところ気-固比（$A/S=0.05$）がもっとも分離結果が高かった。排水の SS 濃度が 200 mg/l のとき、処理水を 0.5 MPa の空気で飽和させて循環する方式をとるとすれば、$A/S=0.05$ となる気―固比を保つための循環水量は原水量の何%にすべきか計算せよ。

ただし、水温は 20℃ で一定とし、0.5 MPa および 0.1 MPa における空気の飽和溶解量はそれぞれ 130 mg/l、30 mg/l とする。

解答

0.5 MPa の加圧水 1 l から発生する気泡量は 130 mg/l − 30 mg/l = 100 mg/l となる。式(3)に代入して排水量に対する加圧水の割合を求めると…

$0.05 = [130 \text{ mg}/l - 30 \text{ mg}/l] \times n\ Q\ (\text{m}^3/\text{h}) / 200 \text{ mg}/l \times Q\ (\text{m}^3/\text{h})$

$0.05 = 100 \text{ mg}/l \times n / 200 \text{ mg}/l$ より $n=0.1$ となり、0.1 は 10% となる。

3.6 緩速ろ過と急速ろ過

水道水を砂ろ過で浄化する方法には①緩速ろ過法と②急速ろ過法がある。

緩速ろ過法は砂層の表面にできた微生物の膜によってろ過する方法である。ろ過速度は1日4〜5 m^3/m^2 程度のゆっくりした流れで生物の浄化機能を利用して汚濁水を浄化する。緩速ろ過法は低濃度であればアンモニア、鉄、マンガン、合成洗剤、細菌なども除去できるうえにろ過水がおいしいという長所がある。

急速ろ過法は第一工程でポリ塩化アルミニウムなどの凝集剤を使って沈みにくい微粒子を大きな粒子に変えて沈殿させる。第二工程ではろ過砂が充填してある砂層全体で急速ろ過を行う。急速ろ過法のろ過速度は1日120 m^3/m^2 で緩速ろ過の約30倍である。ろ過速度が大きい分だけろ過池を小さくできるので敷地面積が少なくて済む。

● 緩速ろ過

緩速ろ過法は1829年ロンドンの水道会社の技師により開発された。当時、河川は排泄物で汚れコレラやチフスなどが流行した。ロンドンでは1832年にコレラが大流行し多数の死者が出た。コレラの原因は下水で汚染された飲料水によるものだった。ところが、ロンドンで緩速ろ過を行ってから給水していた地域に限ってコレラ患者が少ないことが経験的にわかった。

これらの結果から、汚濁した河川水でも「ゆっくりと砂ろ過」をすれば原水中の病原菌が除けるという評判がたち、ヨーロッパや世界中に、コレラ対策として緩速ろ過処理の浄水法が普及していった。こうして、緩速ろ過さえすれば、コレラ菌などの病原菌が除け、安全な水道水を供給できるとの経験的観測が世界に広がった。

その後、緩速ろ過を行えば病原菌も除去できることがわかってきた[1]。このようにして生まれた緩速ろ過方式はヨーロッパに定着し、やがてアメリカにまで普及するかに見えた。しかし、濁りの多いアメリカの水ではろ過層がすぐに閉塞し緩速ろ過方式

---

1) 緩速ろ過が開発された1829年ころは細菌学がまだ発達していなかった。コレラやチフスが流行した約150年前、緩速ろ過をしていた地域に限って伝染病患者発生の少ないことが経験的にわかってきた。1883年になってコッホがコレラ菌を発見し、コレラは水系伝染病であることが明らかになった。細菌学が発展してからは、緩速ろ過をすれば伝染病などの細菌が除去できることがわかり、世界各地にこの処理法が普及していった。

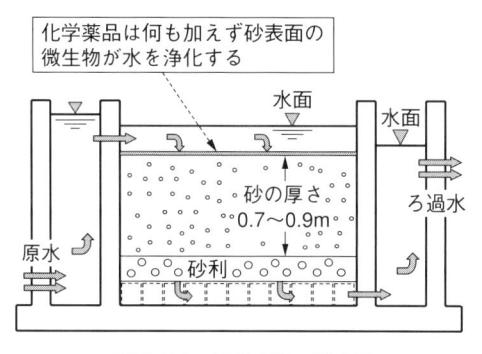

図 3.6.1　緩速ろ過の模式図

では処理できなかった。

図 3.6.1 は緩速ろ過の模式図である。

砂を 0.7～0.9 m 程度充填したろ過層に化学薬品を何も加えずに汚濁水を流すと、表層と内部の砂表面に自然に微生物が繁殖して付着する。表層では微生物が膜状になって「生物膜」によるろ過が行われる。緩速ろ過は生物の力を利用して汚濁水を浄化するのでろ過速度は 1 日に 1 m^2 の砂ろ過面あたり 4～5 m^3 程度のゆっくりした速度でろ過する。

● 急速ろ過

ヨーロッパの河川に比べてアメリカ大陸の河川水は赤く濁り、懸濁物質が多い。ヨーロッパに習ってアメリカでも緩速ろ過を行ったところ、ろ層内に生物が繁殖しないで、砂がすぐに目詰まりして失敗に終わった[2]。そこでアメリカでは薬品の力を使って濁った水を早く浄化する急速ろ過方式を開発した。

図 3.6.2 は急速ろ過の模式図である。

---

[2] アメリカで緩速ろ過が失敗に終わった原因は、アメリカの河川は人為の影響が少なく、水質汚濁が進行していなかったからである。原水が汚染していないので、緩速砂ろ過池で微生物、微小動物が活躍するための栄養の流入量が足りなかった。ある程度汚濁が進んだ河川のろ過池では汚濁物質が栄養源となって微生物や微小動物が活動できる。ろ過池では微小生物が汚濁物質を餌として食べ粒状の糞として排出するので砂ろ過層は閉塞しにくい。

　緩速ろ過にとっては、きれいな水よりも適度に汚染された水のほうが適しているというわけである。

　日本でも山岳地帯にある緩速ろ過池ではろ層が閉塞しやすい。これは、栄養分が少なくて微小生物が活躍できないので閉塞しやすいと考えられる。

第3章　生活用水と工業用水

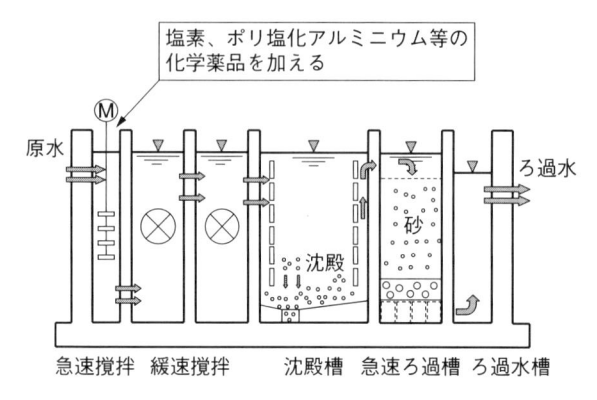

図 3.6.2　急速ろ過の模式図

（図中のラベル：塩素、ポリ塩化アルミニウム等の化学薬品を加える／原水／ろ過水／沈殿／砂／急速撹拌　緩速撹拌　沈殿槽　急速ろ過槽　ろ過水槽）

表 3.6.1　緩速ろ過と急速ろ過の比較

区分	項目	緩速ろ過	急速ろ過
原水	大腸菌群	<1,000/100 ml	1,000 以上
	BOD	2 mg/l 以下	2 mg/l 以上
	年平均濁度	10 度以下	10 度以上
維持管理	ろ過速度	4～5 m/日	120 m/日
	敷地面積	大	小
	薬品	不要	要
	発生汚泥量	小	大
	建設費	大	小
	管理技術	中	高度

　急速ろ過では、まず、ポリ塩化アルミニウムなどの凝集剤を使って、沈みにくい微粒子を大きな粒子にして凝集、沈殿させる。その後、ろ過砂が充填してある砂層全体でろ過を行う。ろ過速度は1日に1 m^{2}の砂ろ過面あたり120 m^{3}程度（120 m/日）である。これは、緩速ろ過の30倍くらいの速さになる。これにより、ろ過装置を小型にできるので敷地面積も少なくて済む。しかし、急速ろ過は緩速ろ過のように、水溶性有機物、アンモニア、細菌類を除去する能力はない。したがって塩素による殺菌を行なう必要がある。また、マンガン、臭気、合成洗剤などは除去できないので水の味は多少悪くなる。**表 3.6.1**に緩速ろ過と急速ろ過の概要比較を示す。

● 緩速ろ過と急速ろ過の歴史

　緩速ろ過法はイギリスのロンドンで発明された。およそ200年前のテムズ川は下水で汚染され、ロンドン市の水道会社はこの汚濁水を市内の公園の池やバッキンガム宮殿などに給水していた。1829年、ロンドンの水道会社のシンプソンは現在とほとんど変わらない方式の緩速ろ過方式を開発した。1832年、シンプソンが完成した緩速ろ過法がアメリカで評判となり、バージニア州で緩速ろ過処理を採用したが、原水の濁りのため砂の目詰まりがひどく失敗に終わった。

　1885年、濁り水対策で苦労していた米国ニュージャージー州の水道会社は硫酸アルミニウムによる沈殿と砂ろ過により、汚濁水からでも清澄な水が得られる方法を開発した。これが急速ろ過の始まりである。

　日本では江戸末期から明治の始めはコレラが流行し、安全な水は英国式の「緩速ろ過処理」の水道が良いとの評判が広がった。そこで、明治16（1883）年、英国人パーマーに横浜水道の設計を依頼し、明治20（1887）年に横浜市内の水道に日本ではじめて給水が開始された。

　昭和20年以前、日本の水道水源は汚染がなくきれいだったので、ほとんどのろ過方式が緩速ろ過で消毒の必要はなかった。

　昭和20年から水道の水質管理がアメリカ駐留軍の監視下で行われ、硫酸アルミニウムによる凝集と砂ろ過、塩素殺菌が義務付けられ今日に至っている。

演習問題

　緩速ろ過と急速ろ過に関する記述として誤っているのは次のうちどれか。
① 緩速ろ過は1日4〜5 m^3/m^2 程度のろ過速度である。
② 急速ろ過は1日120 m^3/m^2 程度のろ過速度である。
③ 緩速ろ過の砂表層では微生物が膜状になって「生物膜」によるろ過が行われる。
④ 急速ろ過はポリ塩化アルミニウムなどの薬品を使って凝集した後、ろ過をするので殺菌は不要である。
⑤ 急速ろ過方式は昭和20年以降、駐留軍の監視下で行われ、それまでの緩速ろ過にとって替わった。

解　答
④　誤り：急速ろ過では細菌類が除去できないので塩素殺菌は必要である。

3.7　除鉄・除マンガン

　水中の鉄やマンガンは環境条件によって様々な形態を示し、複雑な動きをするので除去方法は簡単なようでいてなかなか難しい。除鉄・除マンガン処理で問題となるのは、水源が無酸素か還元状態の地下水の場合がほとんどである。

　表流水としての河川水に鉄（Fe^{2+}）が溶解していても酸素補給が十分なので Fe^{2+} →Fe^{3+} の酸化反応が容易に進み水酸化第二鉄［$Fe(OH)_3$］として析出するので Fe^{2+} が水中に溶存していることはほとんどない。

● 鉄の空気酸化

　図 3.7.1 に Fe^{2+} の空気酸化と pH 値の関係を示す。
　中性付近（pH 7.0 以上）の鉄イオン（Fe^{2+}）は比較的短時間で空気酸化できる。

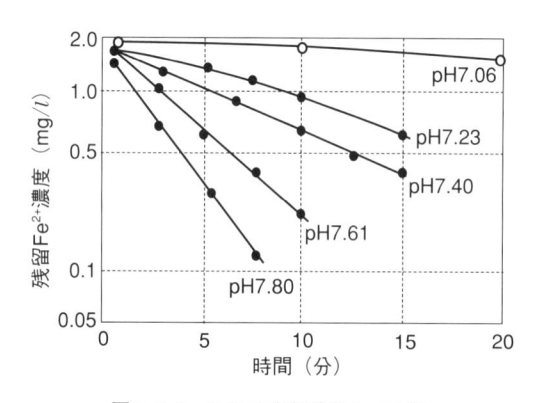

図 3.7.1　Fe^{2+} の空気酸化と pH 値

　図 3.7.2 に pH と水酸化鉄の溶解度を示す。

　鉄は三価（Fe^{3+}）に酸化されていれば pH 4 以上で不溶化できるが二価（Fe^{2+}）のままでは pH 10 以上に調整しないと不溶化できない。地中の有機物は腐敗、発酵、分解等により水中の酸素を消費し、代わりに二酸化炭素（CO_2）を放出する。その結果、地下水中の酸化鉄（FeO 等）は $Fe(HCO_3)_2$ などの形で水中に溶存している。

$$FeO + CO_2 \rightarrow FeCO_3 \qquad \cdots\cdots\cdots (1)$$

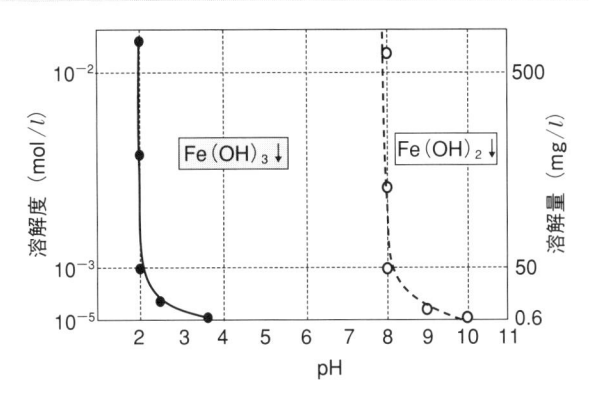

図 3.7.2 pH と水酸化鉄の溶解度

$$FeCO_3 + CO_2 + H_2O \rightarrow Fe(HCO_3)_2 \qquad \cdots\cdots (2)$$

鉄が炭酸水素鉄［$Fe(HCO_3)_2$］の形態で溶解している地下水は揚水した直後は無色透明であるが、時間が経過するにつれて図 3.7.2 のように徐々に酸化されて $Fe(OH)_3$ に変わるので外観上濁ってくる。

$$4\,Fe(HCO_3)_2 + O_2 + 2\,H_2O \rightarrow 4\,Fe(OH)_3 + 8\,CO_2 \qquad \cdots\cdots (3)$$

● 鉄の塩素酸化

空気酸化法は水質によっては除鉄できないこともあるが塩素は酸化力が強いので適用範囲が広い。塩素による Fe^{2+} イオンの酸化は式(4)(5)のように進み、反応時間は瞬時に完結する。

$$2\,Fe^{2+} + Cl_2 + 6\,H_2O \rightarrow 2\,Fe(OH)_3 + 6\,H^+ + 2\,Cl^- \qquad \cdots\cdots (4)$$

$$2\,Fe(HCO_3)_2 + Cl_2 + 2\,H_2O \rightarrow 2\,Fe(OH)_3 + 4\,CO_2 + 2\,HCl \cdots\cdots (5)$$

式(4)(5)から Fe^{2+} 1 mg を酸化するのに必要な Cl_2 は 0.64 mg である。（$Cl_2/2\,Fe=71/111.6=0.64$）塩素酸化により水酸化鉄［$Fe(OH)_3$］となった鉄は砂ろ過により容易に分離できる。

● マンガンの塩素酸化

マンガンは酸化還元電位が鉄より高く、中性では酸素による酸化析出はほとんど起こらないので、河川水中にマンガンイオン（Mn^{2+}）があればそのままの状態で溶存している。

地下水や貯水池の底水層は停滞すると無酸素状態で嫌気性となるので、マンガンは

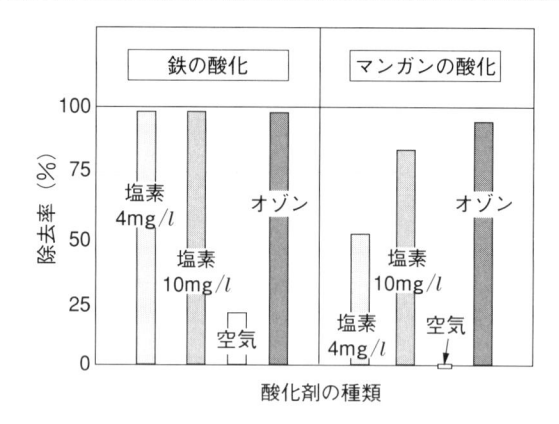

図 3.7.3　塩素、空気、オゾンによる鉄・マンガンの酸化率

当然のことながら Mn^{2+} のままで、鉄も還元状態の Fe^{2+} として溶解している。マンガンイオンの溶解量は、通常、鉄イオンの約 1/10 である。

図 3.7.3 は塩素、空気、オゾンによる鉄とマンガンの酸化の目安である。

空気でマンガンを酸化しようとしても全く効果はないが、塩素やオゾンならばかなりの効果が期待できる。実際のマンガン除去では塩素を加えた水を水和二酸化マンガン（$MnO_2 \cdot H_2O$）担持の「マンガン砂」の層に通す。これにより、Mn^{2+} は $MnO_2 \cdot H_2O$ を触媒として塩素で速やかに酸化されて $MnO_2 \cdot H_2O$ となる。

$$Mn^{2+} + MnO_2 \cdot H_2O + Cl_2 + 3H_2O \longrightarrow 2MnO_2 \cdot H_2O + 4H^+ + 2Cl^- \quad \cdots\cdots (6)$$

式(6)から Mn^{2+} 1 mg を酸化するのに必要な Cl_2 は 1.39 mg である（$Cl_2/Mn = 71/55 = 1.39$）。

ここで新たに生成した $MnO_2 \cdot H_2O$ は触媒と同様の作用をもち、次の Mn^{2+} イオン酸化の触媒として働く。

● 除鉄・除マンガンの方法

わが国では、従来、鉄、マンガンともに規制値は 0.3 mg/l 以下であったが、1992 年の改正で鉄 0.3 mg/l、マンガン 0.05 mg/l となった。

鉄とマンガンは共存することが多く、特に地下水にはこの傾向が強い。マンガンは鉄とともに無色のイオン状で水中に溶解している。その溶解度は鉄より少なく、一般に、鉄イオンの約 1/10 である。

地域によっては鉄・マンガン以外にも硫化水素やアンモニアが混在していることも

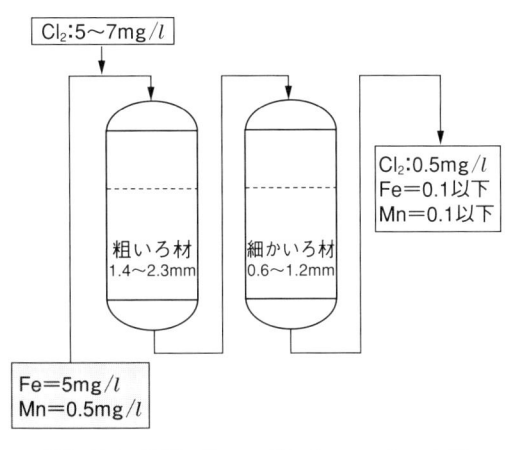

図 3.7.4 除鉄・除マンガンのフローシート例

ある。これらの原水に対しては、空気ばっ気で硫化水素を除き、アンモニアは不連続点塩素処理法で処理後、鉄・マンガンの除去を行う。

鉄とマンガンの両方を塩素酸化するには、原水鉄量の 0.64 倍、原水マンガン量の 1.29 倍の塩素が必要である。**図 3.7.4** は除鉄・除マンガンフローシート例である。

鉄は 5 mg/l ともなると外観は茶色で濁っている。このような場合は、図のように粗い「マンガン砂」と細かい「マンガン砂」を直列に接続すると良い。

前段の「粗いマンガン砂」で鉄とマンガンの懸濁物を除き、後段の「細かいマンガン砂」でさらにマンガンを除けば全体として除鉄・除マンガンがうまく行える。

演習問題

ある地下水の鉄イオンは 2.0 mg/l、マンガンイオンは 0.2 mg/l であった。この地下水 10 m³ を有効塩素 12% の NaClO 溶液で酸化したい。NaClO 溶液の必要容量はいくらか。ただし、NaClO 溶液の比重を 1.0 とする。

解 答

$Cl_2/2 Fe = 71/111.6 = 0.64$、$Cl_2/Mn = 71/55 = 1.39$

上記の必要塩素量の比率より

$(2.0 \times 0.64) + (0.2 \times 1.39) \times 100/12 = 12.98$ mg/l

12.98 ml/m³ × 10 m³ = 129.8 ml

3.8 砂ろ過（圧力式ろ過）

砂ろ過における懸濁質の捕捉は、懸濁物の砂粒子表面への輸送と吸着の二段階を経て行われる。

図3.8.1は砂ろ過材の隙間に粒子などが捕捉される模式図である。

実際に砂ろ過を行うと砂（直径500 μm）の隙間（100 μm）より小さな粒子を流し込んでも砂の間に捕捉されることを経験する。

これは「篩い効果」よりもむしろ下記①～④の吸着、沈殿などが複合して作用した結果と考えられる。

① 懸濁物のろ材表面への輸送。
② ろ材のすきまでの吸着、沈殿。
③ すでに捕捉されている懸濁粒子への吸着。
④ ろ材表面で粒子どうしが架橋し粒子が捕捉。

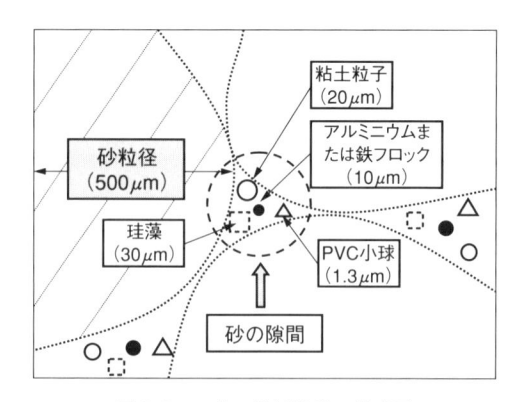

図3.8.1 砂ろ過材隙間の模式図

活性汚泥処理で発生した汚泥の場合はそれ自体が凝集性をもっている。実際に活性汚泥処理水に凝集剤を加えないで粒径0.5～1.2 mmの砂層60 cmに$LV=7$～12 m/hの速度で水を送ると80%程度の懸濁物が除去できる。

工業用水や飲料水のろ過では懸濁物自体の凝集性が低いので、ろ過性能を向上させるために砂ろ過の前に無機凝集剤や有機高分子凝集剤を添加する。

● 単層ろ過と複層ろ過

図 3.8.2 は圧力式砂ろ過器における単層ろ過と 2 層ろ過における懸濁物捕捉の模式図である。同じ粒径の砂だけを充填した単層ろ過器に懸濁物を含む汚濁水を通水すると微粒子や細菌などは砂の表面だけに捕捉され、内部には到達しない。つまり、懸濁物の捕捉に使われているのは砂の表面だけということになる。

これに対して、2 層ろ過器では上部に粒径が大きくて比重の軽いアンスラサイト（無煙炭を細かくしたもの）を充填し、下部に粒径が小さくて比重の重い砂を充填する。これにより、アンスラサイトと砂の 2 層が形成される。

ここに懸濁物質を含む汚濁水を送り込むと微粒子や細菌などはアンスラサイトと砂の内部に捕捉される。これにより、砂単独の層よりも多くの懸濁物質を捕捉することができる。

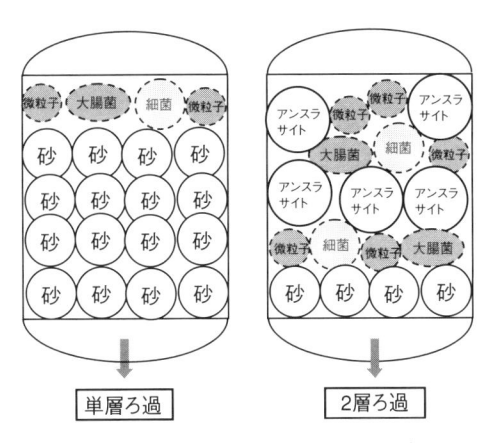

図 3.8.2　単層ろ過と 2 層ろ過の比較

● 逆洗展開率と水温

図 3.8.3 はアンスラサイトの逆洗展開率、逆洗速度、水温の関係を示したものである。

一例として、水温 30℃ で粒径 0.87 mm のアンスラサイトを逆洗速度 30 m/h で逆洗したときの展開率は 20% 程度である。水温 5℃ で同じ 0.87 mm のアンスラサイトを逆洗速度 30 m/h で逆洗したときの展開率は 38% 程度で約 2 倍に増加する。

第 3 章　生活用水と工業用水

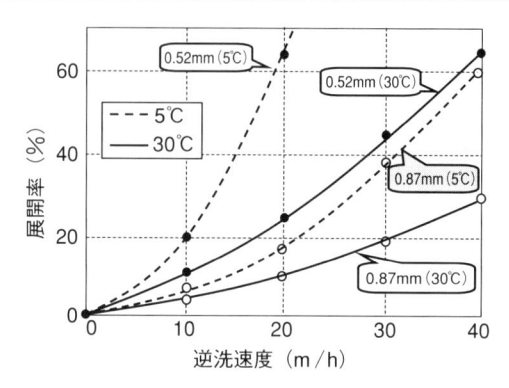

図 3.8.3　アンスラサイトの逆洗展開率

　この原因は水の粘性に由来している。温度の高い水は温度の低い水よりも粘度が低いので粒子の沈降速度が大きい。したがって、同じ流速で逆洗浄しても展開率が低い。1年を通して水温が高い東南アジアの国々と、夏と冬では水温が大幅に変化する日本で砂ろ過器を設計する場合、逆洗浄に使うポンプの選定には上記の水温、水の粘度、展開率の関係をよく考慮することが重要である。

　表 3.8.1 は実際に圧力式ろ過器を設計するときの参考資料である。

　内径 1000 mm 以上のろ過器では逆洗浄に先立って砂表面を水で洗う「表面洗浄」を行うことが多いが、その流量の目安は $18\,m^3/m^2\cdot h$ である。

表 3.8.1　圧力式ろ過器の設計仕様例

内径 (mm)	断面積 (m^2)	ろ過流量 (LV : 7 m/h) (m^3/h)	逆洗流量 (LV : 30 m/h) (m^3/h)	ろ材量 アンスラサイト 600 H (m^3)	ろ材量 砂 400 H (m^3)
500	0.20	1.4	6.0	0.12	0.08
1,000	0.79	5.5	23.6	0.47	0.32
1,500	1.77	12.3	52.7	1.06	0.71
2,000	3.14	22.0	94.3	1.88	1.25
2,500	4.91	34.4	147.4	2.95	1.97
3,000	7.07	49.5	212.1	4.24	2.83

演習問題

350 m³ の水をろ過速度（$LV = 7$ m/h）でろ過し、表面洗浄は 18 m³/m²·h で 10 分、空気逆洗は 45（Nm³/m²·h）で 10 分、水逆洗は $LV = 30$（m/h）も 10 分間行う急速ろ過器を設計したい。逆洗までの連続ろ過時間は 23 時間とする。表 3.8.1 を参考にしながら以下の計算をせよ。

① ろ過器の内径
② ろ材量
　（アンスラサイトの厚さ：600 mm、砂の厚さ：400 mm）
③ ろ過ポンプの吐出量
④ 逆洗ポンプの吐出量
⑤ 逆洗ブロワーの能力
⑥ 必要逆洗水槽の容量
⑦ 必要表面洗浄の水量

解 答

① ろ過器の内径
　1 時間あたりのろ過水量：350 m³ × 1/23 = 15.2 m³/h
　必要ろ過面積：15.2 m³/h × 1/7 m/h = 2.2 m²
　ろ過器の内径（$D =$ 内径とする）：$\pi D^2/4 = 2.2$ より $D = 1.7$ m

② ろ材量
　アンスラサイトの量（厚さ：600 mm とする）：$\pi D^2/4 \times 0.6 = 1.4$ m³
　砂の量（厚さ：400 mm とする）：$\pi D^2/4 \times 0.4 = 0.9$ m³

③ ろ過ポンプの吐出量
　ろ過速度が $LV = 7$ m/h であるから、7 m/h × 2.2 m² = 15.4 m³/h

④ 逆洗ポンプの吐出量
　逆洗速度が $LV = 30$ m/h であるから、30 m/h × 2.2 m² = 66.0 m³/h

⑤ 逆洗ブロワーの能力
　　　45 Nm³/m²·h × 2.2 m² × 1/60 = 1.65 m³/min

⑥ 必要逆洗水槽の容量
　逆洗時間は 10 分であるから、66.0 m³/h × 10/60 = 11.0 m³

⑦ 必要表面洗浄の水量
　ろ過面積 2.2（m²）であるから、2.2（m²）× 18 m³/m²·h × 10/60 = 6.6 m³

3.9 活性炭吸着

活性炭は水中の有機成分（色、臭気、COD、BODなど）を吸着したり遊離塩素（Cl_2）を分解するので水処理プロセスでは広く用いられている。活性炭の粒子内部には小さな細孔が無数にあり1グラムの活性炭の表面積は800〜1,400 m^2/gもある。

水中には分子量の大きいものから小さいものまで、さまざまな大きさの分子状物質が溶解して混在している。

● 活性炭の性質

活性炭の吸着力には一般に以下の傾向がある。図3.9.1はアルコールの吸着量と分子量の関係例である。

① 分子量が大きい物質ほど吸着されやすい。
② 溶解度が低い物質ほど吸着されやすい。
③ 脂肪族より芳香族化合物のほうが吸着されやすい。
④ 表面張力を減少させる物質（界面活性剤の増加）ほど吸着されやすい。
⑤ 排水のpHが低いと吸着量が増加する。酢酸に酸を加えてpH2まで下げると式(1)のように解離状態（CH_3COO^-）よりも分子状態（CH_3COOH）の比率が高まり、その結果として吸着量が増す。

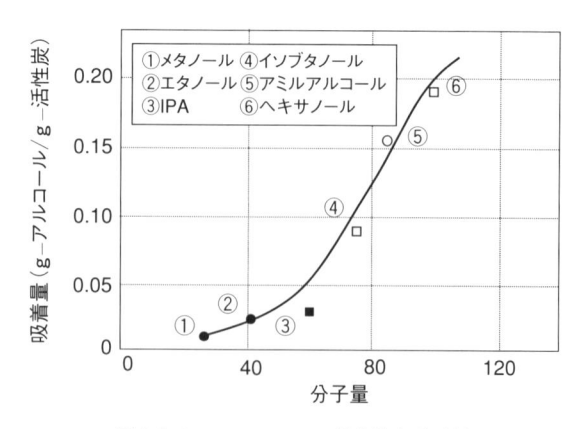

図3.9.1 アルコールの吸着量と分子量

$$CH_3COO^- + H^+(酸添加) \rightarrow CH_3COOH \qquad \cdots\cdots (1)$$

⑥ 吸着量や吸着速度は水温にあまり影響されない。

● **吸着等温線**

図 3.9.2 に活性炭の吸着等温線を示す。

吸着等温線は一定温度のもとで排水に活性炭を加え、平衡に達したときの活性炭吸着量と排水中の有機物濃度の関係をプロットしたものである。

この関係式にはフロイントリッヒの式が用いられる。

$$q = KC^{1/n} \qquad \cdots\cdots (2)$$

ただし、
q：活性炭単位質量当たりの吸着量（mg）
C：処理水の濃度（mg/l）
K, n：定数

(2)式の両辺の対数をとると(3)式となる。

$$\log q = \log K + (1/n)\log C \qquad \cdots\cdots (3)$$

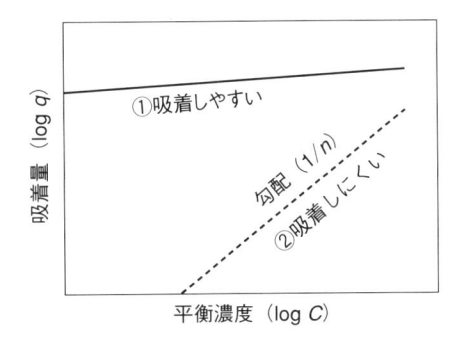

図 3.9.2 吸着等温線

(3)式について、$\log q$ と $\log C$ をプロットすると図 3.9.2 に示す直線が得られる。$1/n$ は直線の勾配で吸着指数と呼ばれ、$\log K$ は切片である。

図 3.9.2 ①のように直線の勾配（$1/n$）がほぼ横ばいで小さいときは、低濃度から高濃度にわたってよく吸着する。②の直線は、高濃度では吸着量が大きいが、低濃度では吸着量が小さいことを示している。

一般に勾配（$1/n$）が 0.1〜0.5 なら吸着は容易で、$1/n$ が 2 以上の物質は吸着性が良くない。

すなわち、直線①のように $1/n$（勾配）が小さくて、K の値（切片）が大きいほうが良い活性炭である。

● **活性炭の塩素分解**

図 3.9.3 は飲料水の遊離塩素を活性炭で分解した曲線の一例である。

水中の遊離塩素（Cl_2）は活性炭と接触すると、活性炭の触媒作用で分解し、塩素イオン（Cl^-）に変わるので Cl_2 除去だけを目的にした場合は図 3.9.3 のように活性

第3章　生活用水と工業用水

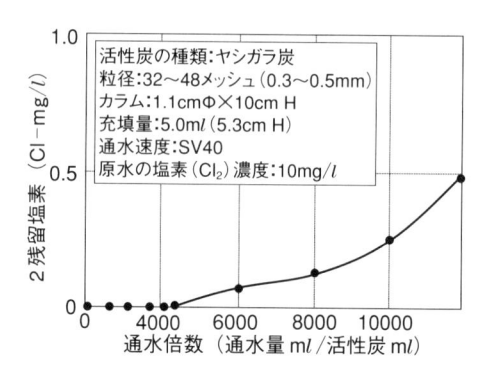

図 3.9.3　活性炭の塩素分解曲線

炭の寿命はかなり長い。

図 3.9.3 の実験によれば、水中の遊離塩素（Cl_2）が $10\,mg/l$ の場合で Cl_2 が $0.1\,mg/l$ リークするまでの水量は活性炭の約 6,000 倍である。

通常の水道水の残留塩素濃度は $0.4\,mg/l$ 程度であるから、この場合は活性炭の 15 万容量倍も脱塩素できる。

● 活性炭塔の材質と配管例

活性炭吸着処理は活性炭を鉄製かステンレス製の塔に充填し、ここに水を通す「加圧式ろ過」方式を採用することが多い。

産業排水には多くの場合、排水の中に硫酸イオン（SO_4^{2-}）または塩化物イオン（Cl^-）が含まれる。これらの成分を含む排水を活性炭吸着処理すると式(4)のように、水中に含まれる Na_2SO_4 の S が硫黄還元菌により H_2S となり、次いで、H_2S が硫黄酸化菌によって H_2SO_4 となって鉄素材を侵食することがある。

$$Na_2SO_4 \rightarrow H_2S \rightarrow H_2SO_4 \qquad \cdots\cdots\cdots (4)$$

その結果ピンホールが発生したり、金属表面の激しい腐食がおこる。この腐食の程度は砂ろ過器内面の「さび腐食」といった軽度のものではなく、素材の「肉減り現象」にも似た大きなダメージを与える。したがって、活性炭塔はゴムライニングまたは FRP ライニングを施しておくのが普通である。

図 3.9.4 は活性炭塔まわりの配管例である。

小さな設備では手動弁で操作することもあるが大きな塔では自動の開閉弁で自動運転を行う。

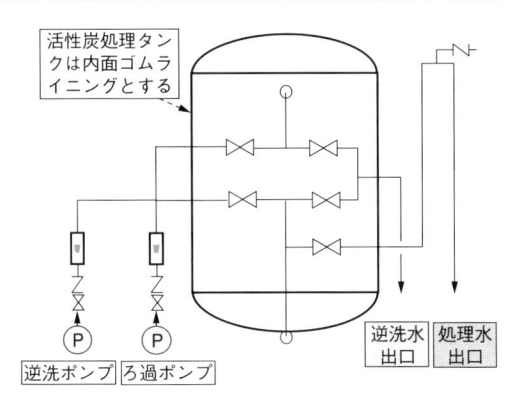

図 3.9.4 活性炭塔まわりの配管例

活性炭処理では充填層が閉塞することはあまりないが、砂ろ過器と同様に逆洗できるように配管されることをお勧めする。活性炭塔の充填高さは 1000 mm 以上が望ましく、微生物繁殖防止の観点からのぞき窓には光遮断用の「ふた」を設ける。

演習問題

ある工場排水を吸着法で処理したところ、汚濁物質の吸着量と、吸着剤に関する次式で $K=0.5$、$n=1$ が適当であることが明らかとなった。

　　　　吸着等温式：$y/M = KC^{1/n}$

ここに、y：汚濁物質吸着量（mg）
　　　　M：吸着剤の量（g）
　　　　C：処理水濃度（mg/l）

いま、上記の排水で 10 mg/l の汚濁物質を 1 mg/l まで処理するには、排水 1 l あたり何グラムの吸着剤が必要か計算せよ。

解　答

吸着等温式に下記の数値を代入する。
$y = 10-1$ mg/l、$K=0.5$、$C=1$ mg/l（吸着平衡時の濃度）、$n=1$、
$M =$ 排水 1 l あたりに必要な吸着剤の量（g）

　　　　$10-1$ mg/l / M (g) $= 0.5[1 (1 \text{ mg}/l)]^{1/1}$

　　　　M (g) $= 9$ mg$/0.5$ mg $= 18$ g

3.10 UVオゾン酸化

促進酸化法（AOP）の代表例として UV オゾン酸化がある。UV オゾン酸化は塩素酸化と違って有害な二次副生成物を発生しないところに最大の特長がある。

● UV オゾン酸化法による汚染地下水の浄化事例

難分解性有機物、有機溶剤、海水由来のカルシウム（Ca^{2+}）などを含む汚染地下水の UV オゾン酸化処理ではオゾン化空気中の二酸化炭素（CO_2）が Ca^{2+} と反応して溶解度の低い $CaCO_3$ となり、UV ランプや反応槽の壁にスケールとして析出するなど実用上の障害を起こす。

$$Ca^{2+} + CO_2 + H_2O \rightarrow CaCO_3 + 2H^+ \quad \cdots\cdots(1)$$

ヒドロキシルラジカル（$OH\cdot$）は強力な酸化剤であるが、その一方で CO_3^{2-} および HCO_3^- とも反応するので無駄に消費される。ヒドロキシルラジカルと CO_3^{2-} または HCO_3^- の反応速度定数（k_{OH}）は一例として、CO_3^{2-} の $3.9\times10^8/M\cdot s$ に対し HCO_3^- は $8.5\times10^6/M\cdot s$ である[1]。

これは CO_3^{2-} の反応速度が HCO_3^- に比べて46倍（$3.9\times10^8/8.5\times10^6$）も大きいことを示す。

$$CO_3^{2-} + 4OH\cdot \rightarrow HCO_3^- + H_2O + O_2 + OH^- \quad \cdots\cdots(2)$$
$$HCO_3^- + 2OH\cdot \rightarrow HCO_3^- + H_2O + [O] \quad \cdots\cdots(3)$$

式(2)(3)より CO_3^{2-} は HCO_3^- よりヒドロキシルラジカルを2倍も多く（$4\cdot OH/2\cdot OH=2$ 倍）消費することが予測されるので CO_3^{2-} 発生の抑制は実用上重要である。そこで、UV オゾン酸化の前処理として Na_2CO_3 を用いて Ca^{2+} の不溶化と pH 調整を行うと一石二鳥である。

● Ca^{2+} と難分解性有機物含有排水の UV オゾン酸化

図3.10.1 は Ca^{2+} を含む排水に Na_2CO_3 を加えて pH 10 に調整し、Ca^{2+} を分離してから UV オゾン酸化した結果例である。原水の pH は 6.2、Ca^{2+} 200 mg/l、COD 95 mg/l である。原水に Na_2CO_3 を加えて pH 10 にすると Ca^{2+} は 200 mg/l から 18 mg/l

---

1) J. Hoigne and H. Barder：Ozone Science & Engineering, Vol. 1, pp. 73-85 (1979)

となり大半が分離できた。

上記処理水 $5\,l$ に過酸化水素水(O)を COD(O) の 0.1 倍量加え、25 W 紫外線を照射しながらオゾンを $1.0\,g/h$ 加えて循環処理したところ 4 時間で COD $8\,mg/l$ となった。

TOC は $69\,mg/l$ から $20\,mg/l$ に低下した。IC（無機炭素）が少し増加したのは有機物が分解して CO_2 に変化した結果である。UV オゾン酸化の 1.5 時間あたりで pH が 7.5 まで低下し再び上昇したのは COD 成分が分解して有機酸となり、その後 CO_2 と水に分解した結果である。

これらの結果に基づいて図 3.10.2 に示す Ca^{2+} 分離と UV オゾン酸化処理工程を組み合わせた処理装置を実用化した[2]。図 3.10.2 では上澄水槽に過酸化水素を添加する方法を採用している。これにより、AOP の酸化効果を更に促進させることができる。

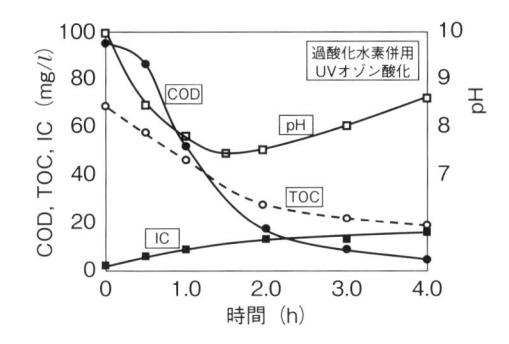

図 3.10.1　UV オゾン酸化とオゾン単独酸化処理結果の比較

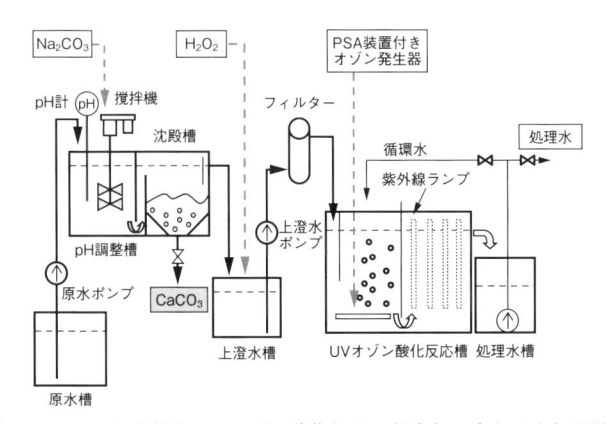

図 3.10.2　Ca^{2+} 分離と UV オゾン酸化処理工程を組み合わせた処理装置

---

2) 和田洋六ほか：化学工学論文集、Vol.33, No.1, pp.65-71（2007）

● UVオゾン酸化法による1,4ジオキサン含有排水の処理

1,4ジオキサン（以下ジオキサン）は発ガン性が懸念されているため環境省は2011年11月に環境基準を$0.05\,\mathrm{mg}/l$とした。次いで、2012年5月に排水基準を$0.5\,\mathrm{mg}/l$と定めた。

ジオキサンは水と良く混合する有機溶剤で、化学的に安定なため、①中和凝集沈殿、②活性炭吸着、③従来法による活性汚泥理などでは十分な処理ができない。現在、有力な処理方法として、①UVオゾン酸化法、②ジオキサン分解菌を用いた生物処理などがある。

図3.10.3はOHラジカルと紫外線によるジオキサンの分解経路である。

図3.10.4はジオキサンのUVオゾン酸化処理結果例である[3]。ジオキサン$100\,\mathrm{mg}/l$に調整した水溶液は安定なためCOD（Mn）としてほとんど検知できない。これをUVオゾン酸化するとジオキサンがグリコール類を経由して有機酸に変化したあたりでジオキサンは不検出（1.5時間後）となる。2時間後にCOD（Mn）が$60\,\mathrm{mg}/l$の極大値を示し同時にpH3.8となる。その後6時間でpHは再上昇しCODが低下して酸化反応が終了する。

図3.10.5はジオキサン含有排水の処理フローシート例である。前段でジオキサン分解菌により大半のジオキサンを分解し、後段でUVオゾン酸化すれば確実な処理ができる。

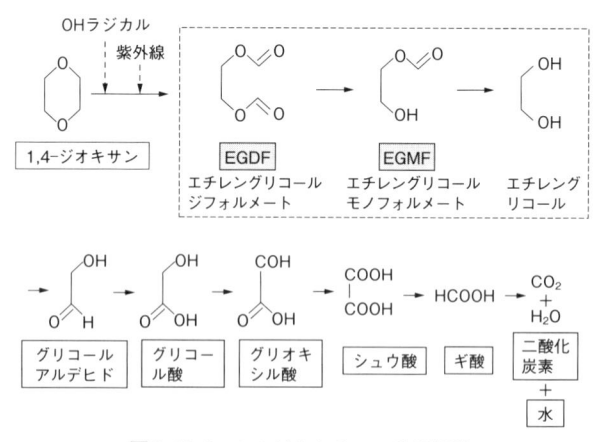

図3.10.3　1,4ジオキサンの分解経路

---

3) 和田洋六ほか：表面技術、Vol.64, No.3, pp.185–189（2013）

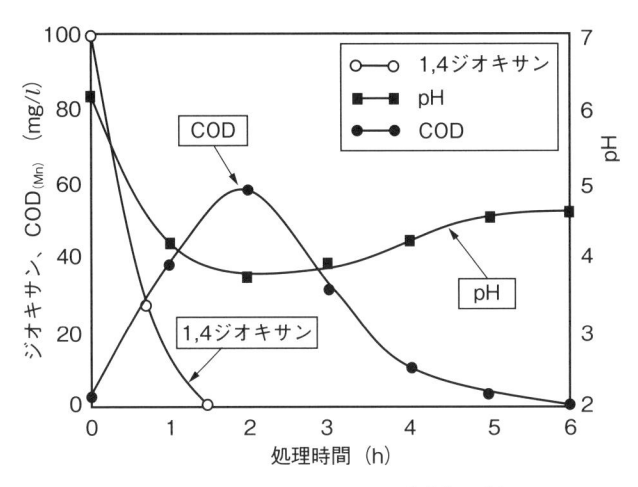

図 3.10.4　1,4 ジオキサンの酸化処理例

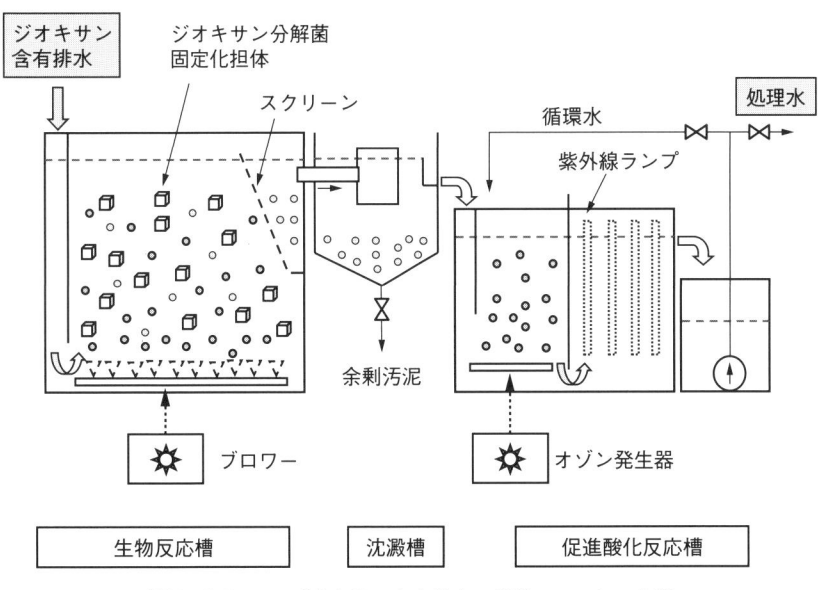

図 3.10.5　1,4 ジオキサン含有排水の処理フローシート例

3.11 イオン交換樹脂による脱塩

塩化ナトリウム（NaCl）溶液をH型陽イオン交換樹脂（R–SO₃H）塔に通すと式(1)のようにNa$^+$とH$^+$イオンが交換し酸性（HCl）の水に変わる。

この酸性水をOH型陰イオン交換樹脂（R–N·OH）塔に通水すると式(2)のようにCl$^-$とOH$^-$イオンが交換し、純水（H₂O）が得られる。

$$R\text{–}SO_3H + NaCl \rightarrow R\text{–}SO_3Na + HCl \qquad \cdots\cdots (1)$$

$$R\text{–}N\cdot OH + HCl \rightarrow R\text{–}N\cdot Cl + H_2O \qquad \cdots\cdots (2)$$

これがイオン交換樹脂による脱塩の原理である。

イオン交換樹脂のもっている交換基には限りがあるので上記の反応が平衡に達すると反応式は右へ進まなくなる。この場合、陽イオン交換樹脂には（H$^+$）イオンを、陰イオン交換樹脂には（OH$^-$）イオンを補給してやれば式(1)(2)の反応は逆方向へ進むのでイオン交換樹脂は元の型に回復する。

$$R\text{–}SO_3Na + HCl \rightarrow R\text{–}SO_3H + NaCl \qquad \cdots\cdots (3)$$

$$R\text{–}N\cdot Cl + NaOH \rightarrow R\text{–}N\cdot OH + NaCl \qquad \cdots\cdots (4)$$

これがイオン交換樹脂再生の原理である。

● 水中の溶解イオンの除去

天然の水中にはCa^{2+}、Mg^{2+}、Na$^+$などの陽イオンとCl$^-$、SO$_4^{2-}$、HCO$_3^-$などの陰イオン以外に、コロイド状シリカ（SiO₂）やイオン状シリカ（HSiO$_3^-$）などが混在している。

これらは電気的に中和された状態で存在しており表3.11.1のように表すことができる。

表 3.11.1　水中の溶解イオン

Ca^{2+} Mg^{2+}	HCO$_3^-$
Na$^+$	Cl$^-$ SO$_4^{2-}$
SiO₂（HSiO$_3^-$）	

イオン交換樹脂をカラムに充填し、原水をゆっくり流すとイオンは図3.11.1（左）に示すようなイオン交換帯（A〜B）を形成しながら流下する。

実際の装置では、イオン交換帯の先端（C）がカラム出口に達すると原水中のイオンが漏出し始めるので、その時点でイオン交換処理を終了する。図3.11.1（左）の（C）点が（右）に示す貫流点（P）に相当する。

イオン交換樹脂塔は図3.11.2のように陽イオン交換樹脂塔と陰イオン交換樹脂塔

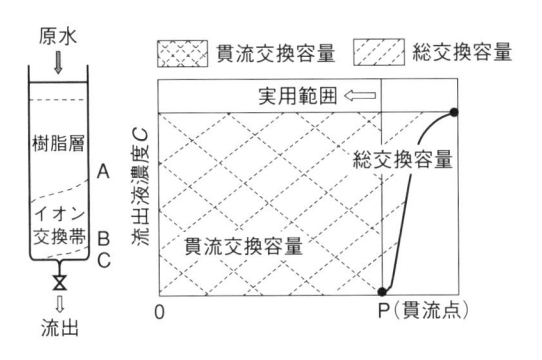

図 3.11.1　イオン交換帯と漏出曲線

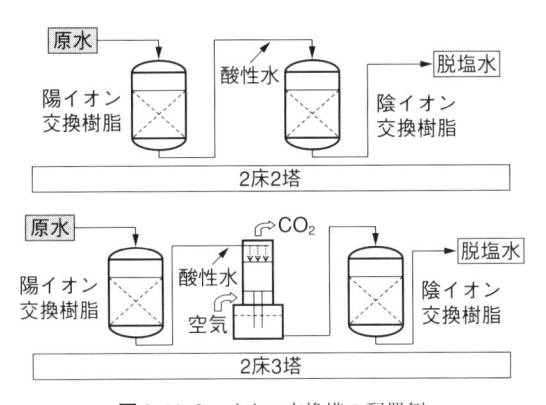

図 3.11.2　イオン交換塔の配置例

の順に直列に接続する。処理水量が少ない場合は2床2塔式とする。

処理水量が多い場合はHCO_3^-イオンを除去して陰イオン交換樹脂への負荷を軽減する目的で脱炭酸塔を設け2床3塔式とする。

● イオン交換樹脂の再生

イオン交換樹脂の再生を完全に行うには化学当量的に過剰の再生剤を必要とする。したがって、工業的には樹脂のもつ総交換容量の50〜80％程度の再生率で再生するのが一般的である。

図 3.11.3 は再生率と再生レベルの関係例である。再生レベルとは樹脂を再生するのに使用する薬品の純量をいう。図 3.11.3 では再生レベル 100 g-HCl/L-R の時が再生率80％である。実際のイオン交換処理では工業的にいかに低い再生レベルで高い

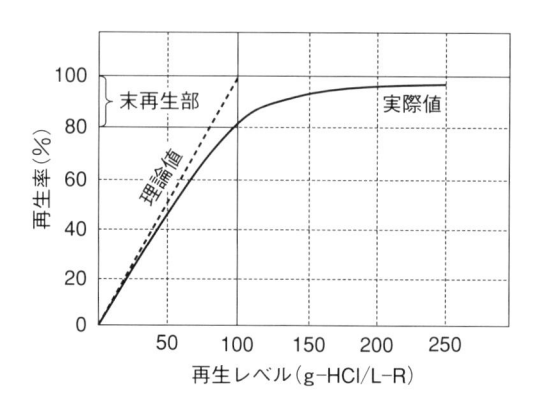

図 3.11.3 再生率と再生レベル

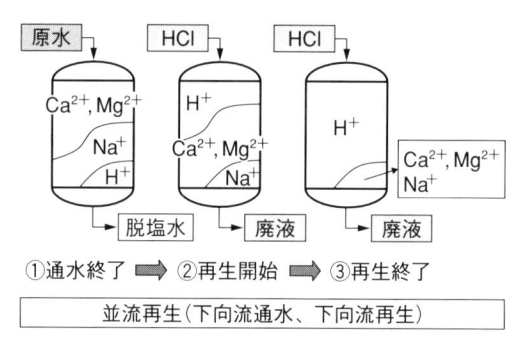

図 3.11.4 並流再生

再生率を得るかがポイントである。

　図3.11.4は並流再生を模式的に示したものである。塔上部から原水を流すと①の通水終了時点ではNa^+がリークしている。塔上部からHClを流す②の再生開始ではCa^{2+}、Mg^{2+}、Na^+などが追い出され廃液となって出て行く。

　③の再生終了時点では大部分がH^+に置き換わっているが、塔の出口付近にはまだCa^{2+}、Mg^{2+}、Na^+などが残留している。

　並流再生では水洗した後、採水工程に入り処理水を回収するが、残留イオンがあるため初期のうちは水質が良くない。これを改善するために図3.11.5の向流再生方式が考案された。図3.11.5では原水を塔下部から上部に向けて流す。塔の出口では樹脂が流出しないように網の目皿をつけたり、不活性樹脂を充填しておく。図3.11.5①の通水終了時点ではイオン交換帯が並流再生と逆転している。

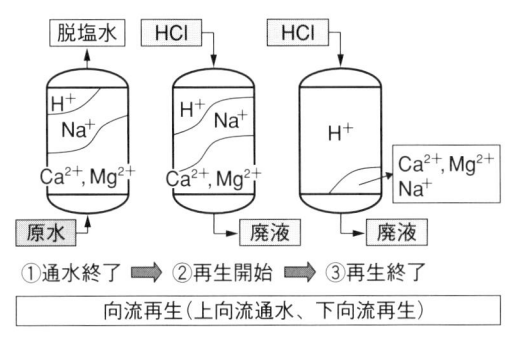

図 3.11.5　向流再生

①の再生終了時点では塔底部に Ca^{2+}、Mg^{2+}、Na^+ などが残留している点では並流再生と同じである。

ところが、通水は塔下部から上部に向かって水を流すので不純物の少ない脱イオン水が回収できる。一例として、電気伝導率 $150\,\mu S/cm$ の水道水を並流再生で処理すると電気伝導率 $10\sim20\,\mu S/cm$（$SiO_2\,0.1\sim0.2\,mg/l$）、向流再生で処理すると電気伝導率 $0.2\sim5.0\,\mu S/cm$（$SiO_2\,0.05\,mg/l$ 以下）の脱イオン水が回収できる。

演習問題

銅イオン（Cu^{2+}）$50\,mg/l$ を含む排水 $10\,m^3$ を総交換容量 $2.0\,g$ 等量の陽イオン交換樹脂で吸着処理するのに必要な樹脂量はいくらか。

ただし、総交換容量の 80% が Cu^{2+} の吸着に利用されたものとし、Cu^{2+} の分子量を 63.5 とする。

解　答

銅イオンは 2 価であるから 1 g 等量は $63.5\,g/2=31.8\,g$ である。

次に、銅 $50\,mg/l$ の排水 $10\,m^3$ 中の Cu^{2+} 等量数を求めると、

$50\,g/m^3 \times 10\,m^3 \times 1/31.8 = 15.7$ 等量となる。

樹脂 $1\,l$ あたりの総交換容量は $2.0\,g$ 等量であるから、$15.7\,g$ 等量では $15.7\,g$ 等量 $\times 1/2.0\,g$ 等量$/l = 7.85\,l$

総交換容量の 80% しか使用されないから樹脂容量は、

$\qquad 7.85/0.8 = 9.8\,l$ となる。

3.12　MF膜ろ過

MF膜ろ過の長所は化学薬品（ポリ塩化アルミニウム、硫酸アルミニウム、高分子凝集剤など）を使わないで汚濁水を浄化できる点である。

表3.12.1に物質の大きさと分離方法の関係例を示す。粒子径10μm以上の砂粒子や金属水酸化物ならば沈殿や砂ろ過で分離できるが、10μm以下になると対応が難しい。MF（Micro Filtration）膜は0.05～10μm程度の粒子を捕捉、分離することができる。UF（Ultra Filtration）膜は0.001～0.1μm程度の物質（分子量では300～300,000程度）を分離できる。MF膜とUF膜によるろ過では0.2～0.5MPaの圧力で原水を膜面に供給し水中の懸濁物質や溶解成分を分離する。

表3.12.1　物質の大きさと分離方法

	溶解物質			懸濁物質			
	イオン	分子	高分子	微粒子		粗粒子	
粒子径(μm)	0.001	0.01	0.1	1	10	100	1000
物質名	イオン、溶解塩類	ウィルス		大腸菌、細菌、金属水酸化物、粘土		砂粒子	
分離方法	RO膜		UF膜、MF膜		砂ろ過、沈殿		

● 全量ろ過とクロスフローろ過

膜分離（MF膜、UF膜、RO膜）ではいずれの場合も膜面の閉塞を防止する目的でろ過水の出口方向に対して原水を直角方向に流すクロスフロー方式を採用する。

図3.12.1に全量ろ過とクロスフローろ過の概念を示す。全量ろ過は我々が実験室でよく体験するろ紙ろ過と同じである。図3.12.1左のように、懸濁物質を含んだ水をろ紙でろ過すると、初めのうちはろ過水がよく出るが、懸濁物（ケーキ）が膜面に堆積してくるに従い水が出なくなることを経験する。これが全量ろ過におけるろ過時

間と透過流束（単位時間、単位面積を通過する水量：m³/m²·h）の関係である。これに対して、図3.12.1右に示すクロスフローろ過では膜面上に積もろうとする懸濁物質を原水で洗い流すので膜面の閉塞を防ぐことができる。

クロスフローろ過を採用すると初めのうちは透過流束が少し低下するが一定の時間を経過すると膜面の自己洗浄の効果が現れて、それ以後はあまり低下しない。

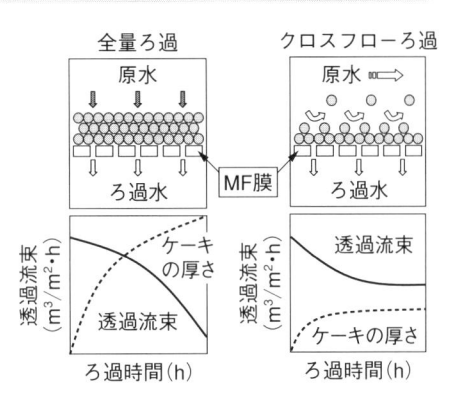

図 3.12.1　全量ろ過とクロスフローろ過

したがって、ろ過水の出方も全量ろ過に比べて極端に減少することはない。これがクロスフローろ過におけるろ過時間と透過流束の関係である。クロスフローろ過では、透過水の流出量に比べて10倍以上の流量で水を循環させるとよい。

そのため、大きなポンプを使うのでエネルギーを多く使うように見えるが、膜面の閉塞防止の観点からは有効なろ過手段である。

● 懸濁物の比重と流動開始時の流速

図 3.12.2 は鉄化合物の比重と流動を始めるときの流速を調べたものである。

排水処理では鉄、銅、ニッケルなどの金属水酸化物をろ過することが多い。MF膜ろ過でこれらの成分がスラッジとなって膜面に沈着すると透過流束が急速に低下する。

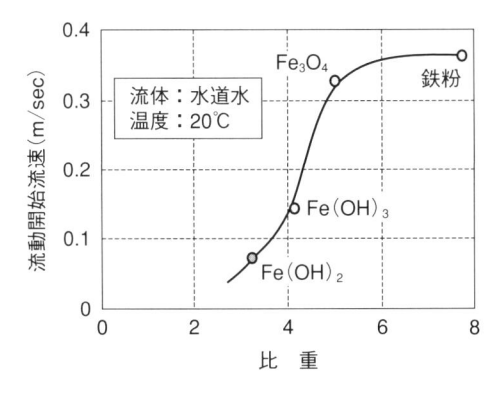

図 3.12.2　鉄化合物の比重と流動開始時の流速

そこで、金属水酸化物が沈殿しないだけの流速を与えることができれば膜面の閉塞を予防できる。

図3.12.2の結果から、水酸化鉄の場合は流速が0.2 m/sec以上あれば流動を始める。

したがって、MF膜やUF膜のモジュール内面の流速では0.3 m/sec以上確保すればスケール沈着を防ぐことができる。

● MF ろ過のフローシート例

図3.12.3は間欠逆洗式MFろ過のフローシート例である。装置の操作手順は①～④である。
① 循環タンクの原水は、循環ポンプ、MF膜、循環タンクの経路で循環する。
② MF膜出口の調節弁を調整し、ろ過圧力0.1～0.3 MPa程度の圧力でろ過した水は逆洗水タンク（容量：膜ろ過面積1 m^2に対して0.5～1.0リットル程度）に常時貯留し、流出した水を利用する。
③ 所定の時間ろ過したら、タイマーを作動させて逆洗水タンクの水を加圧空気（0.1～0.2 KPa）で膜の2次側から圧送して膜面を洗浄する。
④ 洗浄排水は濃縮水側に排出するかまたは循環タンクに戻す。濃縮水タンクの水は一定時間ごとにタンク底部から引き抜く。

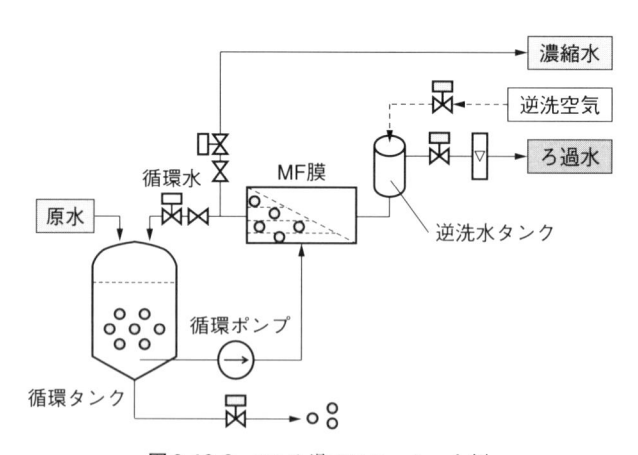

図3.12.3 MFろ過のフローシート例

● MF 膜と UF 膜の操作上の違い

MF 膜：膜面の細孔はろ過操作に伴い閉塞する。
　　　　したがって、間欠的な逆洗浄が必須である。
UF 膜：UF 膜面や RO 膜面には細孔がないので目詰まりは起こらない。
　　　　ただし、膜面の局部濃縮→スケール化を防止するための濃度管理と図 3.12.2 のような流速管理が重要である。
MF、UF、RO 膜処理の一般留意事項：膜処理では時間の経過に伴い透過水量が低下する。この場合、現場ではつい濃縮水側の弁を絞ってそれまでの水量を保とうとするが、この処置は膜寿命と水質保持の見地から行ってはならない。

演習問題
　排水中の膜分離に関する記述として、誤っているものはどれか。
① MF ろ過でクロスフローろ過を採用すれば懸濁物質が 1,000 mg/l あっても固液分離できる。
② MF 膜を使えば金属水酸化物は確実に分離できる。
③ MF 膜処理の前処理では膜の負担を軽減させる目的で硫酸アルミニウムと高分子凝集剤で予め凝集処理をしておくと処理効果が向上する。
④ UF 膜は MF 膜より膜の孔径が小さいから逆洗浄を入念にする必要がある。
⑤ UF 膜ではイオン状物質は除去できないが高分子物質なら分離できる。

解　答
① 正しい。MF 膜の種類によっては懸濁物質が 1,000 mg/l 以上でも固液分離できる。
② 正しい。MF 膜を使えば金属水酸化物はほぼ確実に分離できる。
③ 誤り。MF 膜ろ過の前処理に高分子凝集剤を使うと膜面が短時間で閉塞し、ろ過不能となる。
④ 誤り。UF 膜には MF 膜のように細孔がないので目詰まりは起こらない。よって、逆洗浄は不要。
⑤ 正しい。UF 膜の分離範囲は分子量 300〜300,000 程度なのでイオン状物質は除去できないが高分子物質は分離できる。

3.13 UF膜ろ過

限外ろ過膜（UF膜：Ultrafiltlation Membrane）は水や液体をろ過する膜で分子量に換算しておよそ 1,000～300,000 の物質を分離できる。

分離対象の大きさは MF 膜 ＞ UF 膜 ＞ RO 膜である。

● UF 膜の分画分子量

図 3.13.1 に UF 膜の構造と分離できる物質を示す。

UF 膜はスキン層とスポンジ層からなる非対称膜で、高分子物質の透過は阻止し、水、イオン状物質、低分子物質は透過させる。

MF 膜と違って UF 膜の細孔は小さくて測定できないので、分離性能を比較するのに「分画分子量」で表わす。

UF 膜が分離できる物質の分画分子量を決めるには予め分子量のわかった数種類の標準マーカー物質を用いて分子量ごとの阻止率を測定し、分子量と阻止率の関係から分画曲線を作成する。こうして作成した分画曲線から阻止率が 90% の分子量をその膜の分画分子量とする。

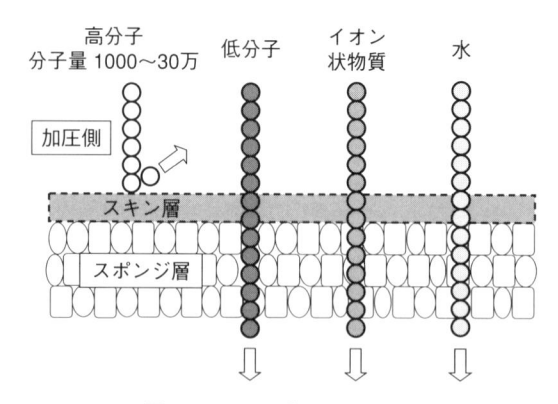

図 3.13.1　UF 膜面の分離物質

● UF 膜の用途

表 3.13.1 に UF 膜の用途を示す。UF 膜は 0.2～0.5 MPa 程度の圧力で MF 膜とは

表 3.13.1　UF 膜の用途

項　目	用　途
水の浄化	MF 膜では除けない水中の濁質、細菌類、ウィルスなどの分離、除去。
有価物質回収	酵素の濃縮。果汁類のろ過。染料の精製。医薬品の精製。多糖類の精製など。
牛乳の分離・濃縮	脱脂乳の濃縮。ホエーと乳糖の分離。
油水分離	含油排水のろ過。
電着塗料の回収	アニオン系、カチオン系電着塗料の回収ろ過。

違ったろ過機能を持つので、水の浄化、有価物の回収、油水分離など、幅広い分野で使われている。UF ろ過は精密な分離ができるので水処理に限らず医療、製薬、バイオの分野でも広く用いられている。特に、パイロジェン（注射液などに含まれる発熱物質）除去には限外ろ過膜が有効である[1]。

● 中空糸型 UF 膜

UF 膜には平膜、スパイラル膜、中空糸膜などがある。

用水、排水処理分野ではコンパクトでろ過面積を大きくとれる中空糸膜が多く使わ

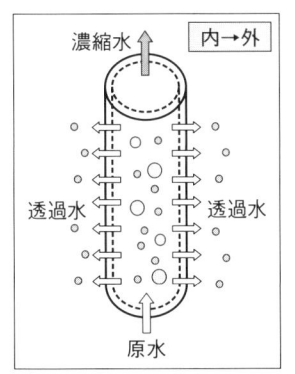

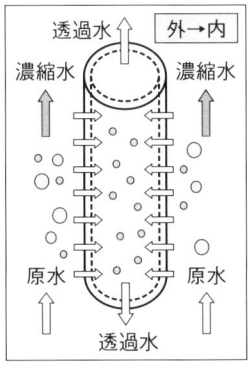

図 3.13.2　中空糸 UF 膜内の水の流れ

---

1) パイロジェン：注射液、輸液、血液などに微量に混入しヒトの発熱原因となる物質。パイロジェンの中で代表的なものにグラム陰性菌由来のエンドトキシンがある。ヒトの血中にエンドトキシンが極く微量でも入ると発熱する。

れている。図 3.13.2 に中空糸 UF 膜内の水の流れを示す。中空糸膜には内径 0.5～2.0 mm 程度のものがあり、原水は外→内または内→外に向かって流す。どちらの流れ方向の膜を選ぶかは対象とする試料水の性状によって異なる。

懸濁物質の多い場合は中空糸膜内の流速が均一になる中→外方向の膜が有利である。

懸濁物質の多い試料を外→中方向の膜でろ過すると中空糸膜の間に懸濁物質が沈殿したり、付着・堆積して流路がふさがれることがある。長期間停止したまま放置しておくと膜の付け根が破断することもあるので注意が必要である。

● 膜ろ過式浄水処理

UF 膜は MF 膜に比べて精密なろ過ができるので、従来、飲料水の浄化における凝集沈殿・砂ろ過に変わるシステムとして応用できる。これにより細菌はもちろんのことウィルスまで除去できる。MF 膜と UF 膜によるろ過は RO 膜脱塩の前処理に最適で、RO 膜で必須とされる FI 値 4 以下の水を得るのに向いている。

FI 値は $0.45\mu m$ のメンブレンフィルターを用いて 0.21 MPa の加圧下で 500 ml の溶液が通過する最初の時間 t_0 を測定し、そのまま加圧ろ過を 15 分継続して、再び 500 ml が通過する時間 t_{15} を測定し、次式から計算する。

$$FI = (1 - t_0/t_{15}) \times 100/15 \qquad \cdots\cdots\cdots (1)$$

現在でも時々話題になる飲料水中の病原性原虫（クリプトスポリジウム、ジアルジア）は、従来法による凝集沈殿→砂ろ過方式では完全には除去できないことがある。ろ過水に残留したクリプトスポリジウムなどは次亜塩素酸ナトリウムでも死滅させることが困難である。

上記の課題を解決する手段として、近年、MF 膜や UF 膜を使った「膜ろ過式浄水処理」が実用化されている。「膜ろ過式浄水処理」では、クリプトスポリジウムや濁質の除去はもちろん、小さなコロイド状の無機物質・高分子の有機物も除去することができる。これにより我々は安全でおいしい水の確保ができるようになった。

図 3.13.3 に UF 膜を用いたろ過装置のフローシート例を示す。

一例として、使用する膜は中空糸膜で分画分子量 150,000 程度である。膜の材質にはポリサルフォン、ポリエチレン、セルロースなどがあるが最近は耐薬品性のポリフッ化ビニリデン（PVDF）製の膜が実用化されている。

PVDF 膜は機械的な強度と耐薬品性を備えており、高濃度の薬品を流しても損傷を受けないので化学薬品による洗浄ができる。通常の運転ではろ過水を使った定期的な自動逆洗を行う。これにより、安定して清浄なろ過水を得ることができる。

UF膜ろ過膜を使った浄水設備は、現時点では、価格が従来法よりまだ高いので広く普及するには至っていないが、実装置はすでに稼動しており今後の発展が期待できる。

UF膜装置は、産業排水のろ過、河川水・工業用水・海水などの除菌・除濁にも適用できる。今後、技術進歩に伴う水の高純度化、高品質化の要求に伴い各産業分野での用途が拡大する傾向にある。

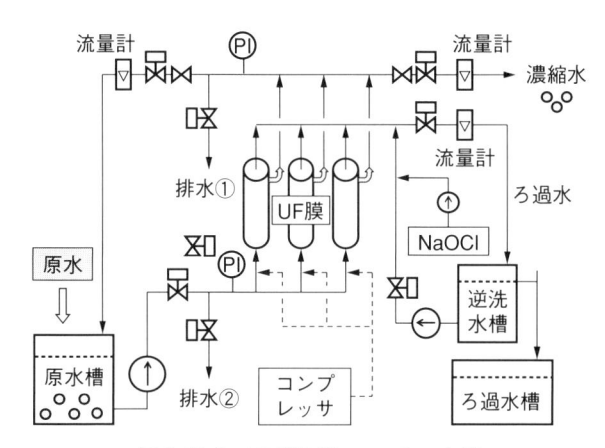

図 3.13.3 UF膜ろ過フローシート例

演習問題

UF膜分離に関する記述として、誤っているものはどれか。
① 分離対象の大きさはMF膜よりは小さいがRO膜よりは大きい。
② UF膜は高分子物質の透過を阻止し、水、イオン状物質、低分子物質は透過させる。
③ UF膜では分離する物質の大きさを「分画分子量」で表わす。
④ UF膜ろ過では懸濁物質の多い場合は中空糸膜内の流速が均一になる中→外方向の膜が有利である。
⑤ UF膜はMF膜に比べて精密なろ過ができるがウィルスまでは除去できない。

解 答

⑤ 誤り：UF膜ろ過をすれば細菌はもちろんのことウィルスまで除去できる。

3.14　RO 膜脱塩

逆浸透膜による脱塩の原理を図 3.14.1①②③に示す。水は透過させるが、水に溶解したイオンや分子状物質を透過させない性質をもつ半透膜（RO 膜）を隔てて図 3.14.1①のように塩水と淡水が接すると、②のように淡水は塩水側へ移動して、塩水を希釈しようとする。

これは自然現象で浸透作用（Osmosis）と呼ぶ。この希釈現象は浸透圧と液面差の圧力がつりあうまで続く。

逆浸透（Reverse Osmosis）はこの関係とは逆に、塩水側に浸透圧以上の圧力を加えると③のように塩水側から淡水側へ水だけが移動する。

この原理を利用すると海水からでも真水が得られる。

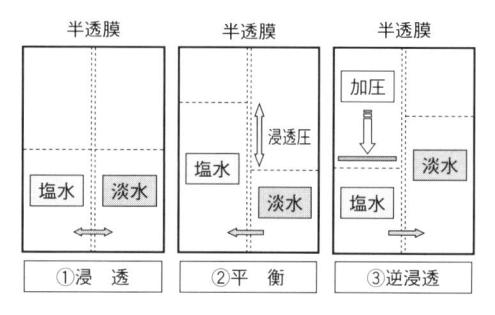

図 3.14.1　逆浸透作用の原理

● 膜分離の原理

図 3.14.2 は MF 膜、UF 膜および RO 膜の分離の模式と分離できる物質例について示したものである。

MF 膜には細孔が開いているので、それより大きな粒子を含む水をろ過すると「篩ろ過」効果により分離できる。一例として、0.05 μm の MF ろ過膜ならば大腸菌やコロイド状シリカは分離できるが酵素やウィルスは透過する。

UF 膜は MF 膜よりもさらに小さな物質を「篩ろ過効果」によって分離できる。

一例として、分離対象は分子量 300〜300,000 程度の物質である。酵素やウィルスは捕捉できるが分子量の小さいグルコースや塩分は透過する。

RO 膜による水の分離は膜表面に水素結合で吸着した水分子が加圧作用により、順次、膜の内部を経て二次側に移動して水分子のみが透過できるとされている。一例として、水分子と同じ水素結合を形成しやすいメタノールや酢酸などは膜面を透過しやすい。

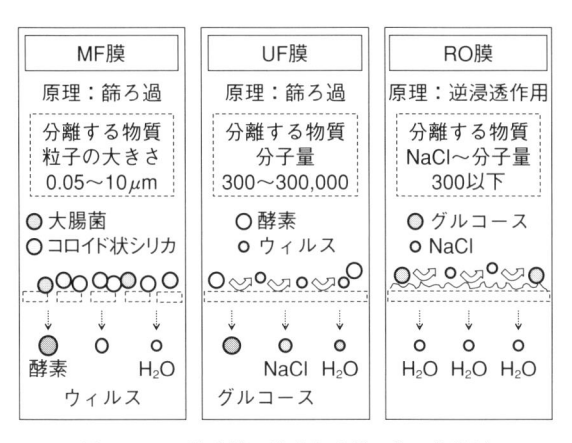

図 3.14.2　膜分離の模式と分離できる物質例

● 膜面の汚染

　実際の水処理に使われる RO 膜はスパイラル型のものが多い。スパイラル型 RO 膜モジュールは平膜をのり巻き状に巻いて、その間にメッシュスペーサーを挟んで膜相互の密着を防止するとともに流路に乱流を起こさせ、スケール生成の原因となる濃縮膜が形成されないような工夫が施されている。

　図 3.14.3 は RO 膜汚染の経時変化を表わしたものである。

　使用開始直後の RO 膜では表面に必然的に薄い濃縮膜が形成される。実際の装置で

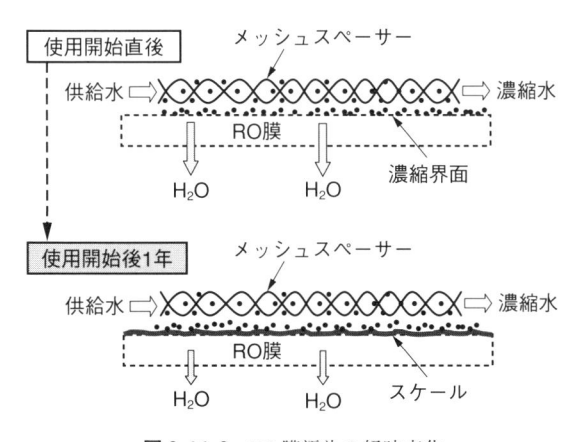

図 3.14.3　RO 膜汚染の経時変化

はこれを防ぐ目的で流路内の流速を上げて脱塩処理する。しかし、時間の経過とともに濃縮界面が厚くなり、1年くらい経過するとスケールとなって膜面に沈着する。

上記の理由から、RO 膜装置はいくら入念に運転管理してもスケール生成はまぬがれない。この対策として、設計時から膜洗浄ができるような回路を組んでおくことをお勧めする。

● RO 膜装置のフローシート

図 3.14.4 は RO 膜装置のフローシート例である。原水タンクの水は、供給ポンプ→フィルタ→高圧ポンプ→RO 膜を経て透過水となる。一方、高圧側の濃縮水は大半を原水タンクに戻し、一部を濃縮水として排出する。したがって、RO 膜装置では必然的に濃縮排水が発生する。RO 膜装置の運転管理で重要な課題は濃縮水側の濃度管理である。

一例として、図 3.14.4 の装置で膜モジュールの流路が汚染してくると圧力計の P3 と P4 の差圧が大きくなってくる。これを防止する目的で装置を停止する場合は、自動弁 V1 と V2 を閉じて V3 を開けて濃縮水を追い出し、濃縮水側の水を原水で置換するなどの処置をする。

このようにすると濃縮水側の水は濃度の低い原水と同じになるのでスケール生成を防止できる。

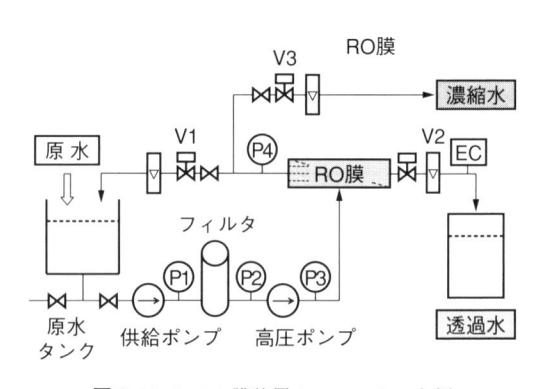

図 3.14.4　RO 膜装置のフローシート例

この「原水置換方式」は起動、停止回数の多い RO 膜装置の場合は特に有効で、原水が汚染してない上水の脱塩でも汚染した排水の脱塩でも予想外の効果がある。

● RO 膜ベッセルの配置例

図 3.14.5 に回収率と RO 膜ベッセルの配置例を示す。1本のベッセルに充填する膜は最大6本である。回収率は原水に溶解している溶質が析出する濃度から決めるが、標準的には 60～80% 程度である。

ちなみに、海水の Ca 濃度は約 400 mg/l であるが、RO 膜処理により濃縮して 660

mg/l になるとスケール生成の可能性が高まる。そこで海水淡水化処理では回収率の目安を $|(660-400)/660|\times100=39\%$ と設定し約40%としている。したがって、ベッセルは図3.14.5①の1段配置が適切である。上記以外の水の濃縮割合と膜の配置は膜メーカーが提案している計算式に基本データーをインプットすれば結果がでる。排水処理の場合は事前に基礎実験をして濃縮率を決めることをお勧めする。

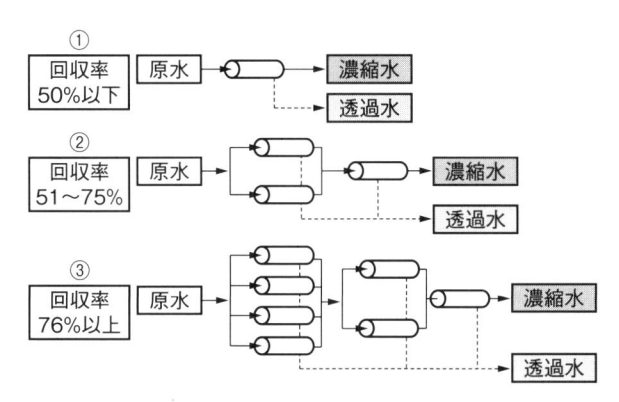

図3.14.5　回収率とRO膜ベッセルの配置例

演習問題

排水中の塩分除去に関する記述として、誤っているものはどれか。
① 塩分濃度が高くなると浸透圧が高くなるので高圧力のポンプが必要である。
② RO膜モジュールには濃縮界面を破壊する目的で透過水量より多い流量で原水を流す。
③ RO膜法では半透膜を使って浸透圧と同じ圧力を加えればよい。
④ RO膜モジュール内部は緻密な構造なので逆洗浄を定期的行う必要がある。
⑤ RO膜装置の運転を止めるときは濃縮水側に濃縮水をためないように原水で置換する。

解　答
③　誤り：逆浸透圧の約2倍の加圧が必要である。
④　誤り：モジュールの内部構造は緻密なので定期的な薬品洗浄は必要だが、逆洗浄は不要。

3.15 電気透析

電気透析は陽イオン交換膜と陰イオン交換膜を交互に組み付け両端に電極を取り付け、直流電圧を印加して水中のイオンを電気エネルギーで移動させるプロセスである。イオン交換膜には陽イオンを選択的に透過させる陽イオン膜と、陰イオンを選択的に透過させる陰イオン膜があり、ここに塩分を含んだ水を流すと陽イオンと陰イオンの分離ができる。

● イオン交換樹脂とイオン交換膜の違い

イオン交換膜は粒状のイオン交換樹脂が膜状になっている高分子膜と考えてよく、化学構造上からはイオン交換樹脂と本質的には同一である。しかし、形状の違いから両者の機能は全く異なる。

図 3.15.1 はイオン交換樹脂とイオン交換膜の違いを示したものである。

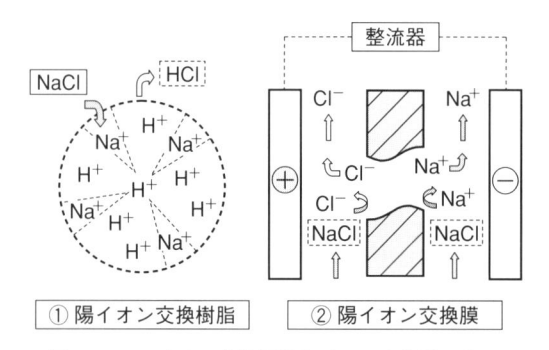

図 3.15.1 イオン交換樹脂とイオン交換膜の違い

陽イオン交換樹脂は NaCl のうち Na^+ を吸着し、その代わりに樹脂がもっている H^+ イオンを放出するので NaCl は HCl となる。陽イオン交換膜は陽極側にある NaCl のうち Na^+ イオンだけが膜を通過して陰極に移動するので、陽極には Cl^- イオンが残る。イオン交換膜とイオン交換樹脂との基本的な違いは、膜がイオンを吸着するのではなく、膜両端の電極に直流電流を流すと、イオンが選択的に膜を透過するところにあり、イオン交換樹脂における再生操作が不要になることである[1]。

● 電気透析装置の特徴

電気透析装置（ED：Electrodialyzer）は脱塩と濃縮を同時に行うことができる。わが国では海水の濃縮による食塩の製造がその発端となったが、欧米では地下水、河川水などの脱塩による飲料水の製造が主な用途として開発された[2]。

EDを使用したプロセスは産業の多方面で実用化されているが、その応用分野はさらに拡大している。イオン交換膜はビニールシートのように膜状に成形した基材に、イオン交換基を導入したもので、陽イオン交換膜（カチオン膜）と、陰イオン交換膜（アニオン膜）の2種類がある。

図3.15.2は電気透析装置の基本フローシートである。カチオン膜とアニオン膜とを交互に並べて電気透析槽をつくり、塩水を供給しながら直流電圧を通じると、電位

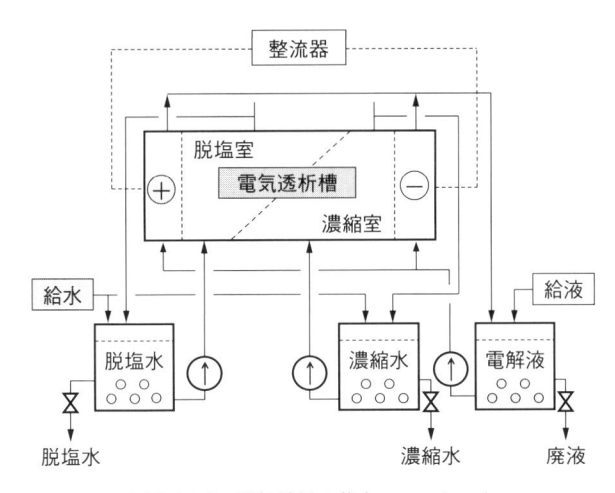

図3.15.2　電気透析の基本フローシート

---

1) イオン交換膜は「イオン選択透過」という機能により、濃縮、脱塩を行うことができる。イオン交換樹脂法では、樹脂の再生が必須の工程であるが、イオン交換膜法では再生の必要がなく維持管理面では手間がかからない。
2) わが国では海水の濃縮による食塩の製造がその発端となったが、欧米では地下水、河川水などの脱塩による飲料水の製造が主な用途として開発された。
EDを使用したプロセスは脱塩以外の産業（ビタミン類の精製、アミノ酸溶液の精製、抗生物質等薬液の精製、減塩醤油の製造、有機酸の精製、めっき系廃水の処理、硫酸と硫酸ニッケルの分離、アルミエッチング廃酸より酸の回収など）でも多く実用化されているが、その応用分野はさらに拡大している。

差により陽イオンは陰極側に、陰イオンは陽極側に移動するのでイオンの濃縮室と脱塩室が交互に生ずる。運転方法は回分式と連続式がある。

● 連続電気脱塩装置

図 3.15.3 は連続式電気脱塩装置（CEDI：Continuous Electrodialyzer）の略図である。給水は脱塩室と濃縮室に流入する。イオン交換樹脂を充填した脱塩室に入った水は脱塩水（純水）となる。一方、濃縮室へ流入した水は濃縮水となって排出される。脱塩は次の過程を経て進む。

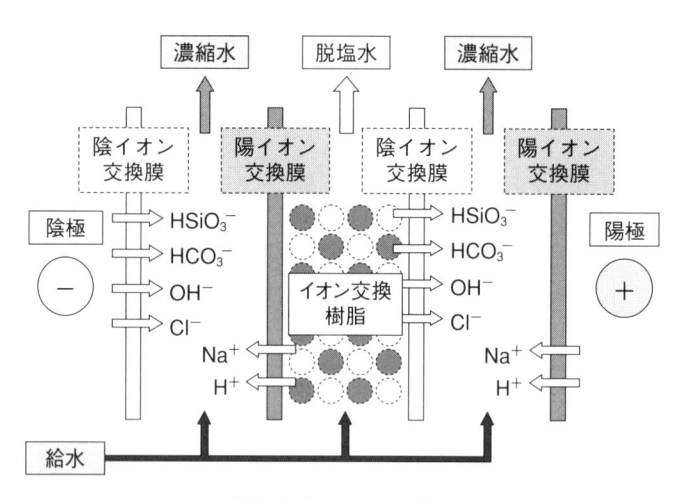

図 3.15.3 CEDI の略図

① 水中の塩分（Na^+、Cl^-）はまず、イオン交換樹脂に捕捉される。これにより、処理水は脱塩水となる。Na^+ と Cl^- はいったん樹脂に捉えられるもののイオン交換膜を介して Na^+ は陰極側に Cl^- は陽極側に電気的な力で引っ張られ濃縮水として外部に排出される。
② ここまでの原理はイオン交換樹脂を媒体とした電気透析と同じである。
③ 給水口から遠い脱塩室下流では水中のイオン濃度が低下するので電流維持に必要なイオン量が不足する。これを補おうとして陽イオン交換膜、陰イオン交換膜と水の接触界面で水分子の電気分解が起こる。

非イオン状態の二酸化炭素やシリカはこれにより生じた OH^- と反応し、次式のようにイオン化され、それ以後は Cl^- と同じ原理で除去される[3]。

水の電気分解：$H_2O \rightarrow H^+ + OH^-$ ……… (1)
CO₂のイオン化：$CO_2 + OH^- \rightarrow HCO_3^-$ ……… (2)
SiO₂のイオン化：$SiO_2 + OH^- \rightarrow HSiO_3^-$ ……… (3)

④ 上記の脱イオンプロセスを経ても水中にはまだ微量のイオン類が残る。脱塩室下流にある樹脂は水の分解により生成したH^+とOH^-により、かなりの部分が再生型となっている。したがって、残存するイオン類はイオン交換樹脂によって捕捉できる。そして、イオンを捕捉した樹脂は再びH^+とOH^-の働きにより再生型に戻る。この装置は平膜を何枚も重ねたプレート型と膜部分をスパイラル状に成形したものがある。

⑤ 実際のCEDI装置の運転に当たっては前段のRO膜処理で大半の溶解塩類を取り除いておいたほうが装置に付加がかからず安定な処理ができる。したがって、水道水を直接、脱塩するよりもRO膜装置との組み合わせ利用が有利である。

演習問題

電気透析による水の脱塩処理に関する記述として誤っているものはどれか。
① 電気透析は陽イオン交換膜と、陰イオン交換膜があり、ここに塩分を含んだ水を流すと陽イオンと陰イオンの分離ができ脱塩することができる。
② 陽イオン交換膜は陽極側にあるNaClのうちNa⁺イオンだけが膜を通過して陰極に移動するので、陽極側にはCl⁻イオンが残る。
③ 電気透析装置（ED：Electrodialyzer）は脱塩と濃縮を同時に行える。
④ CEDIにはイオン交換膜の間にイオン交換樹があるので定期的に再生する必要がある。
⑤ EDによるプロセスは水の脱塩以外（ビタミン類の精製、減塩醤油の製造、有機酸の精製、メッキ系廃水の処理など）でも広く使われている。

解　答

④ 誤り：脱塩室下流にあるイオン交換樹脂は水の分解により生成したH^+とOH^-により、かなりの部分が再生型になっているので再生の必要はない。

---

3) 上記の反応では、解離条件の差から二酸化炭素が先にイオン化される。したがって、シリカを除くには二酸化炭素を先に除去することがポイントである。

3.16 純　水

水の全蒸発残留物が数 mg/l (ppm) 以下で表示される水を純水と呼び、この純水よりもさらに純度の高い水〔一般には水中の全蒸発残留物が μg/l (ppb) の単位で表される〕を超純水と呼ぶ。純水をつくるには①逆浸透膜（以下 RO 膜）法と②イオン交換樹脂法による脱塩および①と②を組み合わせた方法が一般に用いられている[1]。

● RO 膜による脱塩 ────────────────────

RO 膜による脱塩は電気伝導率 100～45,000 μS/cm の水に適用される。RO 膜による水の脱塩は 10 年ほど前までは 1 MPa 程度の圧力が必要とされていたが、最近は半分の 0.5 MPa 以下の低圧でも 97％以上脱塩できるような膜が実用化されている。

図 3.16.1 に水道水を RO 膜で脱塩するフローシート例を示す。ここでは、電気伝導率 150 μS/cm の水道水を活性炭で処理し塩素を除いた水を原水とする。

図 3.16.1 の RO 膜装置は 4 インチ低圧膜 3 本を 2：1 の比率に配置してある。これ

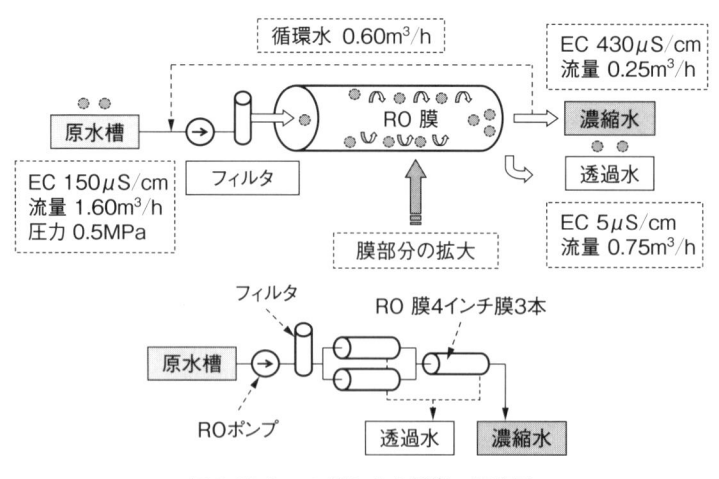

図 3.16.1　RO 膜による脱塩の概略図

---

1) ①RO 膜法と②イオン交換樹脂法を組み合わせて脱塩すると、RO 膜で塩分を 95％程度除いたあとイオン交換樹脂処理するので樹脂にかかる負荷が大幅に軽減される。単純計算では樹脂の寿命は 20 倍延びる（100/(100−95)＝20）と見込まれる。

を用いて圧力 0.5 MPa、水温 25℃ で脱塩すると電気伝導率 $5\,\mu S/cm$ の脱塩水が 0.75 m^3/h 程度の流量で安定して得られる。

RO 膜処理では必然的に濃縮水が発生するが、その量は $0.25\,m^3/h$ で電気伝導率が $430\,\mu S/cm$ である。このように、RO 膜処理法は水を逆浸透膜に通すだけで、水道水の場合は電気伝導率 $5\,\mu S/cm$ （全溶解固形分：TDS $3.5\,mg/l$）程度の純水が容易に得られるので簡便な純水製造法のひとつである。

● イオン交換樹脂による脱塩

イオン交換樹脂による脱塩は電気伝導率 $1,000\,\mu S/cm$ 以下の水に適用されることが多い。**図 3.16.2** は 2 床 2 塔式イオン交換法による脱塩の模式図である。イオン交換樹脂法ではイオン交換樹脂に通水した水のすべてが純水として使えるので、RO 膜処理と違って原水を無駄にすることがない。しかし、飽和に達したイオン交換樹脂は必然的に交換能力を失うので、塩酸や水酸化ナトリウムなどの化学薬品を使って再生しなければならない。したがって、排水処理設備が必要となる。これらの理由から、イオン交換樹脂法は希薄な塩分濃度の水を処理するのに適しているといえよう。

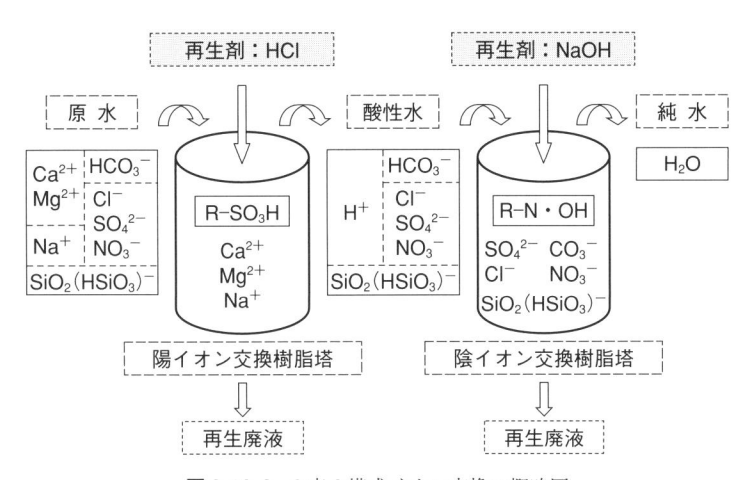

図 3.16.2 2 床 2 塔式イオン交換の概略図

図 3.16.2 に示す流れで原水を処理すると陽イオン交換樹塔脂を通過した水は必ず酸性を示す。酸性の処理水中には炭酸イオン（CO_3^{2-}、HCO_3^-）が含まれる。これをそのまま陰イオン交換樹脂塔に通水すると樹脂に負担がかかるので、陽イオン交換樹脂塔を出た酸性の処理水と空気を接触させて炭酸イオン取り除く工夫をしている。

図 3.16.2 の方法は陰イオン交換樹脂に炭酸イオンの負荷が全部かかるので小型の装置に適用される。これに対して**図 3.16.3** の 2 床 3 塔式イオン交換法は陽イオン交換樹脂塔出口のあとで炭酸イオンを除いて陰イオン交換樹脂への負担が軽減されるので大型装置に用いられることが多い。

図 3.13.2 および図 3.13.3 の方法は陽イオン交換樹脂と陰イオン交換樹脂による一段処理なので、水道水を脱塩した水の電気伝導率はおよそ $10\,\mu\mathrm{S/cm}$ 程度である。

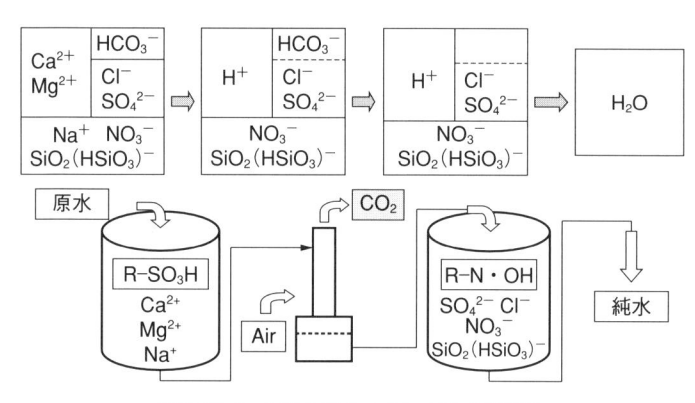

図 3.16.3 2 床 3 塔式イオン交換の概略図

● 混床式イオン交換樹脂による脱塩

陽イオン交換樹脂と陰イオン交換樹脂を別々の塔に充填して脱イオンする方法に対して、陽イオン交換樹脂と陰イオン交換樹脂をひとつの塔の中で混合して脱イオンする混床式と呼ばれる方法がある。

図 3.16.4 は混床塔内を流れる水が段階的に脱塩されていく様子を示したものである。一例として、電気伝導率 $100\,\mu\mathrm{S/cm}$ の水道水を一段目に相当するイオン交換樹脂で脱塩したとすれば、電気伝導率は約 $10\,\mu\mathrm{S/cm}$ 程度となる。

混床塔内には無限ともいうべき多段のイオン交換樹脂が存在するので処理水は中性で順次、脱塩されて最終的には電気伝導率 $0.05\,\mu\mathrm{S/cm}$ 程度の高純度水になると推定される。このように、イオン交換樹脂を混合して脱イオンに用いると単床塔に比べて容易に高純度の水が得られる。

混床塔の再生ではひとつの塔の中で陽イオン交換樹脂と陰イオン交換樹脂を比重差で分離した後にそれぞれの樹脂層に塩酸溶液や水酸化ナトリウム溶液を流したり、押し出し、水洗、混合などの工程が必要なので取り扱いがやや複雑となる。

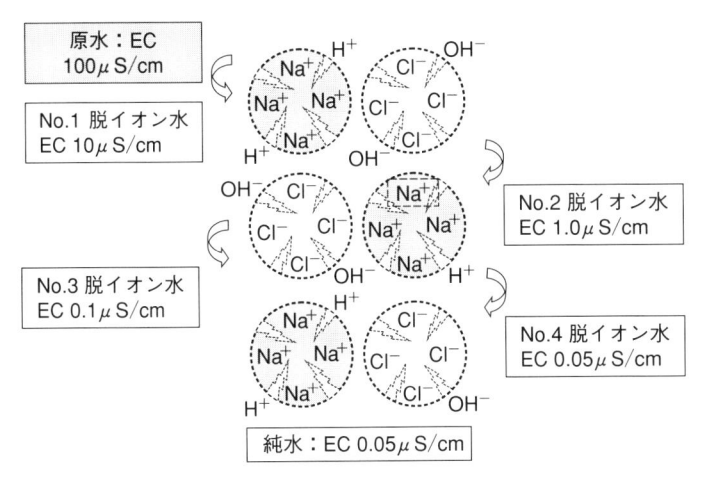

図 3.16.4　混床式イオン交換の概略図

　混床塔の樹脂を比重差で分離すると陽イオン交換樹脂は下層に、陰イオン交換樹脂は上層に分かれる。再生では下層に塩酸溶液、上層に水酸化ナトリウム溶液を流すので、これらが集まる集水管付近は酸とアルカリが交差する。したがって、各工程後の水洗を十分に行う必要がある。集水管の定期的な検査補修も重要である。

演習問題
　純水に関する記述として、誤っているものはどれか。
① 純水をつくるには、RO膜法とイオン交換樹脂法が一般に用いられている。
② 最近のRO膜は0.5 MPaでも97%以上脱塩できるような膜が実用化されている。
③ イオン交換法は電気伝導率 $1,000\,\mu S/cm$ 以下の水に適用されることが多い。
④ 中性の水道水をH型陽イオン交換樹脂塔に通すと中性の脱塩水が得られる。
⑤ 陽イオン交換樹脂と陰イオン交換樹脂をひとつの塔の中で混合して脱イオンする混床式は2床式に比べて純度の高い純水が得られる。

解　答
④　誤り：中性の水道水をH型陽イオン交換樹脂塔に通すと酸性の脱塩水となる。

3.17 超純水

超純水とは純水からさらに微粒子、微生物、TOC、シリカ、酸素、金属イオンなどの不純物を極限まで除いた水で理論的な水に限りなく近い高純度の水である。

純水・超純水に関する公的な水質規格はないが概念的には、抵抗率が $18\,\mathrm{M\Omega\cdot cm}$（電気伝導率 $0.056\,\mu\mathrm{S/cm}$）程度のものといえる[1]。

● 超純水発展の経緯

超純水は半導体産業の発展に伴って出現した。初期の半導体産業の用水はイオン交換樹脂に微粒子除去用の精密ろ過膜を組み合わせた程度のものであった。

1970年代になってRO膜やUF膜などを用いた膜処理技術が導入されるようになり、微粒子、微生物、TOC、シリカ、金属イオンなどの不純物除去が可能となり、現在では長期間安定して理論純水に近い超純水が得られるようになった。

表 3.17.1 半導体用超純水の要求水質例

集積度（Mb）		4-16	16-64	64-256	256
抵抗率 $\mathrm{M\Omega\cdot cm}$		>18	>18.1	>18.2	>18.2
微粒子 個/ml	$0.1\,\mu\mathrm{m}$	<5			
	$0.05\,\mu\mathrm{m}$	<10	<5	<1	
	$0.03\,\mu\mathrm{m}$			<10	<5
	$0.02\,\mu\mathrm{m}$				<10
生菌（個/ml）		<10	<1	<0.1	<0.1
TOC（ppb）		<10	<2	<1	<0.5
$\mathrm{SiO_2}$（ppb）		<1	<1	<0.5	<0.1
DO（ppb）		<50	<10	<5	<1
金属イオン（ng/l）		<100	<10	<5	<1

$0.1\,\mu\mathrm{S/cm}=10\,\mathrm{M\Omega\cdot cm}$、$0.056\,\mu\mathrm{S/cm}=18\,\mathrm{M\Omega\cdot cm}$

---

[1] 超純水の明確な定義や国家・国際規格などはなく、使用目的に基づく個々の要求水準を満たすことが最大の条件となっている。ひとくちに超純水と言っても一定のグレードは決まっていない。

表 3.17.1 に半導体工業用超純水の要求水質例を示す。

LSI 製造プロセスにおけるウェハー加工、マスク作製、成膜、写真製版、エッチングなどのの工程ではウェハー表面に残る薬品や微粒子を除去するため多量の超純水で洗浄する。洗浄水に金属イオン、微粒子、微生物、有機物などが含まれるとウェハーに組込まれる酸化膜、配線等に障害をもたらし、LSI の品質を低下させる。

LSI の集積度が高まるにつれ最小パターン寸法はより細かくなる。

一例として、4 Mbit で 0.8 μm、16 Mbit で 0.5 μm とされているが、パターン間のショートを避けるために洗浄水に含まれる最大微粒子径をこの最小パターン寸法の 1/5 以下とするのが望ましいとされている。

● 超純水製造の基本

図 3.17.1 は超純水製造の基本フローシート例である。ここでは原水槽→RO 膜装置→純水タンク→UV 殺菌灯→イオン交換→UF 膜装置→ユースポイントの流れで超純水を製造している。水の脱塩にイオン交換樹脂の使用は避けられないが、イオン交換樹脂は化学的に不安定な成分があって、処理水中にイオン交換樹脂由来の分解成分（TOC）、微粒子成分が分離して混入することがある。

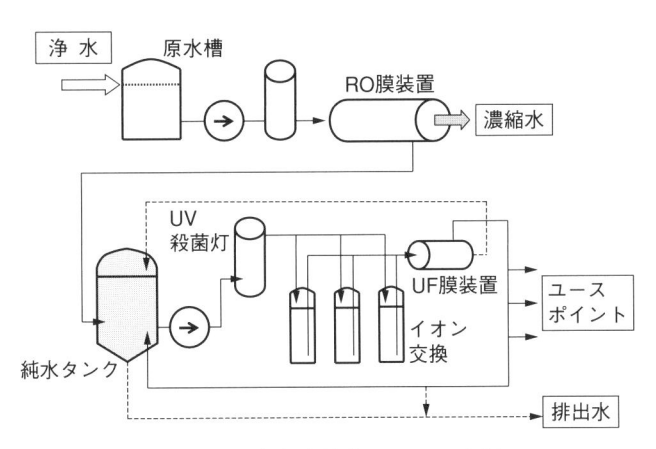

図 3.17.1 超純水製造フローシート例

純度のあまり高くない純水を扱う場合は、上記の TOC、微粒子成分は障害とならないが超純水製造の場合は重要な管理項目となる。

イオン交換樹脂を用いて超純水レベルの水を製造しようとしたら表 3.17.1 に示す

第 3 章　生活用水と工業用水

比抵抗（電気伝導率）以外にも微粒子、バクテリア、TOC、SiO_2、DO などの項目を常に監視する必要がある。

酸素は ppb オーダーまで除去するが純水タンク内に空気があると酸素を容易に取り込んで水質が低下する。実装置では、これを防ぐ目的で窒素ガスを封入することが多い。試みに、実験室でイオン交換樹脂を用いて電気伝導率 $0.2\mu S/cm$ の純水をビーカーにとり、そのまま 1 時間放置しただけで電気伝導率は 10 倍の $2.0\mu S/cm$ に上昇する。これは空気中の酸素や二酸化炭素ガスの溶解によるものである。

● 超純水系統内の微粒子の挙動

図 3.17.2 は超純水製造装置で水を処理したときの微粒子数の変化例である。

図 3.17.2 をみると処理水が混床塔イオン交換装置を出て純水タンクに貯留されたとたんに微粒子数が急速に増加する。これは、イオン交換樹脂処理とタンク貯留の工程で多くの微粒子が発生していることを示している。しかし、いったん発生した微粒子は RO 膜で除去されている。理論純水の比抵抗は 25°C において $18.25 M\Omega\cdot cm$ $(0.0548\mu S/cm)$ である。このように、水が高純度に精製されてくると、わずかな不純物でも容易に水に溶解しやすくなる。水は高純度水になればなるほど溶解能力の本領を発揮し、溶媒としての機能を高める。

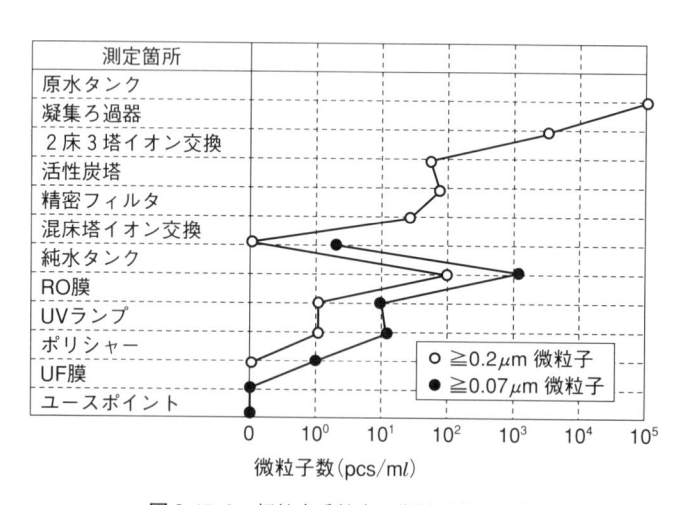

図 3.17.2　超純水系統内の微粒子数の変化

● 超純水の配管

超純水の配管では製造装置から端末のユースポイントまで、水の純度を低下させることなく供給することが要求される。

実際の超純水システムでは、配管距離がかなり長く数百メートル以上に及ぶこともある。

表3.17.2 配水系統の純度低下の要因例

No	純度低下の要因
1	配管材料の不純物溶出
2	接着剤から有機物の溶出
3	配管材料の表面劣化による微粒子数の増加
4	配管内の微生物増殖による生菌数、微粒子数、TOCの増加

したがって、配管方式、配管材料、施工法等の選択は超純水の純度を確保する観点から大きなポイントとなる。表3.17.2は超純水の配水系統で純度低下を起こす主な要因である。要因①～③は配管材料や資機材の選定により、ある程度対応できるが④の微生物の増殖はいったん発生すると解消するまで時間がかかるので対応が困難である。

演習問題

超純水に関する記述として、誤っているものはどれか。

① 超純水とは純水からさらに微粒子、微生物などの不純物を極限まで除いた水で理論的な水に限りなく近い高純度の水である。
② 純水・超純水に関する明確な定義や公的な規格はないが、超純水は抵抗率が $18\,M\Omega \cdot cm$（電気伝導率 $0.056\,\mu S/cm$）程度のものといえる。
③ 初期の半導体産業の用水はイオン交換樹脂に微粒子除去用の精密ろ過膜を組み合わせた程度のものであった。
④ 理論純水の比抵抗は25℃において $18.25\,M\Omega \cdot cm$（$0.0548\,\mu S/cm$）である。これまで精製した水ならば空気中に放置しても不純物は何も溶け込まなくなる。
⑤ 超純水製造工程でイオン交換樹脂処理の後工程で多くの微粒子が発生するが、RO膜処理で除去される。

解　答

④ 誤り：水が高純度に精製されると、わずかな不純物でも容易に水に溶解しやすくなる。水は高純度水になればなるほど溶解能力が高くなる。

3.18　ボイラ水の管理

ボイラは一般に①丸ボイラと②水管ボイラに大別される[1]。ボイラは古くから工場、建築物等で使われる熱、蒸気の供給や蒸気機関車等の動力源として利用されてきた。今日でも大型ボイラは火力・原子力発電所でタービンとならんで重要な設備である。ボイラ用水には軟水や純水が用いられるがこれにはイオン交換樹脂が必要である。大型ボイラが発展した背景にはイオン交換樹脂による純水製造技術が大きく貢献している。

● 丸ボイラ

丸ボイラは鋼鉄製の缶体に水を満たして加熱するもので、代表的なものに炉筒煙管ボイラがある。図 3.18.1 に炉筒煙管ボイラの断面を示す。

炉筒煙管ボイラは缶体に炉筒と煙管群の両方を設けた内だき式ボイラで、径の大きい炉筒 1 本と複数の煙管群の組み合わせからできている。

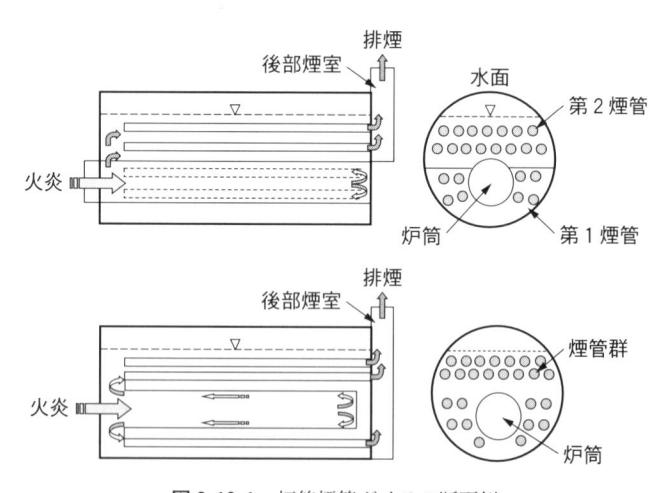

図 3.18.1　炉筒煙管ボイラの断面例

---

[1] ボイラ（boiler）は日本工業規格（JIS）や学術用語集では「ボイラ」と表記する。

ボイラの構造上、自ら保有している水量が多いので負荷変動に強いという長所がある。その反面、立ち上がりが遅く、万一破損事故が起きれば被害が大きくなる。

炉筒煙管ボイラは熱負荷があまり高くないので水管ボイラほど厳密な水質管理は不要で、維持管理は比較的容易である。ボイラの構造にもよるが缶内に人が入ってスケール除去できるものもある。

コンパクト構造なので運搬、据付けが容易で低圧の工場用・暖房用ボイラ、地域冷暖房および産業用ボイラとして広く用いられている。

● 水管ボイラ

図3.18.2に水管ボイラの水の流れを示す。水管ボイラの代表的なものに①自然循環ボイラと②貫流ボイラがある。水管ボイラは多くの水管で火炉を囲み、火炎のあたる伝熱部分で蒸発を行わせる構造になっている。

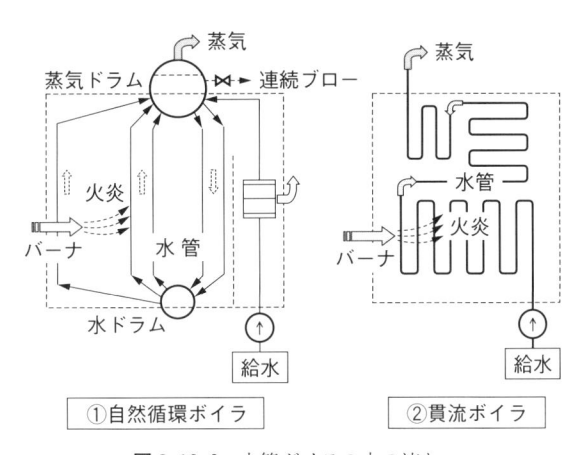

図3.18.2　水管ボイラの水の流れ

① 自然循環ボイラ：自然循環ボイラはドラムと多数の水管で水の循環回路ができている。火炎により加熱された温度の高い水や気泡を含んだ加熱水は見かけの密度が小さくなるので水管内を上昇する。温度が低く気泡を含まない温水は密度が大きいので下降する。

例えば図3.18.2①のように蒸気ドラムと水ドラムを連絡する管では、強い熱を受ける管内の水は温度が高くなり沸騰して蒸気ドラムへと上昇する。

これに対して、熱を受けない温水は降水管を通って水ドラムに下降する。このようにしてボイラ水は自然に循環しながら蒸気を発生し続ける。

② 貫流ボイラ：図3.18.2②のように、貫流ボイラは長い管系で構成され、給水ポンプによって管系の一端から圧入された水が予熱部→蒸発部→過熱部を順次通過して、他端から蒸気になって排出される。

　貫流ボイラは蒸気ドラムがないので高圧ボイラに適し、大型ボイラでも全体をコンパクトな構造にできる。圧力が水の臨界圧力を超える、いわゆる「超臨界圧」ボイラ[2)]はすべて貫流式である。これは臨界圧力以上では飽和水と飽和蒸気が共存できないからである。還流ボイラには純度の高い純水を供給するからボイラチューブにスケールが付かないと思われるがそうでもなく酸化鉄や炭素スケールが付着する。

● ボイラの水質管理

ボイラの給水およびボイラ水の水質基準は JIS B 8223 に規定されている。

表 3.18.1 は丸ボイラ、水管ボイラおよび貫流ボイラにおける給水とボイラ水の水質基準値例である。

表 3.18.1　ボイラ水の水質基準例

ボイラの区分	丸ボイラ	水管ボイラ	貫流ボイラ
規　模	蒸発量 >6 MPa/m²·h	最高使用圧力 15〜20 MPa	最高使用圧力 20 MPa 以上
水の区分	給水／ボイラ水	給水／ボイラ水	給水／ボイラ水
pH	7-9/11-11.8	8.5-9.5/8.5-9.5	9.0-9.5/—
電気伝導率 （μS/cm）	—/<4,000	<0.3/—	<0.25/—
全蒸発残留物 （mg/l）	—/<2,500	<2/<2	—/—
SiO_2（mg/l）	—/—	<0.3/<0.2	<0.02/—

丸ボイラに比べ水管ボイラの給水水質は高純度のものが要求される。ここで、給水水質とはボイラに入る前の水質のことで、ボイラ水とは水処理剤を加えたボイラ内を流動する水のことである。

---

2) 超臨界圧ボイラ：水は臨界点の 22.1 MPa 以上に加圧すると沸騰現象がなくなり、密度が連続的に変化する。これにより、システムが簡素化され、効率の良い超臨界圧ボイラができる。

貫流ボイラだけに別枠の水質が定められているのは、貫流ボイラでは給水した水が全部蒸発してしまうので、それだけ水質基準が厳しいからである。また、貫流ボイラに限ってボイラ水の基準がないのは貫流ボイラには内部を循環する水がないからである。

● 圧力別にみたボイラの障害の原因

表 3.18.2 に圧力別にみたボイラ障害の原因例を示す。

表 3.18.2　圧力別にみた障害の原因

障害の種類	低圧ボイラ	高圧ボイラ
スケール障害	① 軟水装置の管理不良 ② ボイラ水質低下 ③ 薬品注入の誤り	① 用水の純度低下 ② イオン交換樹脂の劣化、汚染
腐食障害	① pH調整不良 ② 溶存ガスの除去不完全	① 水管内の金属酸化物堆積 ② 水質管理不全
キャリオーバー障害	① 過剰負荷運転 ② 気水分離器の不良	① 負荷の急変 ② 不純物混入

演習問題

ボイラ水に関する記述として、誤っているものはどれか。
① 大型ボイラ発展の背景にはイオン交換樹脂による脱塩技術が貢献している。
② 炉筒煙管ボイラは自ら保有している水量が多いので負荷変動に強いという長所があるが、その反面、立ち上がりが遅いという欠点がある。
③ 水管ボイラは多くの水管で火炉を囲み火炎のあたる伝熱部分で蒸発を行わせる構造になっているので丸ボイラより効率がよい。
④ 給水水質とはボイラに入る前の水質のことで、ボイラ水とは水処理剤を加えたボイラ内を流動する水のことである。
⑤ 自然循環ボイラでは、給水水質がよければ貫流ボイラのようにボイラ水をブローしなくてもよい。

解　答

⑤ 誤り：ボイラの水処理剤には蒸発残留物となる成分が含まれることがある。よって、ボイラ水の濃度調整をするための連続ブローは必要である。

3.19　冷却水の管理

水は比熱が大きく循環使用できるので冷却水に適した流体である[1]。冷却水は一過性で使うこともあるが省資源、省エネルギーの観点から循環使用することが多い。

冷却水は循環しているうちに蒸発や濃縮により硬度成分や不純物が析出し、金属材料腐食などの障害を派生するので適切な管理が必要である。

冷却水は大別すると①開放系冷却水と②密閉系冷却水に分けられる。

● 開放系冷却水

図 3.19.1 は工場やビルの開放系冷却設備に見られるクーリングタワーの概略図である。クーリングタワーは温度が上昇した水を蒸発させて気化熱を奪い、水温を下げて再び冷却水として循環利用する。冷却水は循環しているうちに水が蒸発してカルシウムや硬度成分が濃縮される。やがて飽和に達した成分から順に系統内の配管、熱交換器などにスケールとして析出する。

スケールが付着した配管や熱交換器は効率が低下するので不経済であるばかりか、腐食により配管の漏水や破裂事故の原因ともなる。これらの障害を防止する目的で循環水に防食剤を加える。

---

[1] 比熱は水と比べたときの温まりやすさを表わす。**表 3.19.1** から水の比熱が大きいことがわかる。物質 1 kg を暖める熱量は下式により計算する。
　　熱量（kcal）＝比熱×質量（kg）×温度変化（℃）
比熱の大きい水は多くの熱量を運ぶことができるのでボイラ用水や冷却水として適している。

表 3.19.1　いくつかの物質と比熱

物質	比熱
水	1
食用油	0.5
ガラス	0.1〜0.2
エタノール	0.6
銅	0.09
アルミニウム	0.2
金	0.03

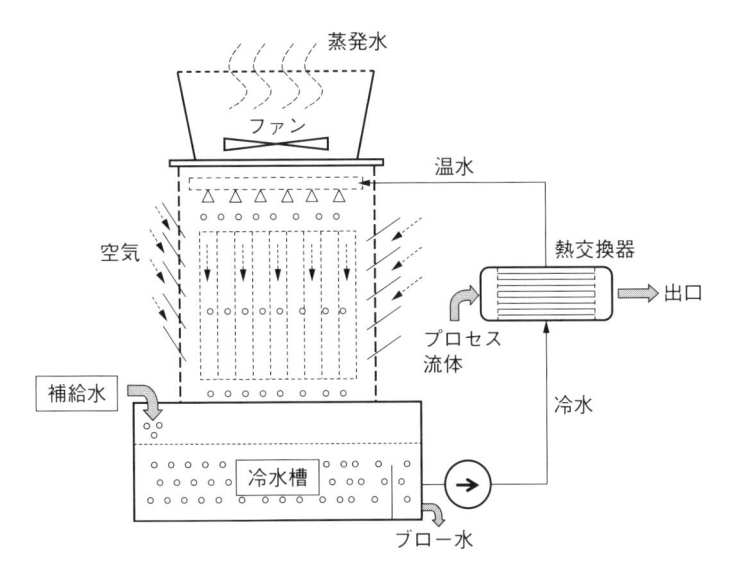

図 3.19.1 開放循環冷却水の流れ

表 3.19.2 防食剤の種類と特徴

	酸化皮膜	沈殿型皮膜	吸着皮膜
種類	① 亜硝酸塩 ② モリブデン酸塩 ③ クロム酸塩	① ホスホン酸塩 ② 重合リン酸塩 ③ 正リン酸塩 ④ 亜鉛塩 ⑤ トリアゾール系化合物	① アミン類 ② 界面活性剤
特徴	表面に 3-20 nm の酸化皮膜を形成。	カルシウムイオン等と結合して金属表面に不溶性皮膜を形成。	金属表面に吸着し防食皮膜を形成。

表 3.19.2 に防食剤の種類と特徴を示す。防食剤には①酸化皮膜、②沈殿型皮膜、③吸着皮膜を形成するものがある。初期段階の防食剤では表 3.19.2 酸化皮膜の中の①クロム酸塩が使われることがあったが、現在は環境保全の見地から使われていない。

防食剤の組成や成分比率については調剤メーカーのノウハウ部分があるので詳細は不明である。防食剤は水にいくらでも加えれば良いというものではなく適度な濃度管理が必要である。従来は一定量の処理剤を一度にまとめて投入するなどの投込み方式がとられていたが、この方法では効果にムラが生ずるなどの欠点があった。

これらの不都合を解消する手段として、最近は冷却水中の防食剤濃度を電気伝導率

で検知し、自動的にブローして濃度管理を行っている。

● 密閉系冷却水

　自動車、発電機などのエンジン冷却には古くから凍結防止にエチレングリコールが使われていた。1960年代以降、エチレングリコールの他に密閉系冷却水に適した添加剤が開発された。これにより、冷却水路内部の腐食防止と冷却水の長期使用が可能となった。表3.19.2の沈殿型皮膜の中にトリアゾール系化合物がある。

　トリアゾール系化合物は銅と鉄の異種金属で構成される冷却系統の腐食防止に効果がある。トリアゾール系化合物は銅の腐食を抑制するだけでなく、他の金属の腐食も抑制するので密閉系冷却水には有効である。

　同じく、沈殿型皮膜の中のホスホン酸塩は開放系を始めとして密閉系冷却水のスケール防止剤、防食剤として広く使われている。

　ホスホン酸塩は亜リン酸（H_3PO_3）の構造をもつので還元力がある。重合リン酸塩に比べてスケール化しにくく、カルシウム硬度の高い高濃縮系冷却装置に向いている。

● 塩素殺菌の課題

　図3.19.2は殺菌に効果のある次亜塩素酸（HOCl）と次亜臭素酸（HOBr）の比率とpHの関係である。殺菌の原理は酸化作用により細菌のタンパク質細胞を損傷するというものである。両方ともpH6.0くらいまでは存在比が同じで殺菌力は変わらないが、pH6.0を超えると次亜塩素酸の存在比が急に低下する。冷却塔や噴水などの

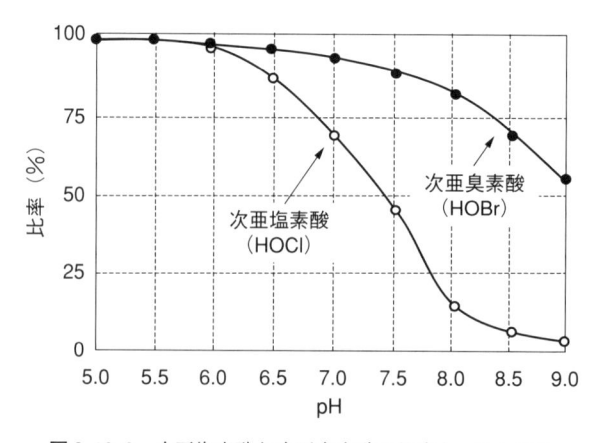

図3.19.2　次亜塩素酸と次亜臭素酸の比率とpHの関係

水質管理では循環水に藻が生えないように殺菌の目的で塩素剤を投入することがある。ところが塩素剤には下記の問題点がある。

① 水は蒸発して濃縮されるとpHが上昇する。これにより、アルカリ条件下では次亜塩素酸の存在比が低下するので殺菌力が弱くなる。
② 虫の死骸や落ち葉などの混入でアンモニア成分が増加し塩素が無駄に消費され殺菌力が低下する。

これに対して、臭素剤はアルカリ性になっても次亜臭素酸（HOBr）の比率があまり低下しないので殺菌効果を維持できる。したがって、臭素剤は高濃縮の冷却水やオープンタイプの景観用水の調整に適している。

● 冷却水によるスケール障害と対策

冷却水による主な障害は、熱交換器や配管の腐食、スケール析出、スライム発生などである。スケールには水の硬度成分や装置材料が腐食して金属酸化物として析出することがある。この場合は、無機酸や有機酸などを用いた化学洗浄が有効である。スライム除去は過酸化水素による化学洗浄が適している。

演習問題

冷却水の管理に関する記述として、誤っているものは次のうちどれか。
① 水は比熱が大きく循環使用できるので冷却水に適した流体である。
② 冷却水は循環しているうちに蒸発や濃縮により硬度成分や不純物が析出し、金属材料腐食などの障害を派生するので適切な管理が必要である。
③ 防食剤には、酸化皮膜、沈殿型皮膜、吸着皮膜を形成するタイプのものがある。
④ 次亜塩素酸と次亜臭素酸の殺菌原理は、酸化作用により、細菌のタンパク質細胞を損傷するというものである。
⑤ 次亜塩素酸も次亜臭素酸もpH 6.0を超えると存在比が低くなるが、両方とも殺菌作用に変わりはない。

解 答
⑤ 誤り：臭素剤はpH 7.0を超えてアルカリ性になっても次亜臭素酸（HOBr）の比率があまり低下しないので殺菌効果を維持できる。これに対して、塩素剤はpH 6.0を超えると急に存在比が低くなるので殺菌効果も弱まる。

3.20　海水淡水化

地球には約 14 億 km^3 の水がある。そのうち約 97.5% は海水で淡水はわずか 2.5% である。海水には約 3.5% の塩分が含まれているのでそのままでは飲用水として使えない。海水が容易に淡水になれば飲料水はもとより、農業用水、工業用水などにも使える。海水を飲用水にするには塩分濃度を少なくとも 0.05% 以下にまで下げる必要がある。現在、海水を淡水化するには①多段フラッシュ法と②逆浸透膜法（RO 膜法）が実用化されている。

● 多段フラッシュ法

海水を熱して蒸発（フラッシュ）させ、再び冷やして真水にする方法である。フラッシュ法では水の蒸発効果を高めるために減圧蒸留法が採用されている。原理は実験室で行う減圧蒸留と同じである。

図 3.20.1 は多段フラッシュ装置の 1 段分を示したものである。

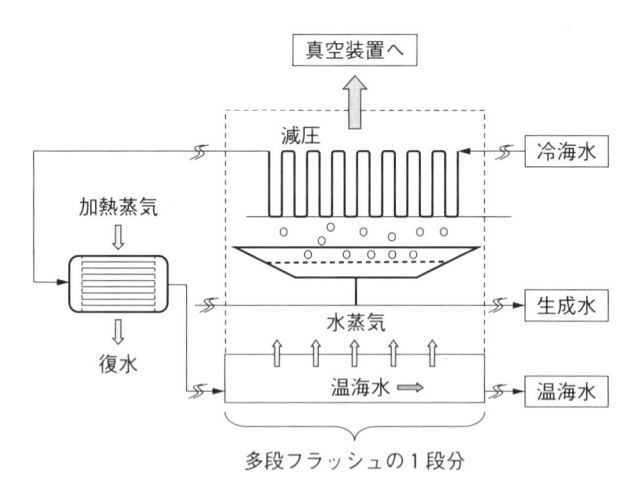

図 3.20.1　フラッシュ法の概念図

実際の装置はこれが複数段連結されている。熱源には火力発電所の復水や石油精製時に発生する廃ガスが利用され、冷却には海水が使用される。

このため多段フラッシュ式海水淡水化プラントは石油精製工場や火力発電所に併設される場合が多い。

フラッシュ法は海水の品質を問わず大量の淡水を作り出すことができるが、熱効率が低くエネルギーを多量に消費するという欠点がある。これらの理由から、フラッシュ法はエネルギー資源に余裕のある中東の産油国で多く使われている。

● RO 膜法

RO 膜法は海水淡水化用の RO 膜モジュールに海水の浸透圧（2.5 MPa）以上の圧力（5.5 MPa）をかけて海水を圧入し、塩分を分離して淡水を得る方法である。

RO 膜法の原理は膜ろ過と同じで、相の変換を伴わないのでエネルギー消費が少ないという特長がある。

エネルギー効率が優れている反面、膜面が海水中の懸濁物質や微生物などで汚染されると閉塞しやすいという欠点がある。したがって、入念な前処理が必要で少なくとも FI 値 5.0 以下にする必要がある。

図 3.20.2 は海水淡水化 RO 膜装置の基本フローシート例である。

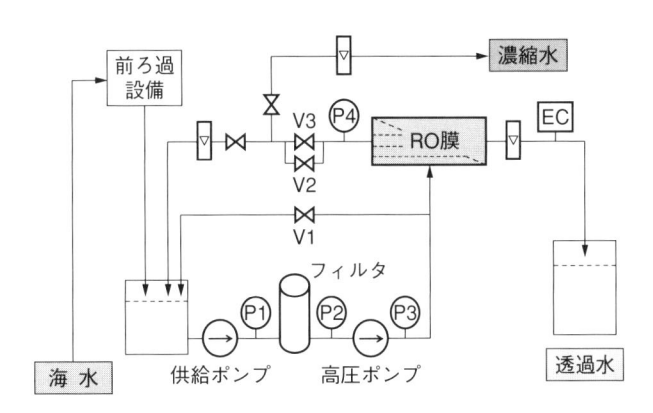

図 3.20.2　海水淡水化 RO 膜装置の基本フローシート

RO 膜装置の加圧ポンプにはタービンポンプやプランジャーポンプなどの高圧ポンプが使用される。大型装置ではエネルギー回収タービン付の高圧ポンプを使う。小型装置でもインバータ制御の高圧ポンプが適切である。

高圧ポンプは一般に NPSH[1)]が 0.2～0.5 MPa 程度必要で、ポンプの入り口で加圧状態にしておく必要がある。海水淡水化 RO 膜装置設計と運転のポイントは下記である。

第 3 章　生活用水と工業用水

① 図 3.20.2 に示すように、高圧ポンプの前段に保安フィルターのろ過を兼ねた供給ポンプを設置すると高圧ポンプの NPSH が確保できる。
② 高圧ポンプ以降の圧力は 5.5 MPa 以上と高いので図 3.20.2 のように V1（ミニマムフロー調整弁）や V2（微圧力調整弁）を設けておくと運転しやすい。

　RO 膜による脱塩水の回収率は最大 40% である。海水のカルシウム濃度は約 400 mg/l あり、カルシウムの溶解度は 700 mg/l である。回収率 40% における濃縮水側のカルシウム濃度を試算すると 666 mg/l ［400×100/(100−40)=666］となる。

　図 3.20.3 はスケール生成における pH とカルシウム硬度の関係である。

　図 3.20.3 より、pH 6 におけるカルシウムスケール生成濃度は約 660 mg/l であり、この数値以上に濃縮すると膜面にカルシウムスケールが析出する可能性が高くなる。

　これらのことから海水淡水化装置では回収率 40% 以下運転管理することを推奨する。

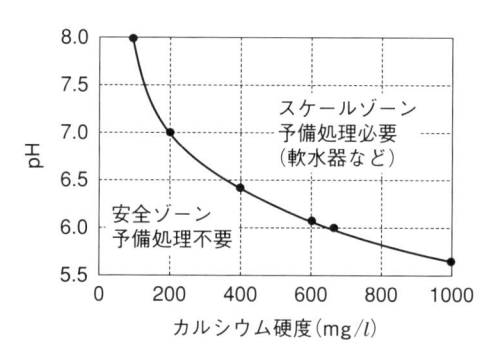

図 3.20.3　スケール生成における pH とカルシウム硬度の関係

● RO 膜によるホウ素除去

　海水中にはホウ素が 4〜7 mg/l 程度含まれている[2]。WHO（世界保健機構）ではホウ素の飲料水中濃度指針値として 0.5 mg/l 以下を提唱している。ところが、従来の RO 膜 1 段処理ではホウ素濃度を 1〜3 mg/l にするのが限界であった。

---

1) NPSH（Net Positive Suction Head）：ポンプがキャビテーションを起すか否かの判定の基準となる数値で通常 0.01〜0.5 MPa が必要。
2) 海水中のホウ素濃度は河川水などに比べると 10〜50 倍も高い。最近、ホウ素除去率の高い RO 膜が製造されるようになった。

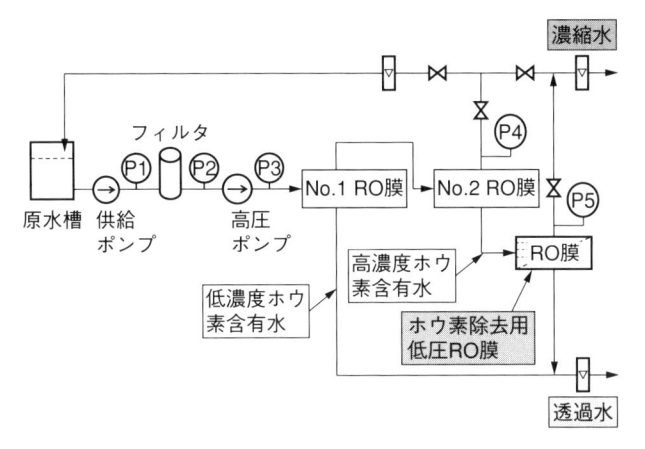

図 3.20.4　ホウ素除去用 2 段 RO 膜の配置例

図 3.20.4 はホウ素除去を考えた 2 段 RO 膜装置の膜配置例である。No.1 RO 膜を透過した水はホウ素濃度がまだ低いので低濃度ホウ素含有水として回収する。

No.2 RO 膜を透過した水はホウ素濃度が高いので低圧 RO 膜へ送り、もう一度脱塩処理を行う。これにより、ホウ素含有量の少ない脱塩水が回収できる。

演習問題

海水淡水化に関する記述として、誤っているものはどれか。
① 海水淡水化には多段フラッシュ法と RO 膜法が多く採用されている。
② 海水の RO 膜脱塩では回収率 60% にしても濃縮水側にカルシウム成分は析出しにくい。
③ RO 膜法による海水淡水化はエネルギー消費が少ないという特長がある。
④ RO 膜処理は膜面が水中の懸濁物質や微生物で汚染されると閉塞するという欠点がある。
⑤ 2 段 RO 膜処理を行えばホウ素含有量の少ない脱塩水が回収できる。

解　答

② 誤り：RO 膜処理では回収率を 40% 以上にあげると膜面にカルシウムスケールが析出する可能性が高くなる。したがって、海水淡水化の RO 膜処理では回収率 40% 以下が望ましい。

◆コラム③　水のゆすぎは3回が効果的

　我々は水で顔や手を洗ったり、歯磨きのあとに口をゆすぐ。その回数は個人差があるものの3〜5回である。お米をといで水を切り、また水をはって洗うという操作の場合も3〜5回である。洗濯後のゆすぎはたいてい3回である。この3〜5回洗ったり、ゆすぐという動作には感覚的な部分もあるが、理にもかなっている。

　電子部品や半導体を作る工場では、図（上）に示すように、品物を処理槽の中で、いろいろな薬品を使ってさまざまな処理をした後、複数の水洗槽を並べて洗浄する。図では、品物が左から右へ移動し、No.1水洗槽→No.2水洗槽→No.3水洗槽を経て次工程へと移る。一方、洗浄のための給水は品物の移動とは逆に右から左へ流され、No.3水洗槽→No.2水洗槽→No.1水洗槽の順に流下する。この方法は、品物の流れと水の流れが複数段にわたって向かい合う方向に移動するので「向流多段水洗」と呼ばれる。

　図（下）のグラフは「向流多段水洗」における使用水量と水洗段数の関係例である。図のグラフ曲線をよくご覧いただきたい。曲線では2段水洗を3段水洗に1段増やすだけで、同じ水洗効果を得るのに、使用水量は150 l/hから60 l/hに減ることを意味している。それでは、水洗段数をもっと増やせばいいかと言えば、そうでもなく、4段に増やしても使用水量は40 l/h程度の減少にとどまる。これらのことから、「ゆすぎ」や「水洗」は3段に分けて行うのが効果的と思われる。実際の現場（めっき部品の洗浄、半導体の洗浄、食品の洗浄など）でもこの水洗方法は数多く取り入れられており、できるだけ少ない水で最大の洗浄効果をあげるべく高価な純水の節約やリサイクルを進めている。

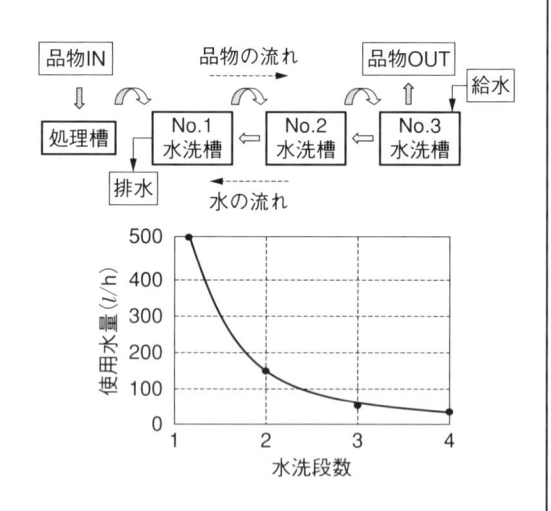

第4章

生物学的处理

第 4 章 生物学的処理

4.1 流量調整槽

水処理装置の多くは連続式で運転される。理由は多くの水を効率良く処理できるからである。しかし、濃度、流量管理を適切に行わないとたちまちのうちに処理効率が低下することがある。その理由は下記の①②である。
① 排水の濃度、温度は常に一定とは限らない。
② 排水の排出量は変動することが多い。

中小規模の生産工場（食品、めっき工場など）では少量多品種の商品を扱うので、時間とともに上記①②の数値が頻繁に変わることがある。

そこで、排水の流量を一定に保ち、腐敗を防止する目的で流量調整槽を設ける。

● 流量調整槽の役割

活性汚泥法で汚濁水浄化の主役を演ずるのは言うまでもなく生物である。生物の集合体である活性汚泥は人間の動きと良く似ており急激な変化を嫌う。いつも同じ物を同じ量だけ食べていれば生物はそれに慣れて安定した代謝活動をするので結果的に良好な処理水を排出する。

そのために活性汚泥処理では流量調整槽を設けて排水を一定の流量、均一なBOD濃度に調整して連続的にばっ気槽に送るようにする。

工場排水や生活排水は図 4.1.1、図 4.1.2 に示すように 1 日 24 時間いつも同じ流量で出てくるとは限らない。

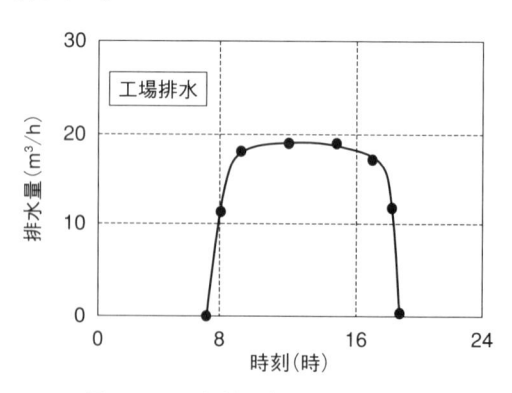

図 4.1.1　工場汚濁水の排出時間帯例

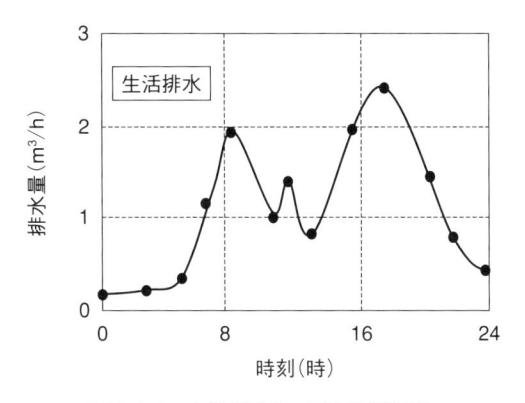

図 4.1.2 生活汚濁水の排出時間帯例

たとえば、図4.1.1の工場は朝8時から18時が操業時間で、その間、ほぼ一定の排水量となる。図4.1.2の生活排水の場合は、朝夕に大きな排水量のピークがあり、12時ころに小さなピークが現れたりすることもある。

この流量や濃度の変動を均一に調整する目的で設けるのが流量調整槽である。

流量調整槽の容量は(1)式で算出する。

$$V = (Q/T - KQ/24) \times T \quad \cdots\cdots (1)$$

V：流量調整槽必要容量（m³）、T：排出時間（h）
Q：計画排水量（m³/日）
K：流量調整比（日平均排水量の1/24の1.5倍に調整する場合は1.5）

● 流量調整槽内の空気撹拌

流量調整槽の水はいつも同じ濃度とは限らないので腐敗防止を兼ねて常に撹拌する必要がある。空気は調整槽1m³あたり0.5～1.0 m³/m³·hの流量で送る。一例として、最大水深3.0 mで100 m³の流量調整槽の場合は100 m³/h（1.7 m³/分）圧力3,000 mmAq以上のブロワを選定する。

この場合、予算不足を理由に1台のブロワで流量調整槽とばっ気槽の両方に空気を送ってはならない。理由は以下のとおりである。

流量調整槽は水面が変動するが、ばっ気槽の水位は常に一定である。もし、流量調整槽の水深が浅いときに同じブロワで空気を送ったら、ほとんどの空気は水深の浅い流量調整槽側に流れてしまう。その結果、ばっ気槽には空気が補給されなくなり、嫌気状態となって生物処理が困難となる。

第4章 生物学的処理

● 流量調整槽と処理槽の水位が異なる場合のポンプ数の決め方 −

連続処理を導入する時にもうひとつ留意されたいことがある。それは、流量調整槽と処理槽の水位が異なる場合のポンプ数である。

① 調整槽より処理槽の水位が低い場合（**図4.1.3**）：流入水が急に増えて2台のポンプ（P1、P2）で汲み上げても間に合わない場合は調整槽の水がオーバーフローで移流するように図のように流量調整槽上部に開口部を設けておくとよい。これにより、汚水が外部への流出をひとまず避けることができる。

② 調整槽より処理槽の水位が高い場合（**図4.1.4**）：2台のポンプ（P1、P2）で汲

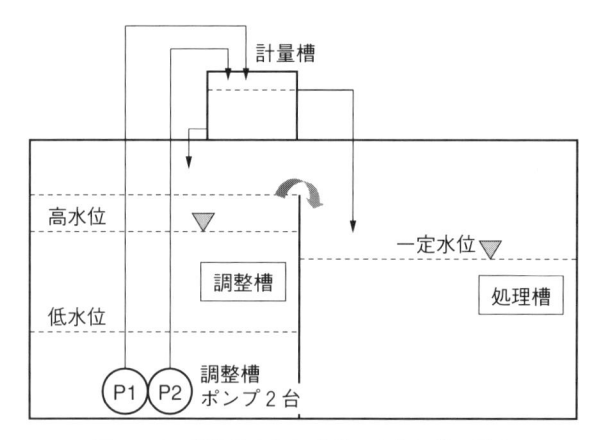

図4.1.3 調整槽より処理槽の水位が低い場合

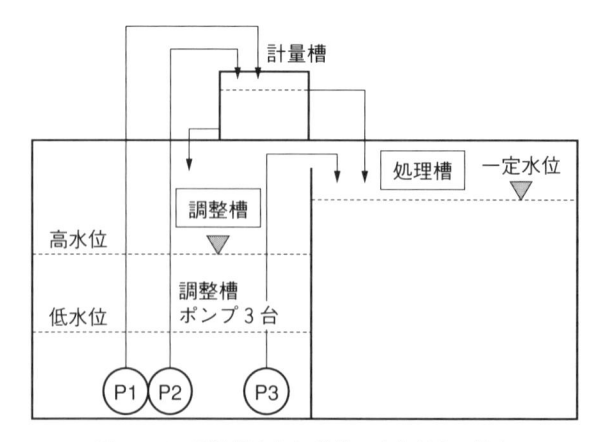

図4.1.4 調整槽より処理槽の水位が高い場合

み上げても間に合わない場合は3台目の予備ポンプ（P3）が作動するように準備しておく。しかし、実際の現場では生産工程の担当者と排水処理管理の担当者の連絡ミスなどにより、急激に排水量が増えて、流量調整槽から汚濁水があふれ出る場合がある。

この場合は、計算値にこだわることなく、さらに大きな調整槽（1日分以上の容量）の設置をお勧めする。上記の理由から、実際には①の水位を優先して設計するほうが望ましい。

演習問題 ①

排水量 50 m^3/日、排水時間 10 時間の工場排出で(1)式によって流量調整比が1および1.5の場合で必要な流量調整槽の容量を計算せよ。

解 答

流量調整比 1.0 の場合
$$(50/10 - 1.0 \times 50/24) \times 10 = (5.0 - 2.1) \times 10 = 29 \text{ m}^3$$

流量調整比 1.5 の場合
$$(50/10 - 1.5 \times 50/24) \times 10 = (5.0 - 3.1) \times 10 = 19 \text{ m}^3$$

すなわち、流量調整比 1.0 の場合は 29 m^3 の流量調整槽を設ければ 50 m^3/日の排水が 24 時間同じ流量（50 m^3/24＝2.1 m^3/h）でばっ気槽へ移流することになる。

演習問題 ②

容量 200 m^3、最大水深 2.5 m の流量調整槽がある。撹拌と腐敗防止を兼ねて送る空気量を 0.5 m^3/m^3·h とする。この流量調整槽に空気を送るブロワの大きさと圧力を算出せよ。

解 答

空気量：200 m^3 × 0.5 m^3/m^3·h ＝ 100 m^3/h ＝ 1.67 m^3/分

圧　力：水深 2.5 m なので 2,500 mmAq 以上の圧力とする。

実際のブロワ選定では、計算値よりもやや大きいサイズのものを選ぶが、散気する槽によってはその箇所だけ空気量を調整することがある。この場合、空気調整弁とは別に「逃がし弁」も設けておくと微調整ができて便利である。

第4章　生物学的処理

4.2　沈殿槽の構造

沈殿槽はばっ気槽などの生物反応槽と一対になった設備である。沈殿槽の機能は生物反応槽から移流してきた活性汚泥や剥離汚泥などを比重差で分離し、清澄な上澄水を得ることであり、この機能が十分に発揮されてはじめて生物処理が終わる。

● 沈殿時間と有効容量

沈殿槽の沈降時間は長いほど懸濁物質の分離効果が高くなるはずであるが、長ければ効果が高くなるというものでもない。沈殿槽の容量が大きく滞留時間が長すぎると沈殿汚泥が腐敗したり、嫌気発酵して浮上し、水質が悪化することがある。これとは逆に、沈殿時間があまりにも短いと汚泥の沈殿分離効果が悪くなる。

一般に、流量変動が著しい中小規模の生活排水を処理する生物処理の沈殿槽容量の目安は以下のとおりである。

① 流量調整槽のない場合：日平均汚水量の1/6以上
② 流量調整槽のある場合：日平均汚水量の1/8以上

ちなみに、1日の汚水量が300 m^3 で流量調整槽のある活性汚泥処理設備の沈殿槽の容量は37.5 m^3（300×1/8＝37.5 m^3）あればよく、滞留時間にして3時間である。流量調整槽がない場合は50 m^3 で滞留時間4時間となる。

生物処理槽の前に設置する最初沈殿槽は大きな懸濁物を沈めるので沈殿の目安は2～3時間でよいが、沈みにくい懸濁物が多い最終沈殿槽は4時間程度が必要である。

沈殿槽の大きさを有効容量と沈殿時間から計算するのはあくまでも目安であって、本来は汚泥の沈降速度と水面積を優先すべきである。実際に使われている代表的な沈殿槽の構造を次に示す。

● ホッパー型沈殿槽

図4.2.1はホッパー型沈殿槽の構造例である。

沈殿分離したスラッジが効率良く沈降するようにホッパー部分の傾斜角度は60度以上とする。土木槽の深さの関係で60度以下にする場合がまれに見られるが汚泥が傾斜面にたまって底部にまで落下できずに分離できないことがある。

底部の汚泥だまりの寸法は汚泥がエアリフトポンプ管の入り口に集合できるように

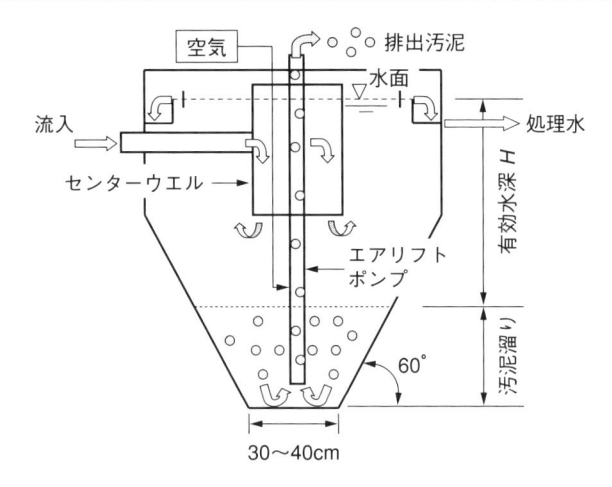

図 4.2.1　ホッパー型沈殿槽

30〜40 cm の範囲とする。ホッパー型沈殿槽は角型のものが多く、中小規模の浄化槽の沈殿槽として広く使われている。

● 中心駆動かきとり装置付き円形沈殿槽

図 4.2.2 は中心駆動かきとり装置付き円形沈殿槽である。センターウエルを経て流入してきたスラッジは沈殿槽を沈降し上澄水と分離する。

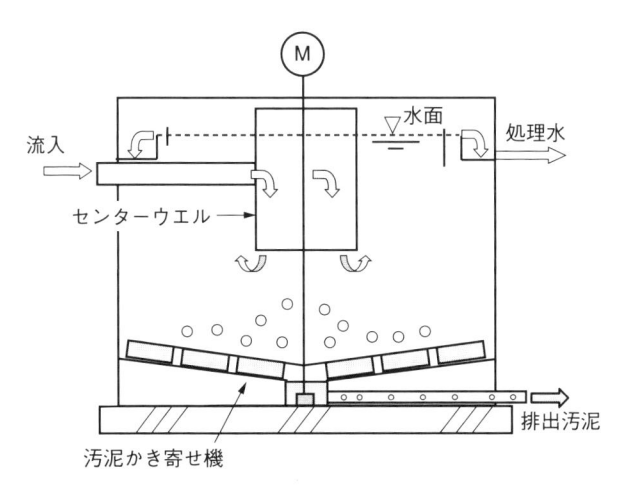

図 4.2.2　中心駆動かきとり装置付き円形沈殿槽

沈殿槽底部に沈殿したスラッジは汚泥かき寄せ機により中央のくぼみに集められる。汚泥かき寄せ機がついているのでホッパーの角度は低くてよく、その分、有効な水深を確保できる。中心駆動のため底部は円形であるが、垂直部分は円形でも角型でもよい。中小規模から大型の沈殿槽として使われている。

● 横流式沈殿槽

図 4.2.3 は横流式沈殿槽例である。形状は単純な長方形の池で、整流板で整流されたスラッジ含有水は横方向に流れる間に比重差でスラッジと上澄水に分かれる。

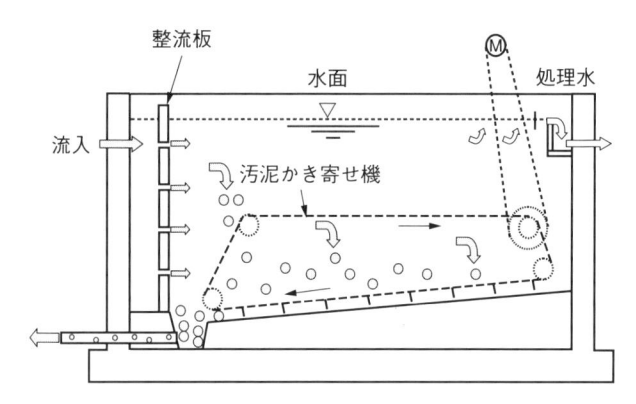

図 4.2.3　横流式沈殿槽

沈降したスラッジはゆるい傾斜角度の底部を汚泥かき寄せ機により 1 ヵ所に集められ汚泥排出管を経て排出される。

長方形の池なので大型の沈殿槽に適しており、複数連結すればいくらでも拡張できるので大都市の下水処理場などで広く使われている。

● 傾斜板付き沈殿槽

図 4.2.4 は傾斜板付き沈殿槽の事例である。原水に凝集剤を注入してフロックをつくり、これを効率よく沈殿させることにより原水中の濁質を除去する。

傾斜板式沈殿槽は、沈殿効率を高めるために、沈殿槽内に傾斜板装置を設けたものである。これは、フロックの沈降距離を短くすることによって、沈殿時間を減少させ、沈殿池の処理効率を向上させたものである。

汚泥かき寄せ機がないのでスラッジが集まるホッパー部分は 60 度の角度が必要で

ある。

通常は角型で凝集槽と連結した構造とする。水量に応じて、角型の槽を複数個連結することもある。

装置がコンパクトにできるので生物処理に限らず重金属含有排水の沈殿槽にもよく使われる。

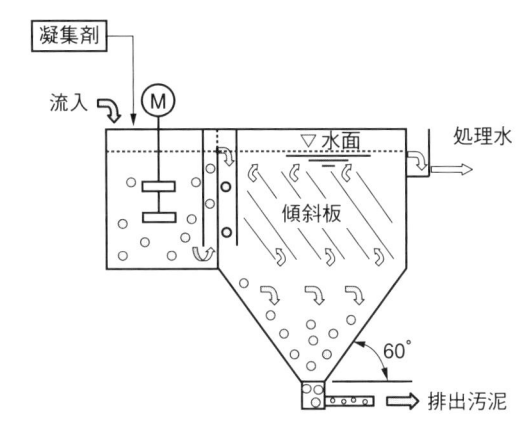

図 4.2.4 傾斜板付き沈殿槽

演習問題

沈殿槽の構造に関する記述として誤っているのは次のうちどれか。

① 沈殿槽はばっ気槽と一対になった設備であり、沈殿槽の機能が十分に発揮されてはじめて生物処理が終了したといえる。

② 沈殿槽の容量は、大きすぎると滞留時間が長すぎ汚泥が腐敗したり、嫌気発酵した汚泥が浮上して水質が悪化する。よって、沈殿槽は大きければよいというものではない。

③ ホッパー型沈殿槽の構造で土木槽の深さの関係から傾斜角度を30度に調整した。

④ 中心駆動かきとり装置付き円形沈殿槽の底部の傾斜角度は汚泥かき寄せ機があるので10〜20度の角度でよい。

⑤ 傾斜板式沈殿槽は、沈澱効率を高めるために、沈殿槽内に傾斜板を設けフロックの沈降距離を短くすることによって、沈澱時間を減らし装置のコンパクト化をねらったものである。

解 答

③ ホッパー型沈殿槽の傾斜角度を30度にすると沈降汚泥が底部に向かって滑り落ちなくなり汚泥が中心部に集まらない。

傾斜角度を45度にすると汚泥回収はやや改善されるものの、それでも無理である。少なくとも55度が必要である。

第 4 章　生物学的処理

4.3　活性汚泥法

活性汚泥法は、ばっ気槽の中に有機物（BOD成分）を吸着・分解する活性汚泥を入れ、ここに空気（酸素）を送って汚濁水を浄化する方法である。

図 4.3.1 に活性汚泥法の基本フローシートを示す。活性汚泥法の基本となる設備は次の①②③である。

① 流量調整槽：活性汚泥法の処理は 24 時間連続処理を原則とする。ところが実際の排水は流量や濃度が変動する。そこで、汚濁水の流量と濃度の均一化を図る目的で流量調整槽を設ける。
② ばっ気槽：排水と活性汚泥を混合して空気（酸素）を吹き込み、バクテリアによって有機物の吸着や生物分解を行い汚濁水を浄化する。
③ 沈殿槽：水よりもわずかに比重が大きい活性汚泥のフロックを沈殿させる。上澄水は放流し、沈殿したフロックの一部は余剰汚泥として引き抜き、残りは返送汚泥としてばっ気槽に戻す。

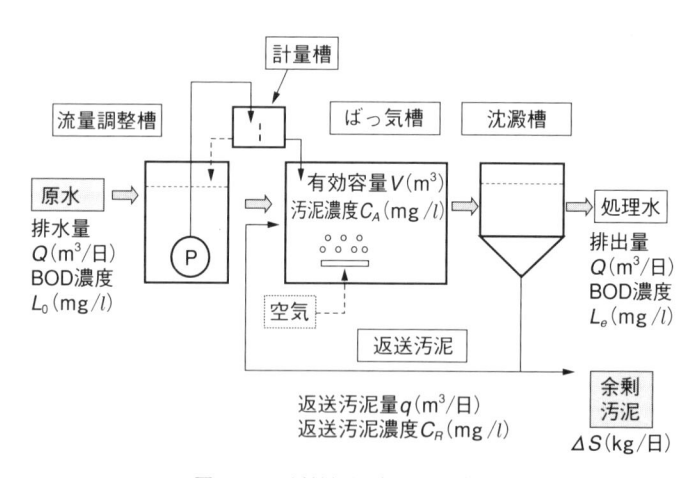

図 4.3.1　活性汚泥法の基本系統図

● **活性汚泥法で使われる用語**

① SS（Suspended Solid：懸濁物質）水中に浮遊している不溶解成分の総称。乾燥

重量（mg/l）で表わす。
② ML（Mixed Liquor：混合液）ばっ気槽の中の原水と活性汚泥の混合水。
③ MLSS（Mixed Liquor Suspended Solid：混合液中の浮遊物質）主に微生物の量を（mg/l）で表わす。MLSSの中には無機物などのSSも含まれる。
④ MLVSS（Mixed Liquor Volatile Suspended Solid：MLSS量を強熱してその減量で表す）通常、MLSSの75～85％を占める。MLSSよりも生物量に近い数値を意味する。単位はmg/lである。
⑤ SV_{30}（Sludge Volume：汚泥容量）1 l のMLをメスシリンダーにとり30分沈降させ沈殿物の容量（ml）を読み次式で計算。汚泥沈降のしやすさを表す。

$$SV_{30}\% = 沈降汚泥容量(\text{m}l)/1,000\ \text{m}l \times 100$$

産業排水では通常20～30％である。
⑥ SVI（Sludge Volume Index：汚泥容量指標）SVIは活性汚泥を30分間静置した時の1gの活性汚泥の占める容量をmlで示す。

$$SVI = SV \times 10,000/MLSS$$

正常な活性汚泥のSVIは50～150であるが300（mg/l）以上ではバルキングの可能性がある。
⑦ BOD-汚泥負荷（図4.3.1参照）
ばっ気槽中のMISS 1 kgあたり1日に流入するkg-BOD数で単位は（kg-BOD/kg-MLSS・日）である。

$$BOD\text{-}汚泥負荷\ (\text{kg-BOD/kg-MLSS・日}) = Q \times L_0/V \times C_A$$

標準活性汚泥法ではBOD-汚泥負荷を0.2～0.4 kg/kg-MLSS・日程度とする。
⑧ BOD-容積負荷（図4.3.1参照）
ばっ気槽1 m³あたり1日に流入するkg-BOD量で単位は（kg-BOD/m³・日）で表す。

$$BOD\text{-}容積負荷\ (\text{kg-BOD/m}^3\text{・日}) = Q \times L_0 \times 10^{-3}/V$$

標準活性汚泥法ではBOD—容積負荷を0.3～0.8 kg/m³・日程度にとる。

● 活性汚泥法の処理方式

表4.3.1に主な活性汚泥法の運転条件を示す。
図4.3.2に活性汚泥法のフローシート例を示す。
① 標準法、長時間ばっ気法：ばっ気槽入り口では酸素消費量が大きく、出口は小さいのでばっ気量の調整が必要。BOD汚泥負荷に応じて返送汚泥量の調整など、

表 4.3.1　主な活性汚泥法の運転条件[1]

項　目	BOD 負荷		MLSS 濃度 (mg/l)	滞留時間 (h)	BOD 除去率 (%)
	容積負荷 (BOD–kg/m^3·日)	汚泥負荷 (BOD–kg/kg–SS)			
標準活性汚泥法	0.3–0.8	0.2–0.4	1,500–2,000	6–8	95
分注ばっ気法	0.4–1.4	0.2–0.4	2,000–3,000	4–6	95
汚泥再ばっ気法	0.8–1.4	0.2–0.4	2,000–8,000	5以上	90
長時間ばっ気法	0.15–0.25	0.03–0.05	3,000–5,000	18–24	75–90
酸化溝法	0.1–0.2	0.03–0.05	3,000–4,000	24–48	95

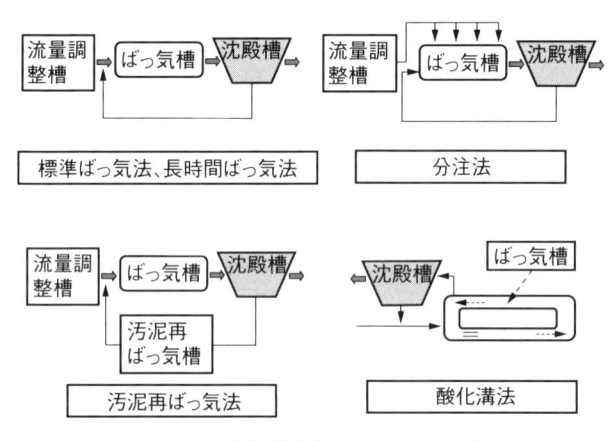

図 4.3.2　活性汚泥法のフローシート例

きめ細かな維持管理が要求される。標準法と長時間ばっ気法の流れは同じである。

長時間ばっ気法は、ばっ気時間を 18～24 時間と長くとり、活性汚泥が自己消化により減量化することをねらっている。ばっ気槽における排水の滞留時間が長いので排水量に対してばっ気槽容量が大きくなる。したがって、中小規模の浄化

---

1) 日本下水道協会（1984）より一部抜粋
　長時間ばっ気法は標準法と同じ流れであるが、BOD—汚泥負荷、BOD—容積負荷が小さく、ばっ気時間が長いので余剰汚泥の発生量が少ない。

槽や生物処理設備に適している。

　これらの方法は、排水と返送汚泥をばっ気槽の流入部で混合し、順次流下させる「押し流し方式」である。したがって、1室では流れに短絡を生ずるので3室以上に分割するのが望ましい槽の配列である。

② 分注法：ばっ気槽の全面に原水を分割注入する方法。濃厚排水や有害物を含む排水が流入してもばっ気槽全体に分散注入されるので汚泥への悪影響を防止できる。

　分割注入の上流は水量を多くし、下流側では少なくする。ばっ気量も上流側で多くし、下流で減らせば活性汚泥の酸素要求量に見合った運転ができる。

③ 汚泥再ばっ気法：通常、沈殿槽に沈んだ汚泥は酸欠状態になっている。これをそのままばっ気槽に返送して空気を送っても活力を回復するまでに時間がかかる。そこで、汚泥再ばっ気槽で汚水と高濃度の活性汚泥にばっ気して、吸着物質を予め分解して安定化したのちばっ気槽に流入させる。

④ 酸化溝法：回転ブラシなどの機械ばっ気装置によりばっ気と流動を同時に行う。構造が簡単で維持管理が容易であるが、大きな設置面積が必要。

演習問題 ①

BOD $200\,\text{mg}/l$ の排水 $1,000\,\text{m}^3/$日をばっ気槽 $250\,\text{m}^3$ で処理するときの汚泥負荷と容積負荷はいくらか。ただし、汚泥濃度は $2,000\,\text{mg}/l$ とする。

解　答

汚泥負荷：$0.2\,\text{kg}/\text{m}^3 \times 1,000\,\text{m}^3 / 2\,\text{kg}/\text{m}^3 \times 250\,\text{m}^3$
　　　　　$= 0.4\,\text{BOD–kg/MLSS–kg}\cdot$日

容積負荷：$0.2\,\text{kg}/\text{m}^3 \times 1,000\,\text{m}^3 / 250\,\text{m}^3$
　　　　　$= 0.8\,\text{BOD–kg}/\text{m}^3$

演習問題 ②

ある活性汚泥処理装置のばっ気液の SV_{30} は25％、MLSS は $2,000\,\text{mg}/l$ であった。汚泥の SVI を求めよ。

解　答

$SVI = SV \times 10,000/MLSS$ の式を用いる。
$SVI = 25 \times 10,000/2,000 = 125$　→　$SVI = 125$　………良好な状態

4.4 長時間ばっ気法と汚泥再ばっ気法

活性汚泥法は有機物を生物化学的に吸着または酸化して汚泥に変換させる処理法である。活性汚泥法はこの吸着、酸化、固液分離という生物化学的作用と物理作用がうまくかみ合って初めて良好な処理ができる。

活性汚泥法は化学薬品を使わないで有機性排水の処理ができるので省エネルギー、省資源の排水処理方法として多くの長所をもつが欠点もいくつかある。

主なものをあげると次の①②である。
① 余剰汚泥の発生量が多い。
② 汚泥の管理を含めた維持管理が難しい。

長時間ばっ気法や汚泥再ばっ気法はこれらの不都合に対応するために開発された手段である。

● 長時間ばっ気法

図 4.4.1 は標準活性汚泥法、長時間ばっ気法、汚泥再ばっ気法のフローシートであ

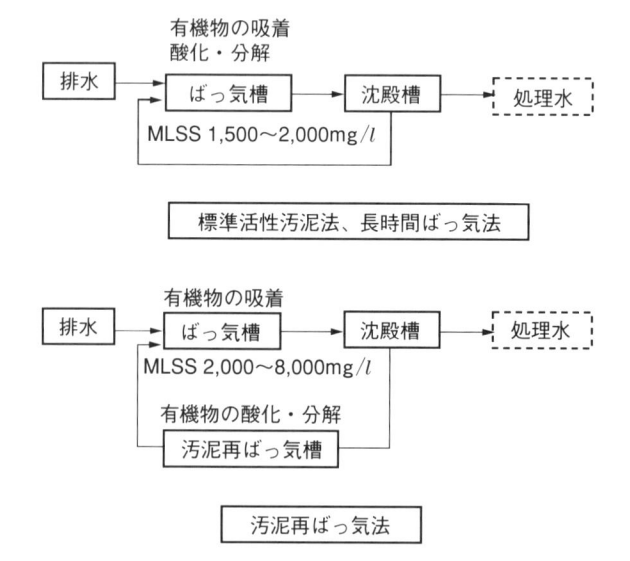

図 4.4.1　標準活性汚泥法、長時間ばっ気法、汚泥再ばっ気法のフローシート

る。

　長時間ばっ気法のフローシートは標準活性汚泥法と同じであるが運転方法が異なる。標準活性汚泥法はばっ気槽の BOD 汚泥負荷を 0.2〜0.4 kg/kg–BOD・日に設定し、ばっ気時間が 6〜8 時間なので、ばっ気槽の容量は比較的小さくてすむが、MLSS 濃度の設定範囲が 1,500–2,000 mg/l と狭いので返送汚泥量の管理が難しい。

　したがって、汚泥管理や送気量調節などを行うための常駐の管理技術者が必要である。図 4.4.2 は長時間ばっ気法の運転概要である。

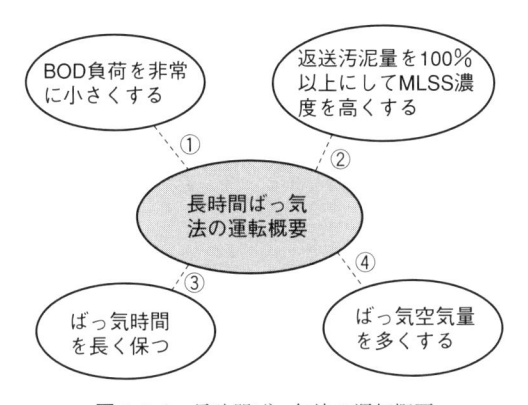

図 4.4.2　長時間ばっ気法の運転概要

　長時間ばっ気法は発生汚泥量を抑制するために下記①〜④の手段をとる。
① 標準活性汚泥法に比べて MLSS 量を増やし、BOD 汚泥負荷を 1/10 程度に小さくする。
② 沈殿槽からの返送汚泥を流入水量の 100% 以上にしてばっ気槽内の MLSS 濃度を標準法より 2〜3 倍多くする。
③ ばっ気時間を標準法より 2〜4 倍長くする。
④ ばっ気槽の MLSS 濃度が高くなるのでばっ気空気量を多くする。

　長時間ばっ気法では、送気量やばっ気槽容量が標準活性汚泥法よりも 2〜3 倍大きくなる。それでも発生汚泥量が少ないので、小規模設備の場合は汚泥処理設備が不要か小さくて済むので建設費が安いというメリットがある。しかし、処理規模が大きくなるとブロワに要する電力費が増大する。

　このため、し尿浄化槽構造基準では処理対象人員が 200〜5,000 人とされ、5,001 人以上は標準活性汚泥法となっている。

第4章　生物学的処理

● 汚泥再ばっ気法 ─────────────────

汚泥再ばっ気法は下記①②の組み合わせを基本としている。
① 　有機物の吸着はばっ気槽で行う。
② 　酸化と分解は汚泥再ばっ気槽で行う。

図4.4.3は汚泥再ばっ気法の運転概要である。

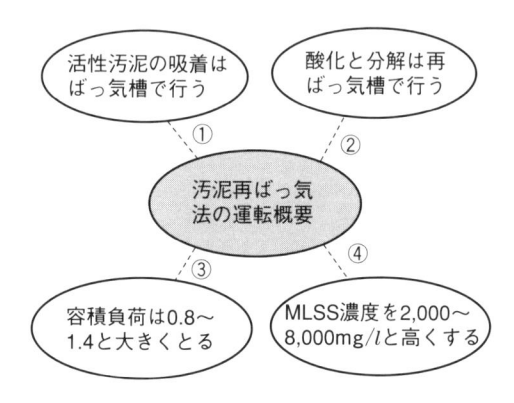

```
        活性汚泥の吸着は        酸化と分解は再
        ばっ気槽で行う          ばっ気槽で行う
              ①                    ②
                  汚泥再ばっ気
                  法の運転概要
              ③                    ④
        容積負荷は0.8〜         MLSS濃度を2,000〜
        1.4と大きくとる         8,000mg/lと高くする
```

図4.4.3　汚泥再ばっ気法の運転概要

活性汚泥は有機性汚濁水と混合すると初期段階で吸着、次に、酸化・分解という二段階の反応を経てBOD成分を除去する。そこで、ばっ気槽では吸着作用により有機物を除く、次いで、沈殿槽からの返送汚泥に「汚泥再ばっ気槽」で空気を送り、汚泥に吸着している物質を予め酸化分解して安定化した後にばっ気槽に流入させる。これを受けて、ばっ気槽ではMLSS濃度を$2,000〜8,000\ mg/l$と多く設定して汚泥の吸着量を高めているので、全体として効率の良い処理ができる。

● 有機物の分解と微生物の増殖 ─────────────────

図4.4.4はばっ気槽における有機物の分解と微生物の増殖の関係である。

ばっ気槽に汚濁水と活性汚泥を混合して連続的に流し込むと有機物濃度はばっ気時間の経過とともに初期のうちは急速に低下し、その後、ゆっくり減少する。汚泥（微生物）量は初期のうちは急増するが途中から減少に転ずる。

長時間ばっ気法は、この点に着目して、ばっ気時間を長くして、多くの有機物を分解して処理水を安定化させるとともに余剰汚泥の発生量を抑えるために考案された。

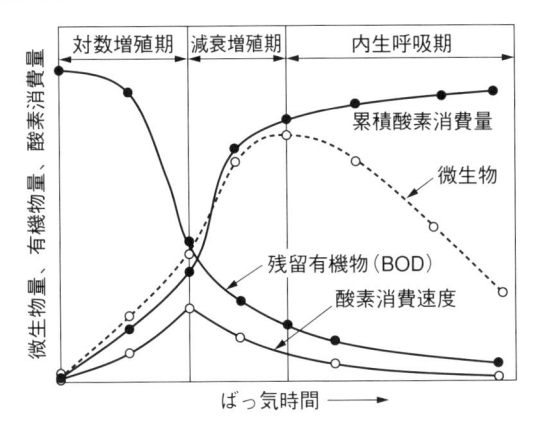

図 4.4.4　有機物の分解と微生物の増殖

汚泥再ばっ気法は酸欠状態にある濃縮汚泥を集めて、集中的に空気補給することにより有機物の酸化分解をねらった方法である。

演習問題

　長時間ばっ気法と汚泥再ばっ気法に関する記述として誤っているのはどれか。
① 長時間ばっ気法の流れは標準活性汚泥法と同じであるが運転方法が異なる。
② 長時間ばっ気法では、送気量やばっ気槽容量が標準活性汚泥法よりも2〜3倍大きくなる。それでも発生汚泥量が少ないので、小規模設備の場合は汚泥処理設備が不要か、小さくて済むので建設費が安いというメリットがある。
③ 長時間ばっ気法は標準活性汚泥法に比べてMLSS量を増やしBOD汚泥負荷を1/10程度に小さくする。
④ 長時間ばっ気法では時間の経過とともにBOD濃度と汚泥量が低下する。
⑤ 汚泥再ばっ気法は「汚泥再ばっ気槽」に空気を送って汚泥の活力を回復させ、有機物の酸化分解をねらった方法である。

解　答

④ 活性汚泥処理は、処理時間が長ければ長いほどBOD値は低下する。ところが、活性汚泥（微生物）量は初期のうちは急増するが途中から減少に転ずる（自己消化）という特性がある。

4.5　バルキングの原因と対策

　活性汚泥処理のバルキング（Bulking：膨化）は汚泥がかさばって沈降しなくなり、上澄水と分離しにくくなる現象のことである。

　バルキングが起こると汚泥が沈殿槽で分離できずキャリオーバーしてしまい、結果的に処理水質の悪化となる。MLSS 濃度は同じでも SVI 200 以上になると活性汚泥の沈降速度が遅くなり、清澄な上澄水が得られなくなる。食品排水や畜産排水などの有機物負荷が高い場合はほとんどといってよいほどバルキング現象がおこる。

　バルキングの原因には①糸状性細菌の異常増殖によるものと②糸状性細菌が関与しない場合がある。

● 糸状性細菌の異常増殖

　一般に糸状菌は有機質の多い水域に増殖する[1]。糸状菌や桿状菌が異常に増殖すると外見上 SS が増え処理水が白濁したように見える。糸状菌が繁殖すると糸くずを絡めたような白濁の浮遊物となり、沈殿槽で沈降せず圧密もしないので上澄水との分離ができない。糸状バルキング発生の主な原因として以下があげられる。

① 水質や流量の急激な変動。
② 有機物負荷が急に高くなり、長時間続いた場合。
③ 硫化水素が発生する場合。
④ 生物活動を阻害する物質や毒物が混入した場合。
⑤ BOD、窒素、リンのバランスがくずれた場合。
⑥ 沈殿槽の汚泥を長期間引き抜かず嫌気状態に放置した場合。
⑦ 塩類濃度（NaCl など）が急に変動した場合。
⑧ 殺菌力のある消毒薬の混入。
⑨ 季節の変わり目などの急激な水温変化。

　バルキングは活性汚泥生物が弱って増殖速度が衰えている時期に発生する。

　図 4.5.1 に活性汚泥生物と糸状性細菌の概略図を示す。糸状菌は細菌類とは構造が

---

[1] 糸状菌：視覚的に糸状を呈する微生物群の総称。排水処理では水中で糸状の群落をつくるか水中に分散してバルキング（膨化）を引き起こす。原因微生物として、スフェロチルス（*Sphaerotilus*）がよく知られている。

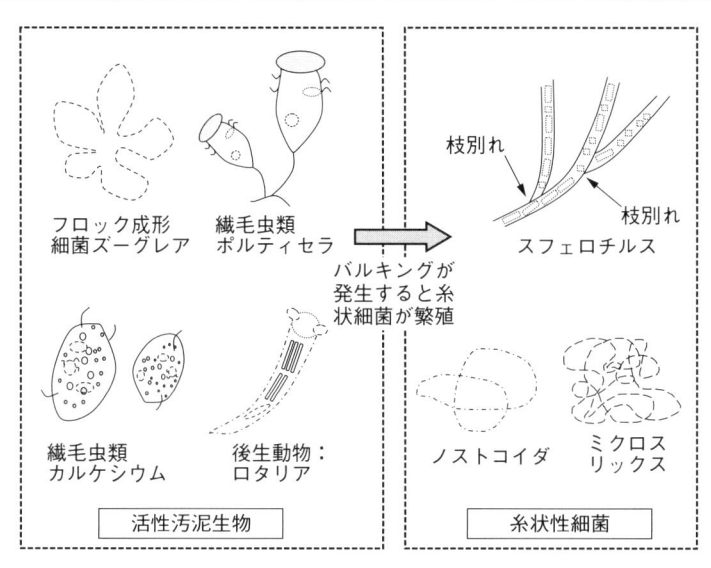

図 4.5.1 活性汚泥生物と糸状性細菌の概略図

異なり、菌が鞘の中に入っているので外的影響に耐えることができる。

活性汚泥生物は死滅しても鞘の中に保護されている糸状菌はしぶとく生き残ることができるというわけである。

● 糸状性細菌の異常増殖の対策

表 4.5.1 にバルキング発生の原因と対策例についてまとめた。

バルキングが発生した現場では、返送汚泥量の調整、ばっ気時間・空気量の調整、流入汚水量と濃度の調整、汚泥の入れ換えなど、多くの対策を試みるがいまだ決め手となる解決策は見つかっていない。表4.5.1の対策に加えて、当面の対応策として下記の手段がある。

① ばっ気槽内のMLSS濃度を適正に保ち、汚泥負荷を0.4以下にする。
② ばっ気槽内の溶存酸素濃度を上げる。
③ ばっ気槽の滞留時間を長くする。
④ 返送汚泥比率をやや多めにする。
⑤ 無機質が少ないとバルキングの原因となるので炭酸カルシウム（$CaCO_3$）を加える。
⑥ 流入原水のBOD濃度の均一化を図る。

第4章 生物学的処理

表 4.5.1 バルキング発生の原因と対策

原　因	対　策
① 水質、流量の急激な変動。	流量調整槽の見直し。生産工程の検討。
② 有機物負荷が急に高くなる。	汚濁負荷の均一化を図る
③ 硫化水素の発生。	嫌気状態を改善。ばっ気空気の増加。
④ 生物活動を阻害する物質や毒物が混入。	化学物質の実態を突き止め原料を変更する。
⑤ BOD、窒素、リンのバランスがくずれた場合。	$BOD:N:P=100:5:1$ の原則を守る。
⑥ 沈殿汚泥を引き抜かず嫌気状態に放置した場合。	沈殿槽、汚泥貯留槽、脱水機などのチェック。
⑦ 塩類濃度（NaCl など）が急に変わった場合。	流量の均一化と原料の変化をチェック。
⑧ 殺菌性の消毒薬（Cl_2 など）の混入。	緊急時は還元剤（$NaHSO_3$ など）を添加。

⑦ 対処療法として選択的に糸状菌を殺す薬剤の投与、凝集剤を用いて沈降性を改善するなどがある。

最近、図 4.5.2 のように標準活性汚泥法のばっ気槽の1/4程度を嫌気槽に変更する

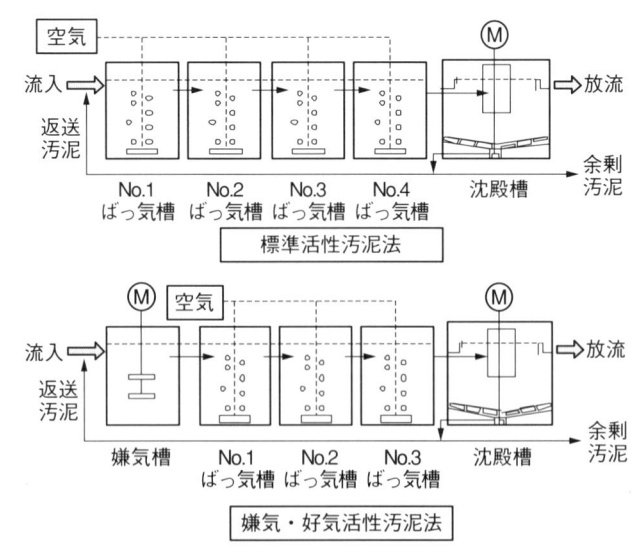

図 4.5.2 標準活性汚泥法と嫌気・好気活性汚泥法

「嫌気・好気活性汚泥法」が糸状菌増殖を抑える方法として有力視されている。

この方法は、現在、いくつかの下水処理場で脱リン対策として採用されているが、BOD除去効果が高くバルキング対策にも効果があるとされている[2]。

● 糸状性細菌以外の場合の原因と対策

糸状性細菌の異常増殖以外の原因でも沈殿槽から汚泥があふれ出ることがある。原因として以下の①②がある。

① 汚泥の滞留時間が長かったり、ばっ気が過多のために本来なら凝集する性質のある細菌が分散状態になってしまう場合。
② 高粘性分泌物のために微生物が本来持っている凝集性が妨げられる場合。

上記①の場合は調整可能であるが、②の場合はいまだに明確な処置法がない。

演習問題

バルキングの原因と対策に関する記述として誤っているのは次のうちどれか。

① バルキングは汚泥がかさばって沈降しなくなり上澄水と分離しにくくなる現象である。
② バルキングの原因には、糸状性細菌の異常増殖と糸状性細菌が関与しない場合がある。
③ バルキングの主な原因に「水質や流量の急激な変動」があげられる。
④ バルキングが発生してもそれまでの運転を継続すれば自然に回復するから特に心配はいらない。
⑤ 標準活性汚泥法のばっ気槽の1/4を嫌気槽に変更する「嫌気・好気活性汚泥法」は脱リン対策に有効で、糸状菌増殖を抑える方法としても有力視されている。

解　答

④ バルキングが発生したら直ちにその原因を突き止め、対策を立てる必要がある。生物処理は急激な変化を嫌うので、BOD濃度、塩類濃度、水量、空気量など、常に一定に保つように調整する。

---

[2] この方法は高濃度BOD排水にも対応できるが、すべてのバルキング対策に有効というわけではない。

4.6 生物膜法

生物膜法はいろいろな材質の表面に生物膜を生成、付着させて排水中の有機物を分解する方法の総称である。その中でも接触ばっ気法、回転円板法、流動床法などがよく使われている。生物膜法の特徴は以下の①～⑥である。

① 微生物がろ材に付着しているので汚泥返送は不要で、維持管理が容易。また、活性汚泥の沈殿槽で見られるバルキング現象がない。
② 汚泥が浮遊していないので、水量が急に増えても汚泥の流出はなく、処理水質が安定している。
③ 余剰汚泥の発生が少ない。
④ 好気性生物膜の下に嫌気性生物膜が形成され、BOD以外に窒素除去が期待できる。
⑤ ろ材に付着している微生物の量が決まっているのでおのずと管理できる汚濁濃度も決まってしまう。

● **接触ばっ気法**

図 4.6.1 に接触ばっ気法のばっ気方式例を示す。接触ばっ気法をBOD濃度の高い水に適用すると生物膜が急に成長してろ材が閉塞し、処理効果が減少する。したがって、接触ばっ気法はBOD濃度BOD 200 mg/l 以下の排水処理に適している。

全面ばっ気法は空気補給がまんべんなく行き渡るという長所がある反面、ばっ気をあまり強くすると生物膜が剥離することがあるのでばっ気強度の調節に注意が必要である。図 4.6.2 は接触ばっ気槽の形状とろ材の充填方法の一例である。

通常、ろ材は 0.5 m³ の大きさのものを 2 個集めて 1 m³ とし、これをばっ気槽の大きさに合わせて積み上げる。改善前の図（上段）では高さ 3 m、幅 4 m に積み上げて片面ばっ気をしているが、これでは左半分（斜線部）のろ材間の水が循環しにくい。その結果、ろ材が閉塞して目標水質まで浄化できなくなるなどの不都合が生じる。これに対して、改善後の図（下段）では幅 4 m を 2 m×2 に分割し、中心でばっ気をしている。これにより、水の旋回が良くなるので閉塞や水質低下の問題は解消する。これらのことから、ろ材の幅（W）と高さ（H）の比は $W:H=1:1～3$ がよい。

図 4.6.3 はろ材と空気逆洗装置の設置例である。逆洗装置は充填材の下 10 cm あ

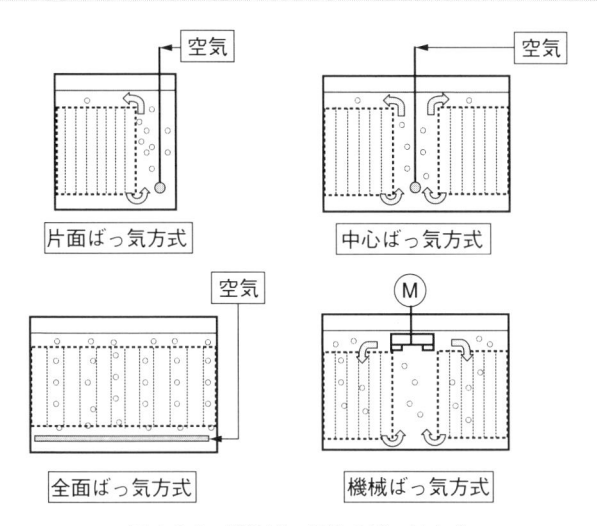

図 4.6.1 接触ばっ気法のばっ気方式

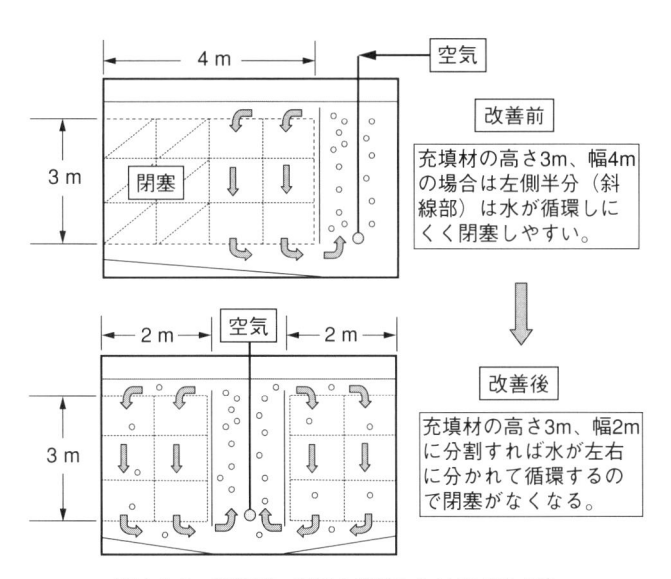

図 4.6.2 接触ばっ気槽の形状とろ材の充填方法

たりに充填材の架台を利用して取り付ける。逆洗は気泡がろ材全面に分散するように閉ループとし、ブロワの空気を利用してばっ気を一時止めて間欠的に行う。

　ばっ気槽の底部は傾斜を設け、剥離した余剰汚泥がたまりやすい構造とする。たまった汚泥は適宜、ポンプでくみ出して引き抜く。

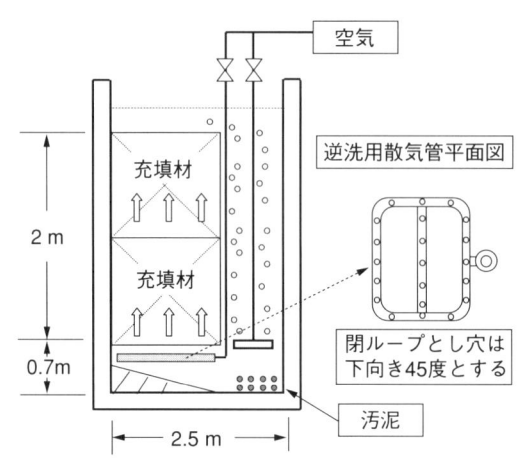

図 4.6.3　ろ材と空気逆洗装置

● 回転円板法

図 4.6.4 は回転円板の概略図である。プラスチック製の円板を汚水に 40％ 程度浸漬し、これを低速で回転すると円板表面に微生物が膜状に生成、付着する。

円板上の生物膜は大気から酸素を取り込み、汚水からは汚濁有機物を吸収して、好気性酸化により水を浄化する。回転円板法の特徴は①〜④である。

① 円板の回転によって酸素補給と汚濁物質の分解を行うので初期投資はかかるが省エネルギーでランニングコストが安い。

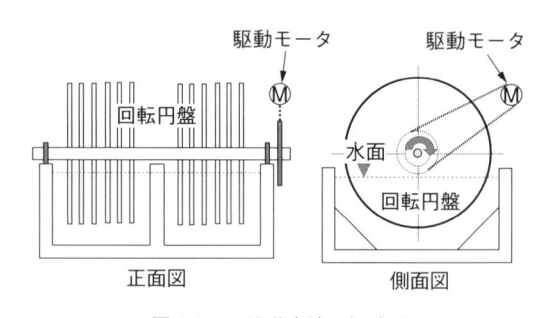

図 4.6.4　流動床法の概略図

② 返送汚泥が不要で、汚泥の発生量も少ないので維持管理が容易である。
③ 好気性生物膜の下層に嫌気性生物膜が形成され、窒素除去が期待できる。
④ ブロワが不要なので低騒音である。

● 流動床法

　図4.6.5は流動床法の概略図である。ばっ気槽の中に流動性のある多孔質のプラスチック製担体を入れてこの表面に微生物膜を形成させると高い処理効率が得られる。一例として、5mm程度の大きさのポリビニルアルコール粒は見かけの比重が1.02程度なのでばっ気により浮遊して流動床を形成する。

　この方式を採用するとBOD容積負荷を通常の10倍も大きくできる。

　流動床法の特徴は以下①〜③である。

① 返送汚泥は不要で、汚泥の発生量が少ない。

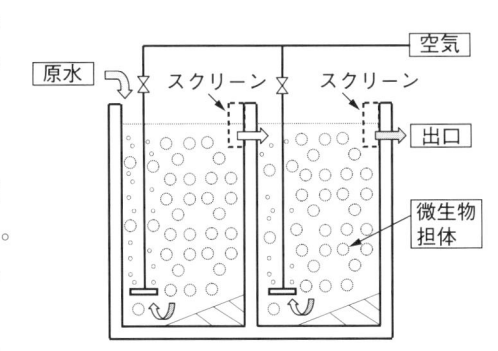

図4.6.5　流動床法の概略図

② ろ材の充填を密にすると閉塞するので、充填率は50〜70%とする。
③ BOD負荷を大きくとれるのでばっ気槽がコンパクトで処理効率が高い。

演習問題

　BOD 200 mg/l、水量500 m³/日の生活排水の接触ばっ気処理に使う充填材1 m³に付着する湿汚泥（含水率95%）の重量を95 kg/m³とする。ばっ気槽容量を200 m³、ろ材充填率を55%とすればばっ気槽内の付着MLSS濃度はいくらか。また、付着MLSS濃度から上記設備の汚泥負荷量と容積負荷量を計算せよ。

解答

付着MLSS量
$$= 95 \text{ kg/m}^3 \times 200 \text{ m}^3 \times 55/100 \times (100-95)/100$$
$$= 522.5 \text{ kg–MLSS}$$

汚泥負荷量
$$= 200 \text{ g/m}^3 \times 1/1{,}000 \times 500 \text{ m}^3/日 \times 1/522.5 \text{ kg–MLSS}$$
$$= 0.19 \text{ kg–BOD/kg–MLSS·日}$$

容積負荷量
$$= 200 \text{ g/m}^3 \times 1/1{,}000 \times 500 \text{ m}^3/日 \times 1/200 \text{ m}^3$$
$$= 0.5 \text{ kg–BOD/m}^3\text{·日}$$

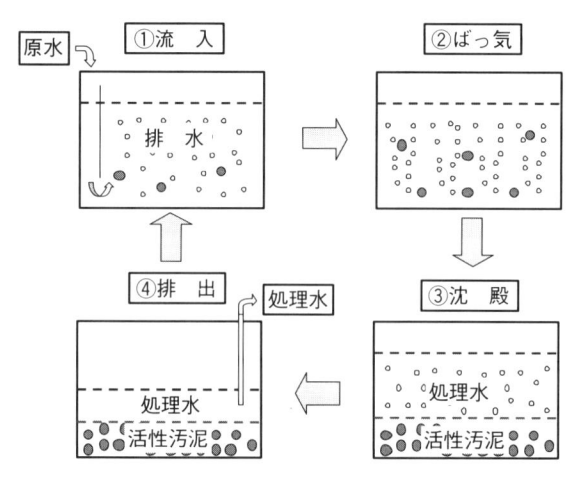

4.7 回分式活性汚泥法

回分式活性汚泥法は、ひとつの槽で①排水の流入、②ばっ気、③沈殿、④処理水の排出、の4つの工程を繰り返しながら処理する方法である。

図4.7.1は回分式活性汚泥法の工程である。

回分式活性汚泥法の特徴は下記①～③である。
① ひとつの槽でばっ気槽と沈殿槽を兼ねるので、装置の構造が単純。
② 沈殿時間が長くとれるので汚泥と処理水の分離効果がよい。
③ 排水流入時や沈殿時は槽内が嫌気状態となるので脱窒素効果が期待できる。

図 4.7.1 回分式活性汚泥法の工程

● **連続式活性汚泥法と回分式活性汚泥法の特徴**

生活排水や食品排水などの有機物を含んだ汚水に空気を吹き込むと好気性微生物が有機物を分解しながら増殖し、フロック（活性汚泥）と呼ばれる綿状浮遊物の塊を形成する。

活性汚泥は有機物を吸着したり、酸化分解する性質をもっている。活性汚泥には各種の細菌、原生動物、藻類などが集合して棲息し汚濁水を浄化する。

活性汚泥は静置すると凝集して沈殿する性質を持っているので上澄水との分離ができる。これらの原理を利用するのが好気性活性汚泥処理で、次の二つの方法に大別される。

① **連続式活性汚泥法**：排水をばっ気槽に連続的に流し、ばっ気を中断することなく運転する方式である。連続式は沈殿槽や返送汚泥装置が必要なので操作がやや複雑であるが、コンパクトな設備で効率よく処理できるという長所がある。

　連続処理は排水処理の最中に、原水の流量や組成が変わったり、処理設備に欠陥が生じても、すぐに対応することができないので、処理不十分のまま流出してしまうという弱点がある。

② **回分式活性汚泥法**：回分処理はすべての工程をひとつの反応槽で行うので、時間調整が自由にできて流入水の負荷変動に対して融通性がある。

図4.7.2は回分式活性汚泥法のフローシートである。

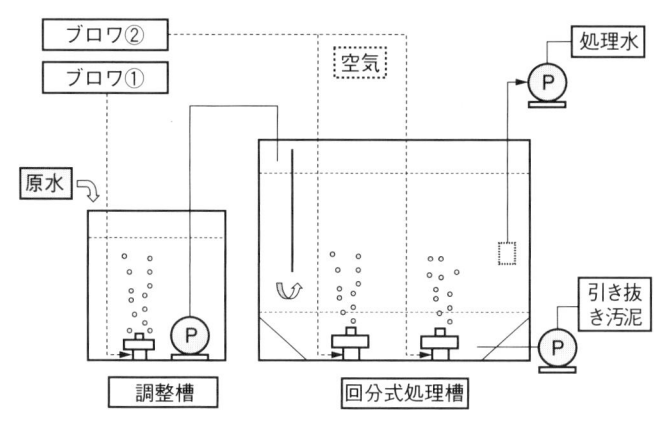

図4.7.2 回分式活性汚泥法のフローシート

図4.7.2で調整槽のブロワ①と回分式処理槽のブロワ②を別々に設けている。これは、調整槽では排水の腐敗防止と均一化を兼ねて、常時、空気を送る必要があるのに対し、回分式処理槽では間欠的に空気を送るので別々に設ける必要があるからである。空気送入が終了すると沈殿分離→処理水の排出工程に移るが、排水によっては汚泥が沈殿する間に一部が浮上することもある。

このような場合を想定して、処理水の排出は汚泥界面と水面の中間から抜き出す構造とするのがポイントである。

第4章 生物学的処理

● 活性汚泥と回分式処理

　活性汚泥の中には細菌類（植物）、原生動物（動物）、藻類（植物）などが混在している[1]。図 4.7.3 は細胞の概略図である。細胞膜は半透膜の性質をもっている。半透膜は浸透の原理により、膜を隔てて濃度の薄いほうから濃いほうへ水を移動させる。細菌類は細胞膜を通して養分を巧みに取り込んで生きている[2]が、細胞が濃度の高い塩分や有機物の液中に放置されると細胞内の液が外部に流出するので、やがてしぼんで死滅する。

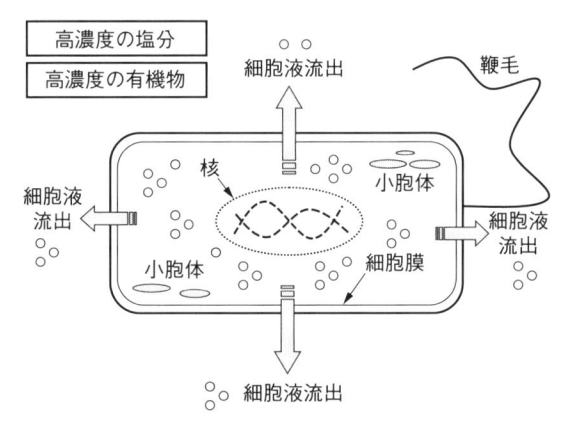

図 4.7.3 細胞の概略図

　これと同じ現象で、ばっ気槽内の塩類濃度、BOD 濃度などが急に濃くなると細菌の細胞液は浸透作用により外部に出てしまうので細菌は死滅する[3]。しかし、海水の中でも生きることのできる細菌はいるので、急激な変化を与えず、ゆっくりと時間をかけて「訓養」すれば塩類濃度、BOD 濃度が高くても活性汚泥処理はできる。

---

1) 微生物は動物か植物か：活性汚泥の中に混在する藻類は炭酸同化作用で有機物を光合成するので「植物」、原生動物は水中で動き回るので「動物」、細菌類は光合成をしないうえに運動性もないので「植物」に分類されている。
2) 細菌類の酵母の増殖速度は 30 分～2 時間で 2 倍になる。一般細菌では 1～5 時間くらいで 2 倍になる。
3) 高濃度の塩分が急に流入したとすれば生物細胞はすぐにダメージを受け数時間後には処理水質が悪化すると思われる。活性汚泥処理における塩分濃度、有機物濃度は細菌が生きている浸透圧に直接影響を及ぼすので流量調整槽による濃度調整が極めて重要である。

連続式活性汚泥法は回分式活性汚泥法に比べて濃度変化に対応しにくい。もし、連続式ばっ気槽の中で塩類やBODなどの濃度変化が発生したとすれば、これは、細菌類が最も苦手とする現象なので処理がうまくできないのは当然である。この現象は人の体の代謝とよく似ている。本来お酒に弱い若者が「一気飲み」をして死亡する事故があるが、急激なアルコール濃度の変化はその人にとっては有害この上ない。

● 回分式処理と発酵工業

発酵工業で行うタンク培養は回分式である。タンクに培養液を張り込み、特定の一種類の菌を植え付けて最適の棲息条件を与え、菌の増殖を待って培養液中から目的とする生産物を得る。培養液側からみれば始めに一度仕込んだ溶液濃度は培養時間中に増えることはなく、培養菌が摂取した栄養分だけの濃度低下はあるものの、それは培養菌にとってみれば予め予測された現象なので培養槽内の菌は変調をおこさない。

回分式活性汚泥処理におけるばっ気反応は発酵工業における培養と同様の現象なので連続式に見られる不安定さはなく安定した処理ができる。

演習問題

回分式活性汚泥法に関する記述として誤っているのは次のうちどれか。
① 回分式活性汚泥法は、ひとつの槽で、排水の流入→ばっ気→沈殿→処理水の排出、の4つの工程を繰り返しながら処理する方法である。
② 活性汚泥の中には細菌類(植物)、原生動物(動物)、藻類(植物)などが混在している。
③ ばっ気槽内の塩類濃度、BOD濃度などが急に濃くなると細菌の細胞液は浸透作用により外部に出てしまうので細菌は死滅する。
④ 連続式ばっ気槽の中で塩類やBODなどの濃度が急に濃くなっても次の水が流れてきて希釈されるので処理結果に悪影響を与えない。
⑤ 回分式活性汚泥法は、一見して旧式に見えるが連続式活性汚泥法に比べて、処理途中で濃度の急変がないので処理水質が安定する。

|解 答|
④ 活性汚泥処理で塩類やBODなどの濃度が急に濃くなると浸透圧作用で微生物が死滅することがあり、処理結果に悪影響を与える。

4.8 汚泥負荷と容積負荷

活性汚泥処理でBOD負荷を評価する手段には下記①②がある。
① 汚泥負荷
② 容積負荷

汚泥負荷と容積負荷の特徴を図4.8.1にまとめる。

```
┌─────────────────┐          ┌─────────────────┐
│  汚泥負荷の特徴  │          │  容積負荷の特徴  │
└────────┬────────┘          └────────┬────────┘
         ↓                            ↓
┌─────────────────┐          ┌─────────────────┐
│1日あたりばっ気槽内の│      │ばっ気槽1m³に対して1日│
│MLSS 1kgあたりの排水│      │に流入する排水のBOD量│
│BOD量を示す。     │          │を示す。          │
│(BOD-kg/MLSS-kg・日)│      │(BOD-kg/m³・日)   │
└────────┬────────┘          └────────┬────────┘
         ↓                            ↓
┌─────────────────┐          ┌─────────────────┐
│①MLSS濃度を基準に負荷│      │①負荷計算にMLSS濃度を│
│計算をしており、ばっ気槽│      │考慮していない。ばっ気槽│
│容量計算として合理的。│      │容量計算は参考値。  │
│                  │          │                  │
│②MLSS濃度を調整すれば│      │②生物膜法では経験的に容│
│原水BOD値が変わっても│      │積負荷を用いてばっ気槽容│
│対応できる。       │          │量を計算する。     │
└─────────────────┘          └─────────────────┘
```

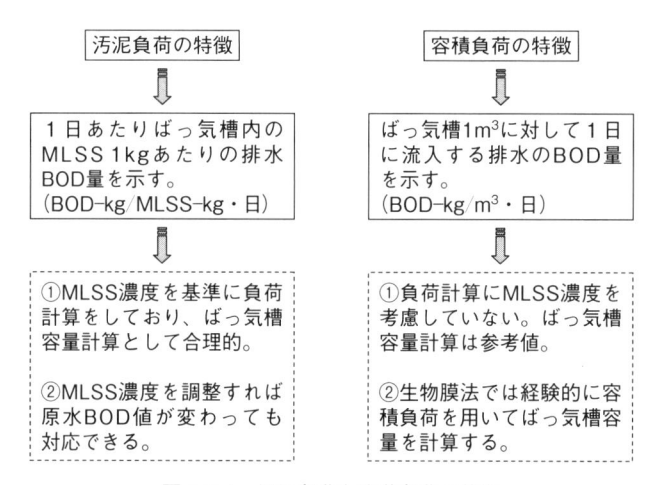

図4.8.1 汚泥負荷と容積負荷の特徴

① 汚泥負荷：汚泥負荷とは1日あたり、ばっ気槽内の浮遊微生物群(MLSS) 1 kgあたりのBOD負荷量であり、次式で表す。

$$\text{汚泥負荷(BOD-kg/MLSS-kg・日)} = L_0(\text{kg/m}^3) \times Q(\text{m}^3/\text{日})/C_A(\text{kg/m}^3) \times V(\text{m}^3)$$
.... (1)

(1)式を変形すれば(2)式となり汚泥負荷の式からばっ気槽容量 $V(\text{m}^3)$ が計算できる。

$$V(\text{m}^3) = L_0(\text{kg/m}^3) \times Q(\text{m}^3/\text{日}) \times 1/C_A(\text{kg/m}^3) \times 1/(\text{BOD-kg/MLSS-kg・日})$$
.... (2)

② 容積負荷：ばっ気槽1m³に対して1日に流入する排水のBOD量を重量で示したもので、次式で示す。

$$\text{容積負荷 (BOD-kg/m}^3\text{・日)} = L_0(\text{kg/m}^3) \times Q(\text{m}^3/\text{日})/V(\text{m}^3) \quad \text{......... (3)}$$

(3)式を変形すれば(4)式となり、ここでも容積負荷の式からばっ気槽の容量 V (m³) が計算できる。

$$V(\mathrm{m^3}) = L_0(\mathrm{kg/m^3}) \times Q(\mathrm{m^3/日}) \times 1/(\mathrm{BOD\text{-}kg/m^3 \cdot 日}) \quad \cdots\cdots\cdots (4)$$

ただし、L_0：排水のBOD濃度（kg/m³）
　　　　Q：ばっ気槽に流入する1日の排水量（m³/日）
　　　　C_A：ばっ気槽内混合液のMLSS濃度（kg/m³）
　　　　V：ばっ気槽容量（m³）

また、汚泥負荷と容積負荷には次の関係がある。

容積負荷(BOD–kg/m³·日)＝
　　　　汚泥負荷(BOD–kg/MLSS–kg·日)×MLSS濃度(kg/m³) ……… (5)

(5)式からもわかるように、容積負荷は汚泥負荷とMLSS濃度が決まれば二次的に導き出される値である。

● 活性汚泥法における汚泥負荷と容積負荷の意味

活性汚泥処理でばっ気槽の容量を決定するのに①汚泥負荷と②容積負荷を用いる方法がある。活性汚泥処理ではどちらの方法でばっ気槽容量を計算すれば現実的か考えてみよう。そこで式(2)と式(4)を見比べていただきたい。

式(2)ではばっ気槽容量の計算に C_A ［ばっ気槽内混合液のMLSS濃度（kg/m³）］が条件として使われている。

これに対して、式(4)ではばっ気槽容量の計算に C_A が条件として使われていない。

活性汚泥処理プロセスで汚濁水浄化の主役を担うのはばっ気槽内の C_A（MLSS）である。したがって、活性汚泥法におけるばっ気槽の容量計算は①汚泥負荷による方式が合理的といえる。

● 汚泥負荷と容積負荷のたとえ話

水槽（ばっ気槽）の中に金魚（MLSS）が10匹いて、ここに金魚の数に見合ったえさ（原水BOD）を10粒入れたとする。金魚はえさを1粒ずつ食べるものとすれば全部食べつくして元気に活動を続けることができる。

この場合、えさは余らないので残渣（余剰汚泥）は発生せず、水槽中の水も汚れない。つまり、原水のBOD成分は浄化されたことになる。これがMLSS濃度を基準にした汚泥負荷の考え方である（図4.8.2）。

これに対して、水槽中の金魚の数を確認しないで3匹しかいないのにえさを10粒

第4章 生物学的処理

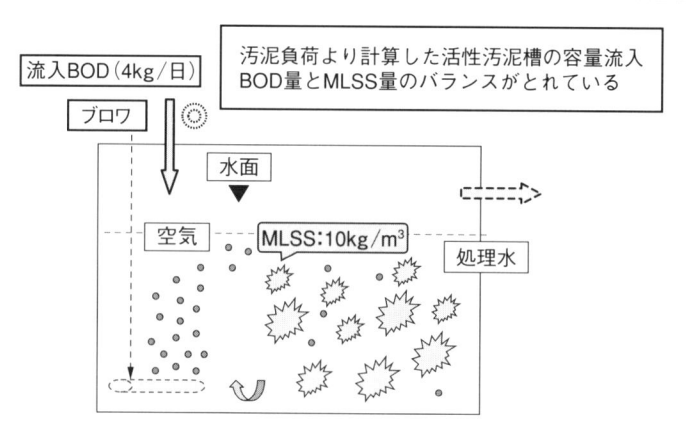

図 4.8.2 汚泥負荷における流入 BOD と MLSS のバランス例

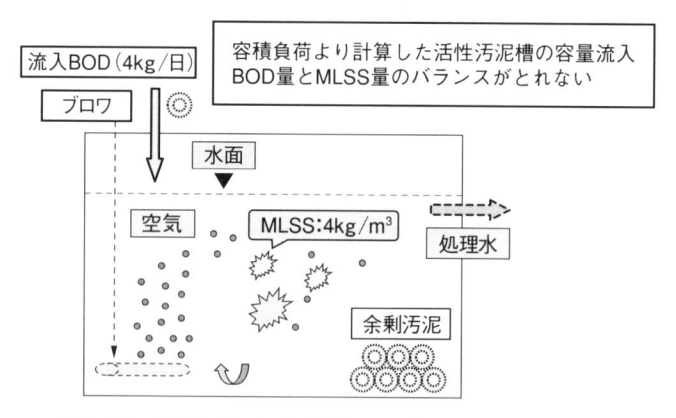

図 4.8.3 容積負荷における流入 BOD と MLSS のバランス例

入れてしまったら**図 4.8.3** のように7粒も余ってしまう。

つまり、余剰汚泥が増えるうえに原水の BOD 成分も十分に浄化されない。

これが容積負荷の考え方である。

したがって、活性汚泥処理では原水の BOD 量に対応して MLSS 濃度を調整することのできる汚泥負荷方式のほうが合理的といえる。

● 生物膜処理法の容量計算

活性汚泥法はばっ気槽の中に MLSS を浮遊させて汚濁水を浄化する。

これとは別に、ばっ気槽の中に微生物が付着するプラスチック製の板や繊維状の充

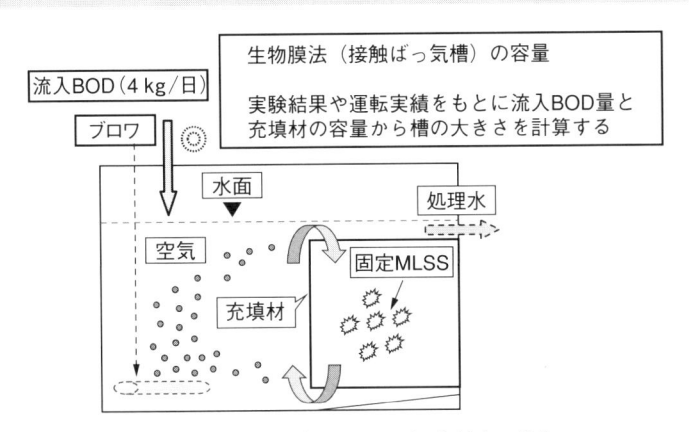

```
                   ┌─────────────────────────────────┐
                   │ 生物膜法（接触ばっ気槽）の容量      │
   流入BOD(4 kg/日) │ 実験結果や運転実績をもとに流入BOD量と │
   ブロワ            │ 充填材の容量から槽の大きさを計算する  │
                   └─────────────────────────────────┘
```

図 4.8.4　生物膜法におけるばっ気槽内の流れ

填材を浸漬して汚濁水を浄化する生物膜法（**図 4.8.4**）がある。

この方法は生物が充填材に膜状に付着するので MLSS 濃度の把握ができない。したがって、生物膜法では運転実績から(4)式を用いてばっ気槽の容量を計算している。

生物膜法は計算では高濃度の排水でも処理できそうであるが、濃度が高いと充填材が閉塞したりするので、BOD 濃度にして 250 mg/l 以下がひとつの目安である。

演習問題

BOD 濃度 250 mg/l、1 日の排水量 200 m³ の汚濁水を BOD 負荷量 0.4 kg/kg·日、MLSS 濃度 3,000 mg/l で処理するとき、ばっ気槽の必要容量はいくらか。また、その場合の BOD 容積負荷を計算せよ。

解　答

―ばっ気槽の容量計算―

ばっ気槽容量（m³）＝

250 g/m³×1/1,000×200 m³×1/0.4 kg/kg·日×1/3 kg/m³＝41.7 m³

―BOD 容積負荷―

BOD 容積負荷(kg/m³·日)＝250 g/m³×1/1,000×200 m³×1/41.7 m³

＝1.2 kg/m³·日

4.9 毒性物質と阻害物質

人や生物の生命維持に好ましくない影響を与える物質を「毒性物質」という。代表的なものにシアンや6価クロムなどがある。

微生物の活動を抑制する物質を抗菌剤と呼ぶ。

図4.9.1に抗菌剤の種類を示す。これらの物質は食品中で発生する有害な菌類の活動を抑制するので我々の食の安全に貢献している。ところが、食品工場の生物処理設備に一時に大量に流入するとそれまでBOD成分を分解していた微生物の働きを妨害する役割に転ずるので生物の「増殖阻害物質」となる。

図4.9.1の抗菌剤の中で殺菌作用のある薬剤を殺菌剤、そのうち消毒が目的のものを消毒剤という。

静菌作用のある薬剤は静菌剤と呼ばれ、そのうち防腐を目的とするものは防腐剤（高濃度の食塩等）または保存料（ソルビン酸カリウム等）という。日持ち向上剤（酢酸ナトリウム等）は大腸菌群、カビ、酵母などの増殖に抑制効果がある。

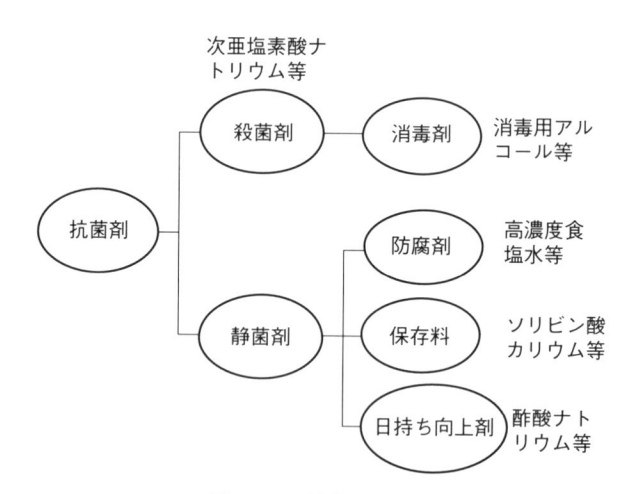

図 4.9.1 抗菌剤の種類

● 毒性物質と生物処理

人や生物に有害な毒性物質は以下の①単体、②有機物、③無機物の三つに分けられる。

① 単体：ヒ素、カドミウム、水銀、鉛、フッ素、セレン、塩素等。
② 有機物：ダイオキシン、トルエン、ポリ塩化ブフェニル、塩化メチル水銀、有機リン、四エチル鉛、農薬、殺虫剤、除草剤等。
③ 無機物：シアン化カリウム、二クロム酸カリウム、硫化水素、塩化水銀等。

　これらの物質の大半は水質汚濁防止法の健康項目に指定されているので、あらかじめ、酸化・還元、凝集沈殿、吸着などの物理化学的処理で除去しておけば生物処理に負荷がかからない。

● 増殖阻害物質と生物処理

　表4.9.1に抗菌剤、着色剤、調味液の成分と用途の一例を示す。

　ハム、ソーセージ、漬物、梅干などの保存食品にはいくつかの保存料、着色剤、調味液などが使われている。シャンプー、リンス、化粧品などには静菌剤、防腐剤が添加されている。これらの成分を含む廃液を活性泥処理設備に排出する場合は定常排出とは別の貯留槽を設け、ここにためておく。その後、一定量ずつゆっくりと活性泥処理設備に混入させるとよい。

表4.9.1　抗菌剤、着色剤、調味液の成分と用途

名　称	成　分	用　途
保存料	ソルビン酸カリウム	漬物の保存料
	イソペクチンL	辛子明太子などの保存料
着色剤	食用赤色3号 2-（2、4、5、7-テトラヨード-6-オキシド-3-オキソ-3-キサンテン-9-イル）安息香酸2ナトリウム1水和物	漬物、たらこ、ハム等
	食用黄色4号 5-ヒドロキシ-1-（4-スルホナトフェニル）-4-［(4-スルホナトフェニル）ジアゼニル］-1-ピラゾール-3-カルボン酸3ナトリウム	漬物、おにぎり、スジコ等
調味液	アミノ酸液、調味料、糖類など	漬物、梅干、佃煮などの味付け
防腐剤 殺菌剤	安息香酸ナトリウム	シャンプー、リンスに配合
静菌剤 防腐剤	パラオキシ安息香酸エステル類	化粧品や食品に添加

第4章　生物学的処理

これらの物質が活性汚泥処理設備に一時に多量に流入すると、汚泥中の細菌類の活動を妨害するので、バルキングを起こしたり処理水質を悪化させる。

● 有機薬品の生物酸化

実際の工場排水には多くの有機物が混合状態で含まれる。この場合、どんな物質が生物酸化反応を阻害するのか不明確である。そこで、いくつかの有機物について、その生物化学的な傾向を知ることができれば問題点が幾分単純化される。

通常 BOD といえば5日間の数値を使用するが、時間の経過に伴い物質固有の傾向を示す。いくつかの有機物に含まれる C、H、N 成分を完全に酸化すると C は CO_2、H は H_2O、N は NO_3 となる。完全に酸化するまでに要する理論的酸素量を TOD とし、10日間までの BOD を求め BOD と TOD との比率をプロットしたのが図 4.9.2[1]である。

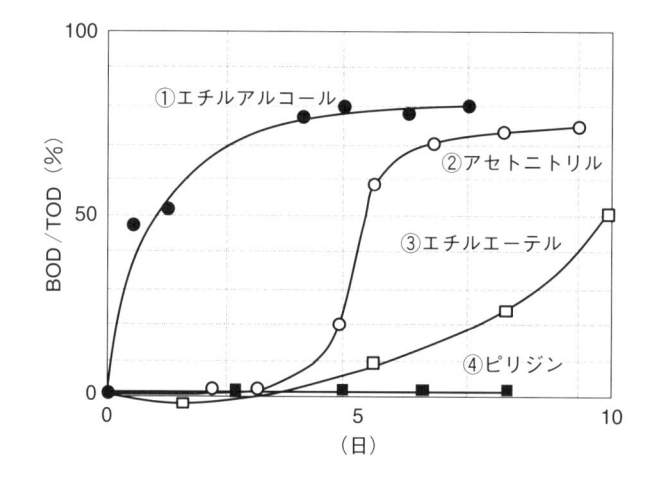

図 4.9.2　BOD-時間曲線の事例

① エチルアルコール：このグループは5日あれば生物に容易に酸化される。通常の成分はこれに属するものが多い。酢酸、クエン酸、アセトアルデヒド、グルコース、デンプンなどがこれに属する。

② アセトニトリル：このグループは1〜5日の停滞を示し、生物学的に無害ではあるが酸化されにくい場合か「増殖阻害性」があるために微生物の働きが抑制されるものである。酒石酸、シュウ酸、グリセリン、アセトンなどがこれに属する。

---

1) 左合正雄、山口博子：下水道協会誌、Vol. 2, No. 11, pp. 20-33 (1965)

③ エチルエーテル：このグループは生物酸化が緩慢で処理に長時間を要す。n-ブタノール、エチレングリコール、エチルエーテルなどがある。
④ ピリジン：微生物に対して「毒性物質」なので生物化学的反応が進まない。シアン化カリウム、トリクロロエチレン、アクリルニトリルなどがある。

表 4.9.2 は有機物（50 mg/l 溶液）の理論的酸素要求量（TOD）、BOD、COD 値である。

下記①〜③の BOD/TOD 比率の数値によって生物処理が可能かどうかの目安となる。
① BOD/TOD 40% 以上：生物処理に適している。
② BOD/TOD 10-40%：生物に分解されにくい有機物が存在している。微生物のじゅん養が必要。
③ BOD/TOD 10% 以下：生物処理が困難である。

表 4.9.2　有機物（50 mg/l 溶液）の BOD、COD 値[2]

薬品名	理論値 TOD	実測値		酸化百分率（％）	
		COD	BOD	COD/TOD	BOD/TOD
メチルアルコール	75.0	7.6	51.2	10.1	68.3
エチルアルコール	104.3	11.0	66.8	10.5	64.0
エチレングリコール	64.5	50.0	12.8	77.5	19.8
ホルムアルデヒド	53.3	12.6	6.3	23.6	11.8
グルコース	53.3	6.2	38.0	11.6	71.3
ショ糖	56.1	25.4	27.9	45.3	49.7
デンプン	59.3	3.9	25.4	6.6	42.8
安息香酸	98.4	12.0	42.5	12.2	43.2
クエン酸	34.3	27.2	13.6	79.3	39.7
フェノール	119.1	29.4	79.8	24.7	67.0
ギ酸	17.4	3.2	0.94	18.4	5.4
酢酸	53.3	12.5	23.1	23.5	43.3
リンゴ酸	35.8	27.6	4.0	77.1	11.2
酒石酸	26.7	25.0	8.0	93.6	30.0
L—グルタミン酸	55.8	31.2	43.9	55.9	78.7

2）東京都公害研究所年報（1972）より一部抜粋

4.10 窒素の除去

窒素の除去方法は大別して次に示す①～④の方法がある。処理方法の概要と特徴を表 4.10.1 に示す。

表 4.10.1　窒素の除去方法

方　法	概　要	特　徴
① アンモニアストリッピング法	① pH を 11 以上に上げ NH_3 を大気放散 ② NH_3 を触媒反応塔に通して酸化分解	① 処理システムが単純 ② NH_3 による二次公害発生に注意
② 不連続点塩素処理法	アンモニアに塩素を作用させて酸化分解する	① 水道の NH_3 除去に使われる ② 後工程によっては残留塩素の除去が必要
③ 生物学的処理法	硝酸性窒素（NO_3-N）を嫌気性菌の作用で窒素ガスに変換する	① あらゆる窒素に対応可能 ② NH_3 は NO_3 に酸化してから脱窒素処理する
④ イオン交換法	① イオン交換樹脂 ② ゼオライトなどでアンモニアを吸着	① 除去率が高い ② 再生廃液が出る ③ 希薄溶液に有利

● アンモニアストリッピング法

塩化アンモニウム（NH_4Cl）や硫酸アンモニウム［$(NH_4)_2SO_4$］などの NH_4^+ を含む水に NaOH 等のアルカリを加えて pH 11 以上に調整すると式(1)のように NH_4^+ が NH_3 に変化する。（図 4.10.1 参照）

$$NH_4^+ + OH \longrightarrow NH_3 + H_2O \quad \cdots\cdots (1)$$

次いでアルカリ性の水にスチームまたは空気を吹き込んでアンモニアを気相に放散させる。放散したアンモニアは触媒反応塔を通して酸化分解し無害な窒素（N_2）として大気に放散する。

$$4\,NH_3 + 3\,O_2 \longrightarrow 2\,N_2 + 6\,H_2O \quad \cdots\cdots (2)$$

アンモニア含有排水の処理は多量の空気と接触させるスクラバー方式を採用することが多い。触媒充填塔を使わないでアンモニア水として回収、再利用することもできる。

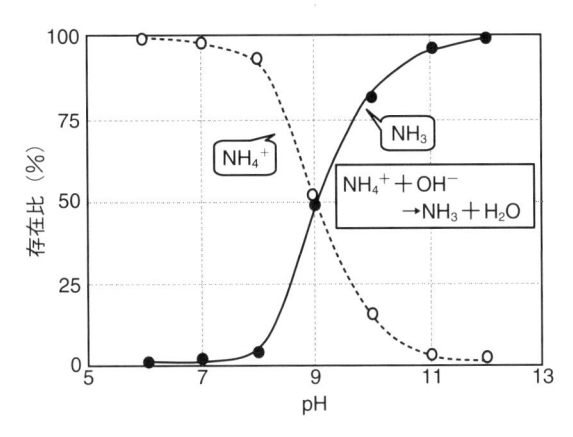

図 4.10.1　アンモニアの pH と存在比

● 不連続点塩素処理法

図 4.10.2 に示すようにアンモニアや有機成分を含んだ排水に塩素を加えていくと、始めは有機物や還元性物質などが先に塩素を消費するのでアンモニア濃度は変化しない。さらに塩素添加を続けると残留塩素は増加しながらアンモニア濃度は徐々に低下し始め、$Cl_2/NH_4-N=9$ 倍くらいでほとんどゼロとなる。この時、塩素濃度は極小値を示す。この極小値を不連続点と呼ぶ。

引き続き塩素添加をすると再び残留塩素濃度が上昇し始める。実際の不連続点塩素

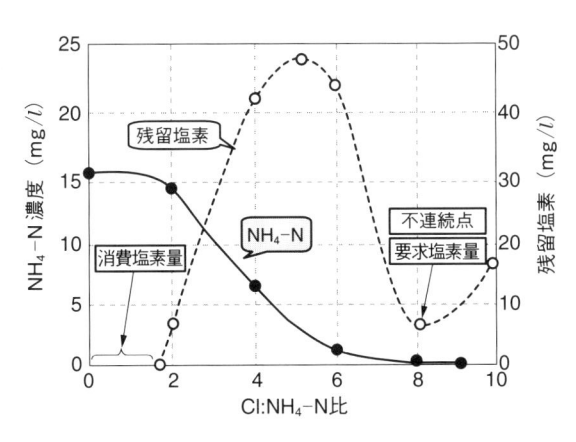

図 4.10.2　不連続点塩素処理例

処理ではアンモニア以外の成分が共存しているのでアンモニアの10～20倍の塩素を添加することが多い。

● 生物学的処理法

生物学的窒素除去は次の工程を経て行われる。

(1) 水中のアンモニア（NH_4^+）は生物酸化によりNO_2を経て硝酸イオン（NO_3^-）に変わる。

$$NH_4^+ + 3/2 O_2 \rightarrow NO_2 + H_2O + 2H^+ \qquad \cdots\cdots (3)$$
$$NO_2 + 1/2 O_2 \rightarrow NO_3^- \qquad \cdots\cdots (4)$$

このとき、アンモニア以外に有機物やBOB成分が共存すると硝化菌はこれらの成分の酸化を優先するのでアンモニアの酸化は後回しとなる。

一例として、図4.10.3のように排水中にアンモニアとBOD成分が共存するとBOD値30 mg/l くらいまではBOD成分が先に酸素を消費する。そしてBOD 30 mg/l 以下になるとアンモニアの硝酸化が加速されBOD 10 mg/l 以下で90％以上が硝化（NO_3^-）される。

(2) 硝化菌の作用で生成したNO_3^-は嫌気性条件下で脱窒素菌により窒素（N_2）に還元されて大気中に放散される。この脱窒素反応は還元反応なのでNO_2、NO_3の酸素受容体と脱窒素菌の増殖源としての有機炭素源（栄養源）が必要である。

有機炭素源としては一般にメタノールが用いられる。メタノールを用いた場合の脱窒素反応例を式(5)に示す。

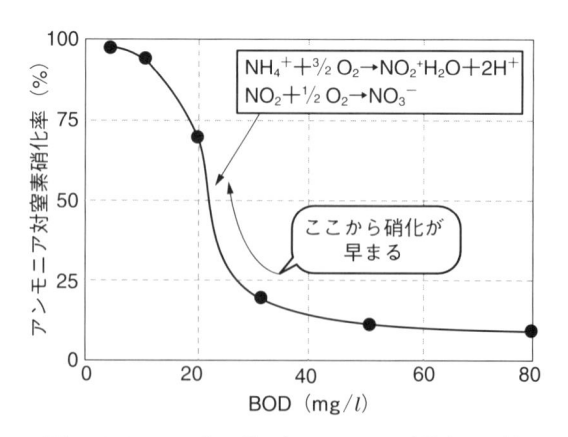

図4.10.3 BOD値の低下とアンモニア硝化率の関係

$$5\,CH_3OH + 6\,NO_3^- + 6\,H^+ \rightarrow 5\,CO_2 + 3\,N_2 + 13\,H_2O \quad \cdots\cdots (5)$$

式(5)より、脱窒素における窒素（N）とメタノールの比を計算すると $5\,CH_3OH/6\,N = 160/84 = 1.90$ となり、約2倍のメタノールが必要となる。

● イオン交換法

イオン交換樹脂などのイオン交換体を使って窒素成分（NO_3）を吸着する。

上水や地下水中に窒素が数十 mg/l 程度あり、これを処理して窒素を含まない飲料水や生産用水にする場合に有利な方法である。一例として、飲料用の地下水が窒素（NO_3）で汚染されている場合、安全な飲み水を確保する目的で使われている。

再生は7%程度の食塩（NaCl）溶液を使う。廃液には高濃度の窒素成分（NO_3）が含まれるので、別途処理が必要である。

$\boxed{NO_3 \text{の吸着}}$

$$R-N\cdot Cl + NO_3^- \rightarrow R-N\cdot NO_3 + Cl^- \quad \cdots\cdots (6)$$

$\boxed{再\ 生}$

$$R-N\cdot NO_3 + NaCl$$
$$\rightarrow R-N\cdot Cl + NaNO_3 \quad \cdots\cdots (7)$$

イオン交換法は用水・排水処理を問わず、一般にイオン濃度の低い原水を処理するのに適している。

演習問題

窒素の除去に関する記述として、誤っているものはどれか。
① アンモニアストリッピング法はpH値と水温を上げ空気を吹き込んでアンモニアを揮散させる。
② 不連続点塩素処理法では NH_4-N の9倍くらいの塩素（Cl_2）を消費する。
③ 生物学的処理法はどんな形態の窒素除去にも対応できるので NH_3 を直接分解できる。
④ イオン交換法は NH_3 と NO_3 が吸着できる。
⑤ NO_3 を吸着したイオン交換樹脂は再生するので再生廃液の処理が必要となる。

解　答

③ 誤り：生物学的脱窒素法は NH_3 をいったん NO_3 に酸化した後、脱窒素菌により NO_3 を N_2 に還元する方法である。NH_3 を直接分解することはできない。

4.11 リンの除去

　植物プランクトンは有機物がなくても太陽光のもとで窒素、リンが存在すれば炭酸同化作用により新たな有機物を光合成する。生物細胞の組成は$C_{60}H_{87}O_{29}N_{12}P$などからわかるように、細胞の中にはリンが約1%含まれている。したがって、富栄養化の防止にはCODやBODなどの有機物を除去しただけでは効果がない。このように、水中のリンの存在は窒素とともに富栄養化の原因となるので除去する必要がある。

　リン処理は大別して①凝集沈殿法、②生物処理法、③晶析法に分類される。

　公共水域に排出されるリンの形態は下記①～③に分類される。

① 　オルトリン酸：PO_4^{3-}、HPO_4^{2-}、$H_2PO_4^{-}$
② 　ポリリン酸：トリポリリン酸、ヘキサメタリン酸
③ 　有機リン：有機化合物と結合したリン

　上記のうち、公共水域における③の有機リンは微生物の作用により、大部分が無機性のリンに分解されている。

● 凝集沈殿法

　リンを除去するための凝集剤には、硫酸アルミニウム、ポリ塩化アルミニウムなどのアルミニウム塩や塩化第二鉄、硫酸第二鉄などの鉄塩が用いられる。

　図4.11.1はAl^{3+}およびFe^{3+}とリンの凝集反応例である。PO_4-Pの凝集に最適なpH

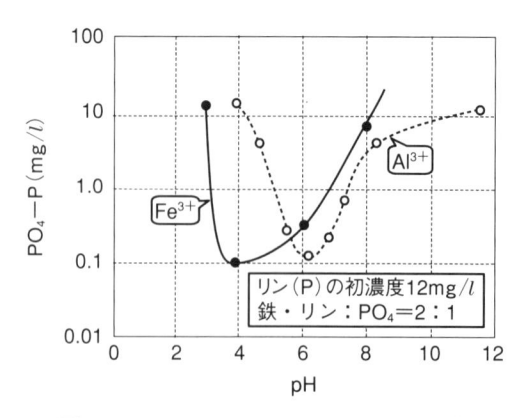

図4.11.1　Al^{3+}およびFe^{3+}とリンの凝集反応

は Fe^{3+} イオンで 4～5、Al^{3+} の場合で 6 付近である。

● 生物処理法

活性汚泥は、図 4.11.2 に示すように、好気的条件下ではリンを過剰に摂取し、嫌気的条件下ではリンを放出することが 1965 年に G. V. Levin、J. Shapino らによって指摘されていた。

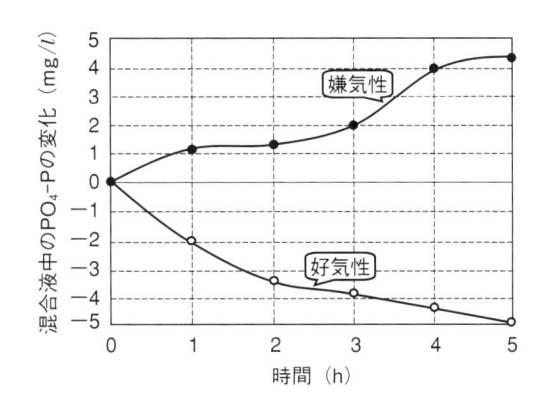

図 4.11.2　活性汚泥のリンの摂取（好気性）と放出（嫌気性）

これらの知見に基づき、この現象を活性汚泥法に適用し、微生物にリンを過剰摂取させてリンを除去しようという技術が 1967～1979 年に G. V. Levin らによってプロセス化された。これが生物学的脱リン法と呼ばれるものである。

図 4.11.3 は活性汚泥処理の嫌気、好気時のリンおよび COD 濃度の変化である。

図の嫌気工程では原水中の COD_{Cr} が嫌気性菌の作用によって、$100\,mg/l$ から $20\,mg/l$ 程度まで除去される。

これとは対照的に、汚泥からリンの放出が行われ、嫌気槽内のリン濃度は $6\,mg/l$ から $20\,mg/l$ に上昇する。

嫌気工程を終えた処理水は続いて好気槽に移流し、急に好気条件にさらされると水中のリンは急速に汚泥内に吸収され、$20\,mg/l$ あったものが $1\,mg/l$ 以下となる。

通常、標準活性汚泥処理の余剰汚泥中には約 2.3% のリンが含まれるが、本方法を採用すると汚泥中のリンは 5～6% に増える。

これらのことからもリン除去効果があったことがわかる。

図 4.11.4 は生物学的脱リン処理のフローシート例である。

第4章 生物学的処理

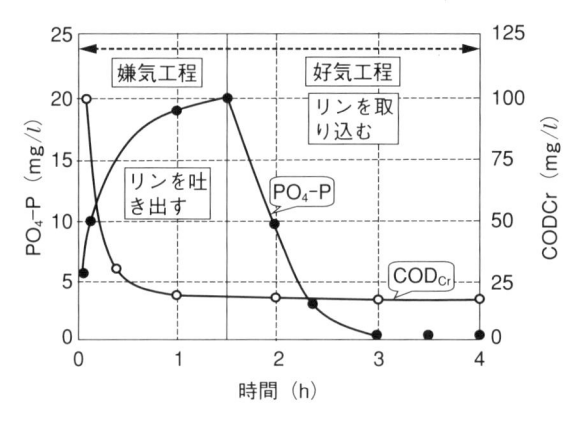

図 4.11.3 リンと COD の経時変化

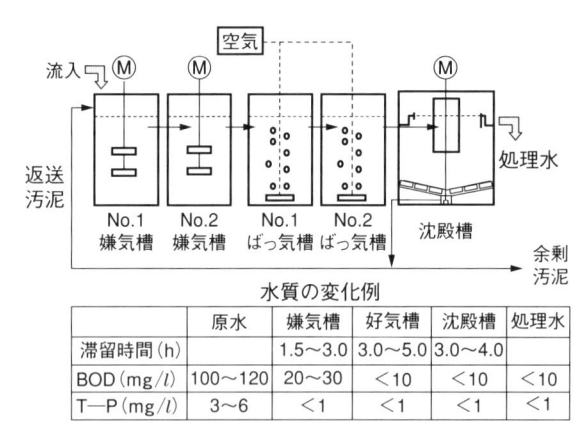

水質の変化例

	原水	嫌気槽	好気槽	沈殿槽	処理水
滞留時間(h)		1.5〜3.0	3.0〜5.0	3.0〜4.0	
BOD(mg/l)	100〜120	20〜30	<10	<10	<10
T-P(mg/l)	3〜6	<1	<1	<1	<1

図 4.11.4 生物学的脱リン処理フローシート

ばっ気槽の前に嫌気槽を設置し、原水中に有機成分が存在する状態で1.5〜3.0時間かけて返送汚泥中に含まれるリンを汚泥から放出させ、続いて好気槽で3.0〜5.0時間かけて汚泥を好気状態に維持するとリンが急速に汚泥中に取り込まれる。

これにより、原水中の T-P は 3〜6 mg/l から 1 mg/l 以下まで処理できる。

図 4.11.4 の No. 2 嫌気槽と No. 1 ばっ気槽の中間に嫌気槽と同じ構造の脱窒素槽を設け、ここに No. 2 ばっ気槽から出た硝化液を一部戻すと脱窒素も可能となる。

● 晶析法

図 4.11.5 に示す晶析法はカルシウムヒドロキシアパタイトと水中のリン酸イオン

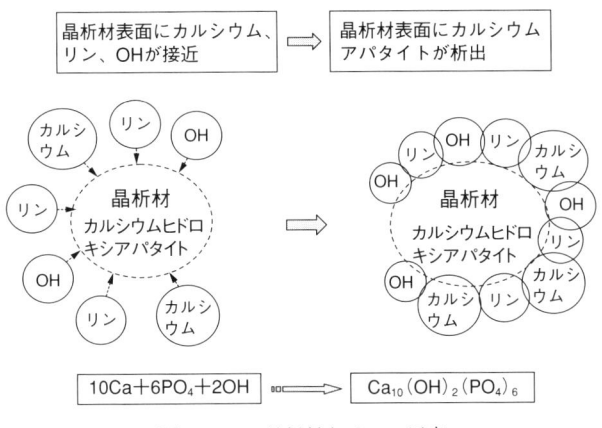

図 4.11.5 晶析材とリンの反応

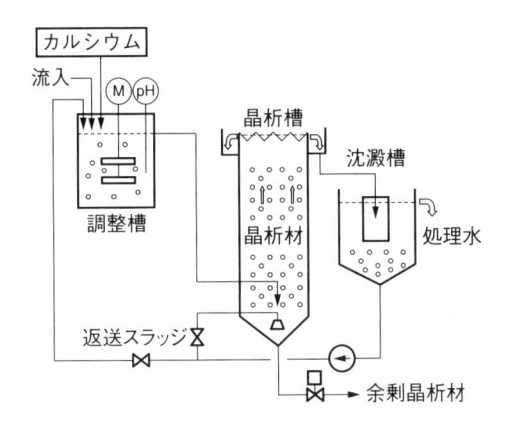

図 4.11.6 晶析脱リン装置フローシート例

を反応させて析出除去する方法である。

$$10\,Ca^{2+} + 2\,OH^- + 6\,PO_4^{3-} \rightarrow Ca_{10}(OH)_2(PO_4)_6 \quad \cdots\cdots\cdots (1)$$

図 4.11.6 は晶析脱リン装置フローシート例である。調整槽で水酸化カルシウムを加えて pH 調整した処理水は晶析槽に流入し、晶析材と接触してリンが除去される。

晶析材に吸着したリンは余剰晶析材として間欠的に排出する。

実際の装置で晶析装置に流入する懸濁物質が多いと晶析材表面が別の濁り成分で覆われて晶析反応が進まなくなる。これを防止するために、調整槽の前段で沈殿またはろ過により懸濁物質を除去しておくと良い。

第4章　生物学的処理

◆コラム④　発酵と腐敗

　微生物が関係する反応に「発酵」と「腐敗」がある。呼び名は違うが内容は同じ。ただし、「発酵と腐敗」で生産された結果の「物質」は全く異なる。

　発酵とは、酵母菌や乳酸菌が活躍し、糖分などを分解し、有機酸、炭酸ガス等を生じる反応。腐敗とは、主に有機物、特にタンパク質が細菌（バクテリア）によって分解され有毒な物質と悪臭を生じる変化のことである。

　発酵で真っ先に思い浮かべるのが酒で、腐敗で思い出すのが食べ物の腐敗である。これらは両方とも微生物の働きによるものである。微生物の反応のひとつに分解反応がある。死んだ動植物や、動物の排泄物は微生物の働きによって分解されて、最終的には二酸化炭素・水・無機物質まで分解される。これには微生物を使った「活性汚泥法」などが実用化されている。

　「発酵」と「腐敗」の表現を変えると、その微生物が、人が食べられるように食品を加工して他の食品になった時を「発酵」といい、それとは逆に食べられない物になった時に「腐敗」と呼ぶ。

　発酵では、主に糖類が分解されて、乳酸やアルコールなどが生成される。腐敗では硫化水素やアンモニアなどの不快臭を発生する。これは、発酵の全く逆で有害物質を生成して食中毒の原因ともなる。

　発酵の具体的例には、酒の他に、ぬか漬け、納豆、醤油、味噌など日本の伝統的な食品が多く、日本人は昔から上手に発酵を利用してきた。

　ぬか漬けは「ぬか」に含まれる窒素源、炭素源やミネラルを栄養源として乳酸菌や酵母が増殖し、その際に作られるアルコールや乳酸などの分泌物が野菜に作用することで繊維をやわらかくし適度な酸味をつけるという「発酵」食品である。ところが、ぬか床の管理が悪くカビが生えたり雑菌が増えたりすると漬物としてはとても食に耐えるものでない、いわゆる「腐敗」という状態になる。

発酵と腐敗の違い：微生物が関与する反応で内容は同じ。人に有益か有害かで発酵と腐敗に分かれる

発酵
微生物の代謝作用により、糖質をアルコールや乳酸にしたり人間に有用なものに変質させること。

腐敗
タンパク質やアミノ酸などが微生物の作用により分解され、硫化水素やアンモニアなどを発生させ、人間に有害なものに変質させること。

第5章

物理化学的处理

第5章 物理化学的処理

5.1 pH 調整による重金属の処理

重金属を含む排水は一般に酸性の場合が多いので水酸化ナトリウム（NaOH）や水酸化カルシウム［$Ca(OH)_2$］などのアルカリを加えて pH 値を上げると金属イオンが水酸化物として析出する。一例として、n 価の金属イオンを M^{n+} とすれば、M^{n+} イオンは NaOH の OH^- イオンと反応するので(1)となる。

$$M^{n+} + nOH^- = M(OH)_n \quad \cdots\cdots (1)$$

この場合の溶解度積（Ksp：solubility product）は次のようになる。

$$[M^{n+}] \times [OH^-]^n = K_{sp} \quad \cdots\cdots (2)$$

(2)を変形すると

$$[M^{n+}] = K_{sp}/[OH^-]^n \quad \cdots\cdots (3)$$

$$\log[M^{n+}] = \log K_{sp} - n\log[OH^-] \quad \cdots\cdots (4)$$

pH の定義から pH $= -\log[H^+]$

$$[H^+] \times [OH^-] = 1 \times 10^{-14}$$

$$\log[OH^-] = -14 + \text{pH} \quad \cdots\cdots (5)$$

(2)と(5)式から $[M^{n+}] = K_{sp}/[OH^-]^n$ となり、$[M^{n+}]$ と pH の間には直線関係が成り立つ。

表 5.1.1 に金属水酸化物の溶解度積を示す。

図 5.1.1 は金属イオンの溶解度と pH の関係である。図に示すようにいずれの金属イオンも pH を高くすると溶解濃度が低下する。

表 5.1.1 金属水酸化物の溶解度積例（18～25℃）

水酸化物	K_{sp}	水酸化物	K_{sp}
$Al(OH)_2$	1.1×10^{-33}	$Fe(OH)_3$	7.1×10^{-40}
$Ca(OH)_2$	5.5×10^{-6}	$Mg(OH)_2$	1.8×10^{-11}
$Cd(OH)_2$	3.9×10^{-14}	$Mn(OH)_2$	1.9×10^{-13}
$Co(OH)_2$	2.0×10^{-16}	$Ni(OH)_2$	6.5×10^{-18}
$Cr(OH)_2$	6.0×10^{-31}	$Pb(OH)_2$	1.4×10^{-20}
$Cu(OH)_2$	6.0×10^{-20}	$Sn(OH)_2$	8.0×10^{-29}
$Fe(OH)_2$	8.0×10^{-16}	$Zn(OH)_2$	1.2×10^{-17}

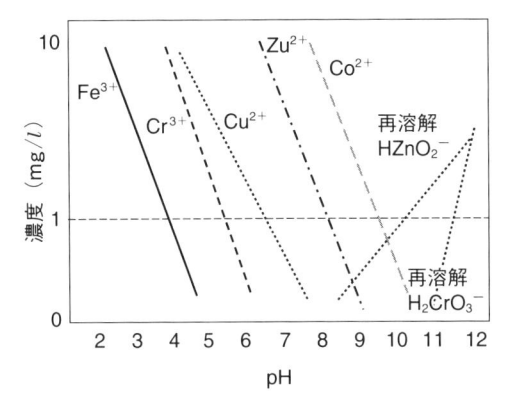

図 5.1.1 金属イオンの溶解度と pH の関係

ただし、亜鉛（Zn^{2+}）やクロム［Cr^{3+}］のように pH を上げると再び溶解する場合もあるので注意が必要である。

● pH 調整剤

pH 調整薬品は反応のしやすさ、溶解度、扱いやすさ、価格、スラッジ生成の影響などを考慮して選ぶ。よく使用される酸・アルカリの種類と特徴を**表 5.1.2** に示す。

pH 調整用のアルカリには、水酸化ナトリウム、水酸化カルシウム、炭酸ナトリウム、酸では硫酸、塩酸がよく使われる。水酸化カルシウムと炭酸ナトリウムは水に対する溶解度が低いので、5～10% 程度のスラリー状で使用する。

表 5.1.2 pH 調整に用いる酸・アルカリ

酸・アルカリ薬品	化学式	備　考
硫　酸	H_2SO_4	溶解度大。反応速度大。
塩　酸	HCl	溶解度大。 濃厚液は発煙注意。
水酸化ナトリウム	NaOH	溶解度大。反応速度大。 供給が容易だが価格が高い。
消石灰	$Ca(OH)_2$	溶解度小。中和ではスラリー状で供給するので配管やポンプが詰まり易い。不純物が多いが値段が安い。
炭酸ナトリウム	Na_2CO_3	溶解度小。カルシウムイオンと反応して溶解度の低い炭酸カルシウムを生成する。

水酸化カルシウムや炭酸ナトリウムは一度溶解したと思ってそのまま放置しておくと不溶解成分が沈降して薬品注入ポンプが詰まることがあるので、薬品注入時は撹拌できるようにしておくとよい。

水酸化カルシウムと炭酸ナトリウムは元来、水に溶けにくい成分を含んだアルカリ剤であるから、清澄な処理水のpH調整に用いられることは少なく、むしろ酸性排水の中和と重金属を含む排水のpH調整に用いられている。

水酸化カルシウムは不溶解成分が多いためスラッジは確実に増加してしまうが、金属水酸化物を生成する際に思わぬ凝集効果を発揮したり、硫酸イオンが多い場合は硫酸カルシウムを副生するので予想以上の凝集効果を得ることがある。

水酸化カルシウムは空気（二酸化炭素）に長時間触れると溶解度の低い炭酸ナトリウムスケールを容易に生成する。この現象は特に、薬品タンクの液面、撹拌機の回転軸や羽根部分、水中ポンプや陸上ポンプの内部などに起きやすい。そこで、これを防止するために定期的に水洗浄を行えるような配管を設けておくと良い。

炭酸ナトリウムはカルシウム分の多い排水のpH調整に使うと溶解度の低い炭酸カルシウムを生成するので、水中からカルシウム分を分離できる。この方法は廃液を減圧濃縮したり、RO膜処理する前処理に応用できる。

したがって、pH調整剤の選定は表5.1.2を参考にされて総合的に決めることをお勧めする。

● pH調整装置

図5.1.2に①角型反応槽と②円形反応槽の撹拌機、じゃま板の設置例を示す。

① 角型反応槽

pH調整でpH2の強酸性溶液をpH10まで調整するような現場がある。この場合、ひとつの槽で一気にpHを上げようとしても実際にはなかなかうまく事が運ばない。

そこで、pH調整槽を二つ用意してこれを直列に配置して、一つ目の槽でpH2→pH5とし、二つ目の槽でpH5→pH10にすればpH調整が無理なく行える。この場合、図5.1.2左にあるようなじゃま板を設けると反応液の短絡が防止できて処理が確実となる。

② 円形反応槽

円形反応槽では図5.1.2右にあるように撹拌機の中心をずらし、じゃま板をつけるか（最近はじゃま板のついたタンクが販売されている）、パイプを加工して図のような迂回水路を取り付けて撹拌効果の向上と水の短絡防止をすれば、効率の良い反応を

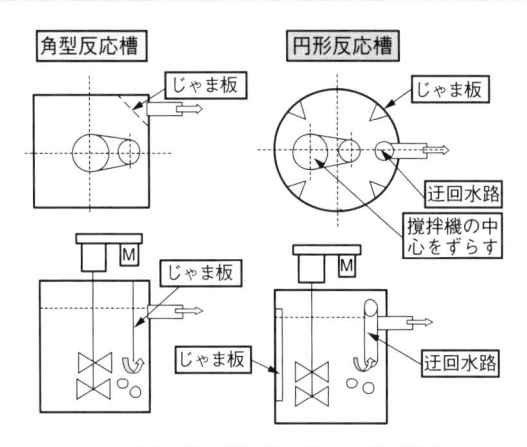

図 5.1.2 反応槽の撹拌機、じゃま板の設置方法

行うことができる。

　角型反応槽も円形反応槽も pH 調整に伴い、金属水酸化物などの水に溶解しない成分が析出することがある。こうした排水処理の場合も「じゃま板」や「迂回水路」は有効である。

演習問題

　酸性の亜鉛イオン含有排水中の Zn^{2+} を $Zn(OH)_2$ として除去するために NaOH で pH 8 に調整したときの亜鉛イオン濃度（mg/l）はいくらか。

解　答

$$[Zn^{2+}] \times [OH^-]^2 = Ksp = 1.2 \times 10^{-17} \text{g イオン}/l$$

であるから $[Zn^{2+}] = 1.2 \times 10^{-17}/[OH^-]^2$

pH = 8 のときは $[H^+] = 10^{-8}$

$[H^+][OH^-] = 10^{-14}$ であるから $[OH^-] = 10^{-6}$（g イオン/l）

よって、$[Zn^{2+}] = 1.2 \times 10^{-17}/[10^{-6}]^2$

$$= 1.2 \times 10^{-5} \text{（g イオン）}$$
$$= (1.2 \times 10^{-5}) \times 65.39 \text{（亜鉛の分子量）}$$
$$= 0.785 \times 10^{-3} \text{g}/l$$
$$= 0.785 \text{ mg}/l$$

5.2 硫化物法による重金属処理

硫化物法は硫化ナトリウム(Na_2S)と重金属イオン(M^{2+})を反応させ難溶性の硫化物(MS)を生成させる。

$$M^{2+} + S^{2-} \rightarrow MS\downarrow \qquad \cdots\cdots (1)$$

硫化物の沈殿は一般に粒子が細かく、沈降性が悪いので、実際の処理ではポリ塩化アルミニウムや塩化鉄などの無機凝集剤を併用する。

鉄塩の併用は過剰の硫化物を硫化鉄として消費すると同時に、水酸化鉄の共沈効果により凝集性が改善されるので都合が良い[1]。

● 硫化物の溶解度積

表5.2.1は金属硫化物の溶解度積例である。金属硫化物の溶解度積は水酸化物よりもはるかに小さいので、水酸化物法よりも低い濃度まで金属イオンを除去することが期待できる。

表5.2.1 金属硫化物の溶解度積例(18~25℃)

硫化物	Ksp	硫化物	Ksp
CdS	2×10^{-28}	PbS	1×10^{-25}
CoS	$\alpha - 4\times10^{-21}$	NiS	$\alpha - 3\times10^{-19}$
	$\beta - 2\times10^{-25}$		$\beta - 1\times10^{-24}$
CuS	6×10^{-36}	HgS	4×10^{-53}
FeS	6×10^{-18}	Ag_2S	6×10^{-50}
ZnS	$\alpha - 2\times10^{-24}$	MnS	無定型 3×10^{-10}
	$\beta - 3\times10^{-22}$		結晶体 3×10^{-13}

図5.2.1にpHと硫化物イオンの関係を示す。

pHの上昇(酸性→アルカリ性)に伴って硫黄成分はH_2S、HS^-、S^{2-}と形を変えるので硫化物生成反応は複雑な変化を示す。

---

1) 和田洋六:水のリサイクル(基礎編)、pp. 183-185、地人書館(1992)

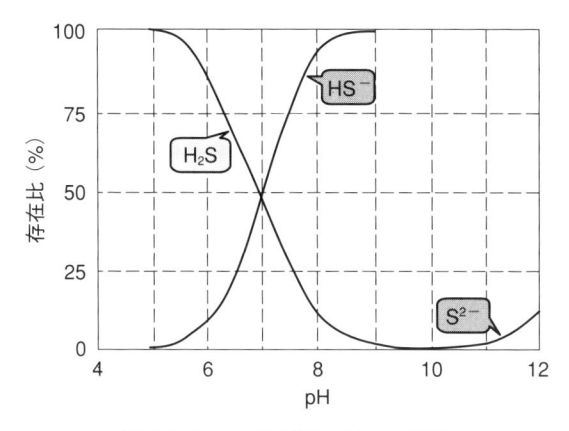

図 5.2.1 pH と硫化物イオンの関係

硫化ナトリウムは酸性側で使用すると有害な硫化水素（H_2S）を発生するので、通常は中性～アルカリ側で使用することが多い。

● 硫化物法のポイント

硫化物法における処理の基本は以下のとおりである。
① 処理 pH は中性領域が良い。
② 硫化物の添加量は重金属の当量以上とする。
③ 過剰の硫化物は塩化第二鉄などの鉄イオンで処理する。

図 5.2.2 は硫化物処理における金属イオン濃度と pH の関係例である。硫化ナトリウム添加量の制御は pH と酸化還元電位（ORP）を目安に行うことができる。

pH と ORP は一般に、pH が下がれば ORP は上昇、pH が上がれば ORP は上昇するという相関性がある。通常、凝集処理は酸化性雰囲気下で pH 中性～アルカリ側で行うことが多い。一例として、水道水の凝集処理はポリ塩化アルミニウム（PAC）と塩素を用いて、pH 6.5～7.5 で行うが、その時の酸化還元電位（ORP）は +300～500 mV である。これに対して、硫化物沈殿の生成は還元性雰囲気（ORP 0～-300 mV）の中で行う。

実際の硫化物処理の現場では硫化ナトリウムを過剰に加える傾向があるが、還元剤としての作用を併せ持つ硫化ナトリウムは凝集効果を著しく低下させるので適正量加えることが重要である。

酸化剤を含む排水の場合は予め還元剤（$NaHSO_3$ など）で還元しておくと硫化ナト

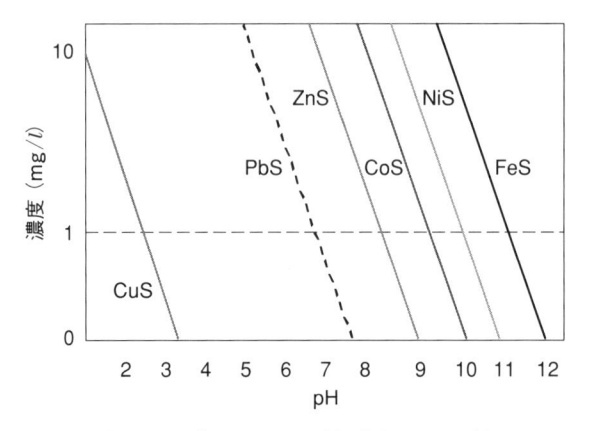

図 5.2.2　金属イオンの溶解度と pH の関係

リウムの有効利用ができる[2]。

硫化物法は臭気や設備の腐食、銀製品の変色などの問題がある。これを解決する手段として一般に悪臭の発生がほとんどないジチオカルバミン酸基（R–NH–CS$_2$Na）の官能基をもつ高分子重金属捕集剤が使用されている。

一般に硫化物法では硫化ナトリウムを使うが、臭気と設備の腐食対策のために局所排気設備を設ける。

金属硫化物はもともと表面が親水性なので沈殿の結晶性が悪く、水中で分散して凝集阻害をおこしやすい。この原因のひとつに排水中の M-アルカリ度（HCO$_3^-$）やシリカ（SiO$_2$）の共存が考えられる。これらの障害は酸性下でのばっ気による脱炭酸か硫酸アルミニウムなどの凝集剤添加により低減できる。

● 硫化物法による金属の分別回収

図 5.2.2 のように金属硫化物は pH によって安定域が異なる。これを用いて硫化物処理の pH を調整すれば特定の金属を沈殿させ分離できる。

図 5.2.3 は分別法による金属の回収例である。

亜鉛とニッケルの混合排水（pH 2.5、Zn^{2+}：300 mg/l、Ni^{2+}：400 mg/l）を pH 4〜7 の範囲で硫化物処理すると pH 5.5 で亜鉛の多い沈殿物の回収ができる。

次いで、沈殿物を分離後、ろ液の pH を 7.0 に上げて硫化物処理すると、今度は、

---

[2]　和田洋六：特許第 1343128 号

ニッケル成分の多い沈殿が回収できる。分別回収した硫化物はそれぞれに亜鉛とニッケルが混在しており、硫化物生成 pH も接近しているので純度はそんなに高くはないが概略の分別回収ができる。

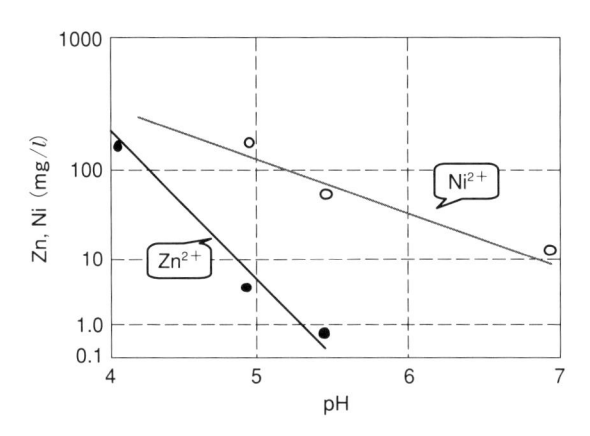

図 5.2.3 分別法による金属の回収例

演習問題

鉛を 10 mg/l 含む排水が 100 m^3 ある。硫化ナトリウムを加えて沈殿除去する場合、硫化ナトリウムの必要量は何 kg か、ただし、添加量は鉛に対して当量の 5% 増とする。原子量 Pb＝207、分子量 Na$_2$S・9 H$_2$O＝217

解 答

① 排水中の総鉛量を求める。

$$10 \text{ mg}/l = 10 \text{ g/m}^3 = 0.01 \text{ kg/m}^3$$
$$0.01 \text{ kg/m}^3 \times 100 \text{ m}^3 = 1 \text{ kg}$$

② 反応の当量関係を求める。

$$\text{PbCl}_2 + \text{Na}_2\text{S} \rightarrow \text{PbS} + 2\,\text{NaCl}$$

より、Pb 1 モル（207）と Na$_2$S 1 モル（217）が当量関係にある。

③ 硫化ナトリウムの必要量を求める。

鉛 1 kg を硫化鉛にするのに必要な理論量は

Na$_2$S・9 H$_2$O/Pb＝217/207＝1.05 kg である。したがって、必要な総硫化ナトリウム量は　1.05×1 kg×(1+0.05)＝1.10 kg

5.3 粒子径と沈降速度

排水の中には比較的大きな粒子（100 μm）から小さな粒子（10 μm 以下）に至るまでいろいろな大きさの不溶解性物質が混在している。我々が肉眼で大きさを区別できるのはせいぜい 10～20 μm 程度でそれ以下になると目視確認ができない。ちなみにタバコの煙の粒径は 0.5～0.7 μm である。粒子径が 10 μm くらいまでなら通常の沈殿や砂ろ過で分離できるが、1 μm 以下の微粒子になると重力分離ではもはや分別できない。水中の懸濁物質を重力差で分ける方法は昔ながらの手法であるが、自然の原理を取り込んだ単純で安価な方法なのでよく用いられている。

重力差による粒子の沈降速度はストークスの式(1)で表すことができる。

$$v = g(\rho_p - \rho_s)d^2/18\mu \qquad \cdots\cdots (1)$$

ただし、v：粒子の沈降速度 (m/s)　　g：重力加速度 (m/s^2)
　　　　ρ_p：粒子の密度 (kg/m^3)　　ρ_s：水の密度 (kg/m^3)
　　　　d：粒子直径 (m)　　μ：液体（水）の粘性係数 (kg/m・s)

したがって、

$\rho_p > \rho_s$ のとき $v > 0$ 沈降する

$\rho_p = \rho_s$ のとき $v = 0$ 静止して分離不能

$\rho_p < \rho_s$ のとき $v < 0$ 浮上する

式(1)より粒子の密度と水の密度差が大きいほど、また、粒子径が大きいほど沈降速度は大きくなる。

● 大きな粒子は沈降時間が短い

表 5.3.1 に粒子の自然沈降時間を示す。

図 5.3.1 に粒子の 1 m 自然沈降時間を示す。

実際の水中では、g：重力加速度、ρ_p：粒子の密度、ρ_s：水の密度、μ：液体（水）の粘性係数などはあまり変化しない。

ところが式(1)の d：粒子径 (m) を大きくすれば沈降速度が粒子径の二乗に比例して速まるのでそれだけ沈降時間が短くなる。これは沈殿槽の小型化につながるので実用的でしかも経済的である。そのため実際の排水処理では凝集剤を加えて大きく重いフロックを作り、速く沈降する工夫をする。

表 5.3.1　砂、汚泥などの粒子の自然沈降時間[3]

粒子の直径（mm）	粒子の種類	1m沈降の所要時間
10.0	砂　利	1秒
1.0　（1,000 μm）	粗い砂	10秒
0.1　（100 μm）	細かい砂	2分
0.01　（10 μm）	汚　泥	2時間
0.001　（1.0 μm）	細　菌	5日
0.0001　（0.1 μm）	粘度粒子	2年

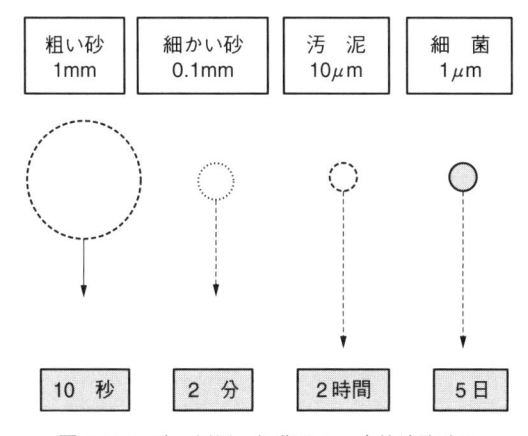

図 5.3.1　砂、汚泥、細菌の1m自然沈降時間

　産業排水処理では上水（河川水や湖沼水など）処理と違って懸濁物質の性状が多岐にわたる。したがって、処理方法も単純ではなく排水の性状に見合った手法を個別に検討する必要がある。

　写真 5.3.1 は凝集した粒子が小さく沈殿槽からキャリオーバーしている様子である。この沈殿槽では午前中は処理がうまくいっていたが午後になって沈殿不良となった。理由は、午後になって排水の組成が変化したためである。

　このような場合は、後段の砂ろ過器などに負荷をかけて緊急時の対応をする。

　10 μm 以下の凝集しにくい微粒子の場合は沈降時間が長くて実用的でないので別のろ過方式[1]で分離したほうが経済的な場合がある。

1）MF膜やUF膜を使うと細菌や粘度微粒子でも確実に分離できる。

写真5.3.1 粒子が小さく沈殿槽から流出している

● 大きなフロックなら沈降時間は短いか

凝集処理では粒子径を大きくして沈降速度を早めようとするが、実際には思ったとおりに事が運ばないときがある。金属水酸化物などのフロックは凝集剤を加えると**図5.3.2**左のように隙間水をかかえながら小さなフロックとなる。

ところが過剰の凝集剤を加えると小さなフロックが水分を含んだまま再び寄り集まって粗大化フロックとなる。この関係は式(1)の中で

$$\rho_p - \rho_s = 1/d^{K_p} \quad \cdots\cdots (2)$$

で表される。

水処理の場合は一般に $K_p = 1.2 \sim 1.5$ である[2]。

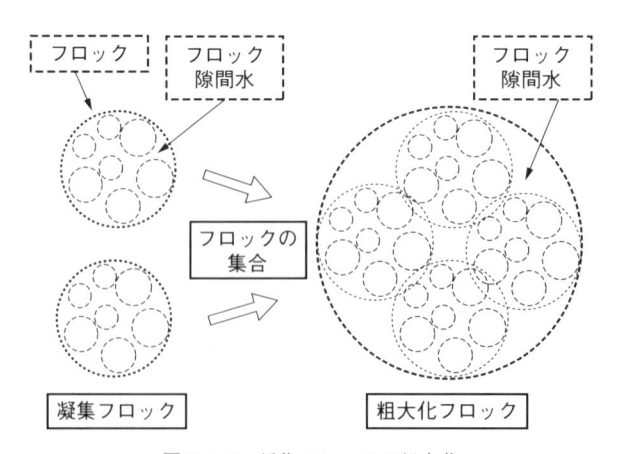

図5.3.2 凝集フロックの粗大化

この関係を式(1)に代入すると粒子径に関する沈降速度は式(3)となる。
$$(1/d^{1.5}) \times d^2 = d^{0.5} \quad \cdots\cdots\cdots (3)$$

したがって、密度変化のない砂では直径が 2 倍になると沈降速度は 25 倍（$5^2=25$）となるが含水率の高いフロックでは 2.2 倍（$5^{0.5}=2.2$）に留まる。つまり、大きなフロックならば沈降時間が短いということにはならない。いわば「水増しフロック」というわけである。軽いフロックは水温の影響を受けやすく、水温の違う排水が出てくると沈殿槽内部が 2 層になり暖かい上槽のフロックが沈まなくなることがある。

実際の凝集処理では凝集剤の過剰添加は控え、密度が高く沈みやすいフロックをつくるのが技術者のウデの見せところである。そのため、事前にジャーテストを行い、凝集剤の添加量を決めることをお勧めする。

演習問題 ①
　排水中の粒子の径を 2 倍にすると沈降速度は何倍になるか。ただし、ストークスの式(1)の他の条件が変化しないとして、次の数値から選べ。
(1)　1/2 倍　　(2)　2 倍　　(3)　4 倍　　(4)　8 倍

|解　答|

(3)：式(1)から沈降速度は粒子の径の二乗に比例する。すなわち、径が 2 倍になれば沈降速度は $2^2=4$ 倍になる。

演習問題 ②
　沈降速度 0.5 m/h の粒子を含む凝集処理液がある。排水流量を 10 m³/h とし、この設備に設ける円形沈殿槽の直径 D（m）はいくら以上必要か。

|解　答|

　　　　必要水面積：10 m³/h×1/0.5 m/h＝20 m²
　$\pi D^2/4 = 20$ m² であるから $D^2 = 20/(\pi \times 1/4)$　よって　必要直径 $D=5.0$ m
　計算では直径 5.0 m であるが実際には 1.5 倍のゆとりをみて直径 7.5 m 程度必要。

---

2) 丹保憲仁ほか：水道協会誌、397 号、pp. 2〜10（1967）
3) 和田洋六：水のリサイクル（基礎編）pp. 74〜76、地人書館（1992）

5.4 6価クロム排水の処理

6価クロム（Cr^{6+}）は、電気めっき、アルマイト、亜鉛めっきのクロメート被膜処理、皮革なめしなどの工場で多く使われている。

6価クロムはCr^{6+}と書くので一見して陽イオンのように見えるが、酸性下ではH_2CrO_4、アルカリ性下ではNa_2CrO_4のように2価の陰イオン（CrO_4^{2-}）として溶解している。クロム酸は酸性溶液中では強力な酸化力を示すので還元性物質が少しでもあればCrO_4^{2-}は相手を酸化し自らは還元されて陽イオンの3価クロム（Cr^{3+}）に変わる。

● 6価クロム（CrO_4^{2-}）の還元

CrO_4^{2-}の還元には硫酸第一鉄（$FeSO_4$）や亜硫酸水素ナトリウム（$NaHSO_3$）が使われる。
還元反応は通常、硫酸酸性下で行われる。

硫酸第一鉄：$2\,H_2CrO_4 + 6\,FeSO_4 + 6\,H_2SO_4$
$\rightarrow Cr_2(SO_4)_3 + 3\,Fe_2(SO_4)_3 + 8\,H_2O$ ……… (1)

亜硫酸水素ナトリウム：$4\,H_2CrO_4 + 6\,NaHSO_3 + 3\,H_2SO_4$
$\rightarrow 2\,Cr_2(SO_4)_3 + 3\,Na_2SO_4 + 10\,H_2O$ ……… (2)

酸性下でCr^{3+}に還元されたクロムは陽イオンなので他の重金属と同様、アルカリを加えれば水酸化物となる。

$Cr^{3+} + 3\,OH^- \rightarrow Cr(OH)_3$ ……… (3)

実際の排水処理の還元ではスラッジ副生の懸念がない亜硫酸水素ナトリウムが使われることが多い。

図5.4.1はCr^{6+}還元におけるpH、ORPの関係例である。実際の6価クロムの還元はpH 2～3、ORP＋250～300 mVで行う。

ORP値はpHと相関性があり、pH値が高くなると反対に低くなる。還元反応の速度はpHが低いほど速いが、あまり低いと亜硫酸ガスが発生するのでpH 2～3の範囲が望ましい。

● 6価クロム（CrO_4^{2-}）含有排水の処理

図5.4.2はクロム酸排水の処理フローシート例である。クロム還元の条件は、

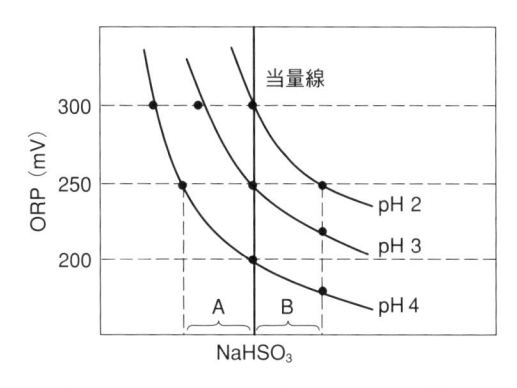

図 5.4.1 Cr^{6+} 還元における pH、ORP の関係

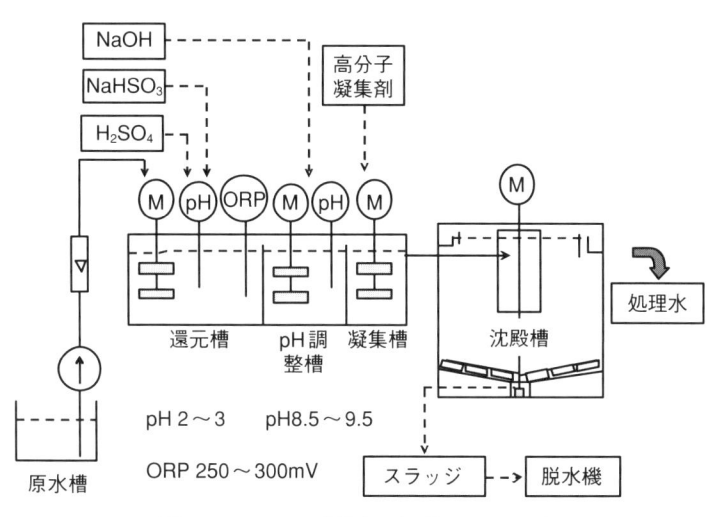

図 5.4.2 クロム酸排水の処理フローシート

pH：2～3、ORP：+250～+300 mV、反応時間：30～60 min である。

還元反応は容易に進むので、続いて NaOH にて pH 8.5～9.5 に調整すれば緑青色の $Cr(OH)_3$ が析出する。

このとき、あまり pH を高くするとクロムが再溶解するので注意が必要である。pH 調整後の液は高分子凝集剤を添加して凝集処理し、沈殿槽に移流させて固液分離を行う。

第5章 物理化学的処理

● **クロム酸の解離とイオン交換樹脂吸着**

クロム酸は図5.4.3のようにpHによって解離の程度が異なる。pH9以上のアルカリでは100%が2価の陰イオン（CrO_4^{2-}）であるが、pH3付近になると1価イオン（$HCrO_4^-$）がほとんどを占めるようになる。陰イオンのクロム酸は陰イオン交換樹脂で吸着処理できるが、このときにpH値を3.0付近に調整すると1価の陰イオンになるのでイオン交換樹脂に対する等量負担が2価の半分ですむので都合がよい。

クロム酸溶液のpHと漏出の関係例を図5.4.4に示す。

マクロポーラス型（MP型）強塩基性イオン交換樹脂（Cl型に調整）を用いてクロムを吸着処理する場合、クロム酸を含む溶液のpHを7.0から3.0に下げると図5.4.3のように2価のCrO_4^{2-}が1価の$HCrO_4^-$となり1/2等量となる。

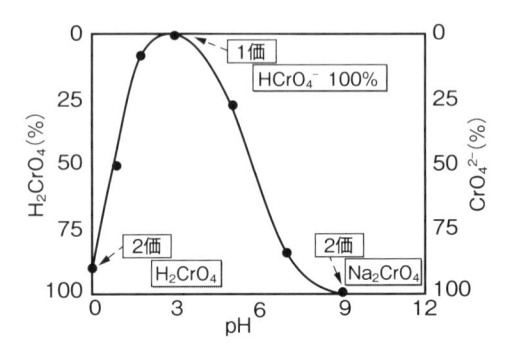

図5.4.3　クロム酸の解離

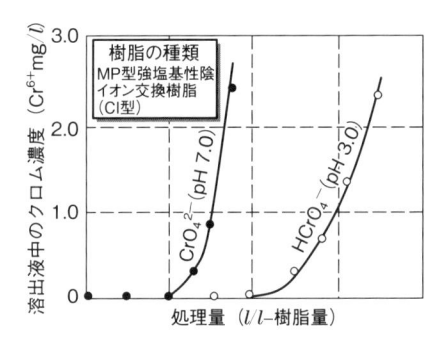

図5.4.4　クロム酸溶液のpHと漏出曲線

これにより、樹脂への負担が軽減され、同じ樹脂量でおよそ2倍のクロム酸含有排水を処理できるので工業的に有利である。

● **クロム吸着樹脂の再生**

クロムを吸着した陰イオン交換樹脂の再生は、通常、NaOH溶液で行う。

弱塩基性樹脂を再生する場合は再生率100%近いが、強塩基性樹脂の場合はクロムと樹脂の結合が強いので再生率は50～60%どまりで、実際、いくら再生レベルを上げても100%再生は困難である。

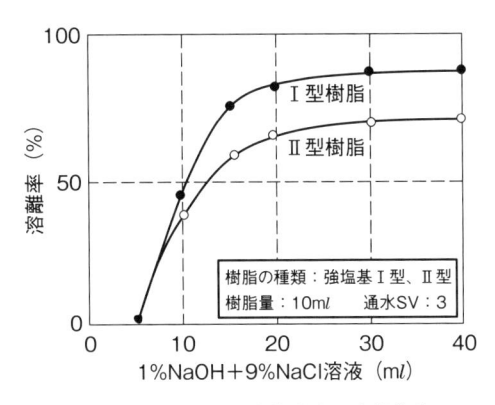

図 5.4.5　アニオン交換樹脂の溶離曲線

そこで、再生効率を上げるべく種々の方法について検討した結果、1% NaOH 溶液と 9% NaCl 溶液の混合液による再生をすれば効率が向上することが明らかとなった。

図 5.4.5 はクロムを吸着した強塩基性陰イオン交換樹脂の溶離曲線例である。

樹脂量 10 ml に対して 1% NaOH 溶液と 9% NaCl 溶液の混合液を SV 3 で通水したところ、樹脂量の約 2 倍量を使って溶離すれば、Ⅰ型樹脂は 80%、Ⅱ型樹脂では 70% 程度の溶離率が得られた。

NaOH 単独による溶離よりも効果が高かったのは混合処理剤中の Cl^- イオンの効果によるものと考えられる。

演習問題

6価クロムを 1,000 mg/l 含む排水が 10 m³ ある。この排水を還元するのに必要な亜硫酸水素ナトリウムの理論量はいくらか。ただし、クロムの原子量 52、亜硫酸水素ナトリウムの分子量 126 とする。

解　答

① クロム含有量を求める。　1,000 mg/l = 1 kg/m³
　10 m³ 中の Cr^{6+} 量は　1 kg/m³ × 10 m³ = 10 kg
② 6価クロム 1 kg を還元するのに必要な亜硫酸水素ナトリウム（$NaHSO_3$）を求める。式(2)より　$6 NaHSO_3/4 Cr = (6 \times 126)/(4 \times 52) = 756/208 = 3.63$ kg
　　3.63 kg × 10 = 36.3 kg

5.5 シアン排水の処理

シアンは有害ではあるが、安価で金属と錯塩を形成しやすいので、めっきや表面処理分野で古くから用いられている。

シアンが生物に対して毒性を示すのは生物の呼吸作用を阻害するからである。ヒトや動物の血液中のヘモグロビンは酸素と結合して栄養分を運搬しているが、ここにシアン（HCN）が侵入すると、酸素との結合速度よりはるかに速い速度でヘモグロビン中の鉄イオンと安定なシアン・鉄錯体を形成してしまい、生体の生命維持に必須の酸素、養分の運搬を妨げる。その結果、生物は死に至る。シアンの致死量は約 200 mg と言われている。

● アルカリ塩素法

シアン排水は一般にアルカリ塩素法で処理する。

$$NaCN + NaOCl \rightarrow NaCNO + NaCl \quad \cdots\cdots (1)$$

$$2\,NaCNO + 3\,NaOCl + H_2O \rightarrow 2\,CO_2 + N_2 + 2\,NaOH + 3\,NaCl \quad \cdots\cdots (2)$$

(1)式×2＋(2)式

$$2\,NaCN + 5\,NaOCl + H_2O \rightarrow 2\,CO_2 + N_2 + 2\,NaOH + 5\,NaCl \quad \cdots\cdots (3)$$

(1)式と(2)式を組み合わせた処理は2段処理法と呼ばれる。

(1)式の反応（1段反応）は一例として**図 5.5.1**に示すように、pH 10.5、ORP 350 mV で行う。

(2)式の反応（2段反応）は pH 7.5〜8.0、ORP 650 mV 以上で行う。(3)式より、2モルの CN を酸化するには 5

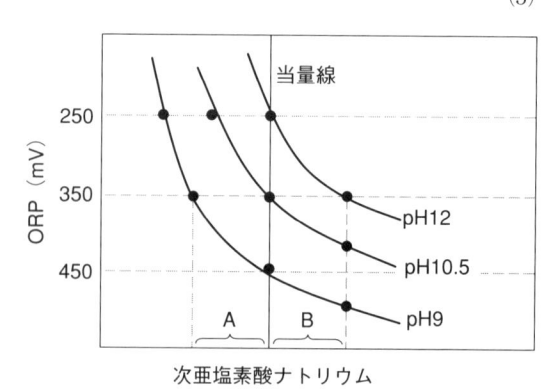

図 5.5.1 シアン1段反応における pH と ORP の関係

モルのNaOClが必要で、シアン（CN^-）1 kgを酸化分解するのに必要なNaOCl量は約7.2 kgとなる。

$$5\,NaClO/2\,CN = 5(23+16+36)/2(12+14) = 7.2\,kg - NaClO \quad \cdots\cdots (4)$$

● 鉄シアン錯塩の除去

鉄シアン錯塩は鉄とシアンが安定な錯体を形成しているので、上記のアルカリ塩素法では分解しきれない。

鉄シアン錯塩にはフェロシアン[$Fe(CN)_6$]$^{4-}$とフェリシアン[$Fe(CN)_6$]$^{3-}$とがあり、酸化・還元状態によって図5.5.2の関係となる。還元状態のフェロシアン塩はpH 8〜10の範囲でCu^{2+}、Zn^{2+}、Ni^{2+}が共存すれば不溶性塩を形成する。

図5.5.3にフェロシアン処理における金属イオンとpHの関係例を示す。

鉄シアン錯塩をシアンとして20 mg/l含む溶液に金属イオンをそれぞれ200 mg/l添加し、pHを8〜12に調整した。

その結果、銅（Cu^{2+}）と亜鉛（Zn^{2+}）はpH 8〜9、ニッケル（Ni^{2+}）はpH 8〜10の範囲で残留シアン濃度0.1 mg/l程度まで処理できる。

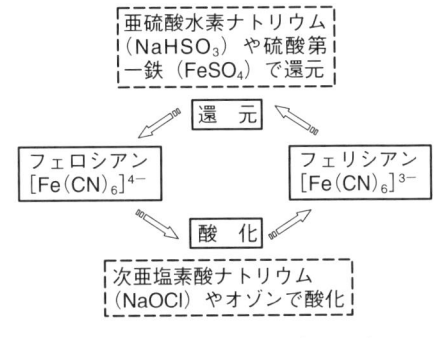

図5.5.2 フェロシアンとフェリシアンの関係

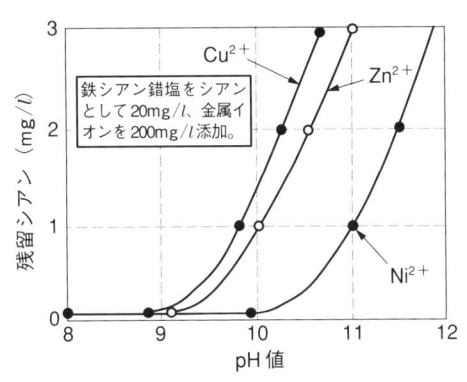

図5.5.3 フェロシアン処理における金属塩とpHの関係[1]

上記の結果より、アルカリ塩素処理の後、過剰のNaOClを還元してフェリシアンを還元状態のフェロシアンにしてやればシアン錯塩の除去が可能となる。ただし、鉄イオン（Fe^{3+}、Fe^{2+}）は沈殿物を生成せずシアンが溶解して残る。この場合は第一鉄（Fe^{2+}）を使った紺青法と呼ばれる方法で難溶化する。その反応は下記(4)〜(6)である。

---

1) 樽本敬三ほか：静岡県機械技術指導所研究報告10号、pp. 21〜28（1975）

第5章 物理化学的処理

$$2\,\mathrm{Fe(CN)}_6^{3-} + 3\,\mathrm{Fe}_{2+} \rightarrow \mathrm{Fe}_3\mathrm{Fe(CN)}_6]_2 \downarrow \quad \cdots\cdots (5)$$

$$\mathrm{Fe(CN)}_6^{4-} + 2\,\mathrm{Fe}^{2+} \rightarrow \mathrm{Fe}_2\mathrm{Fe(CN)}_6] \downarrow \quad \cdots\cdots (6)$$

$$3\,\mathrm{Fe(CN)}_6^{4-} + 4\,\mathrm{Fe}^{2+} \rightarrow \mathrm{Fe}_4\mathrm{Fe(CN)}_6]_3 \downarrow \quad \cdots\cdots (7)$$

図 5.5.4 はシアンの排水処理フローシート例である。実際のシアン排水の中には銅、亜鉛、ニッケルなどが含まれている。この場合、1段反応と2段反応の後段に図 5.5.4 のように還元工程を付加すれば鉄シアン錯塩の処理に対応できる。

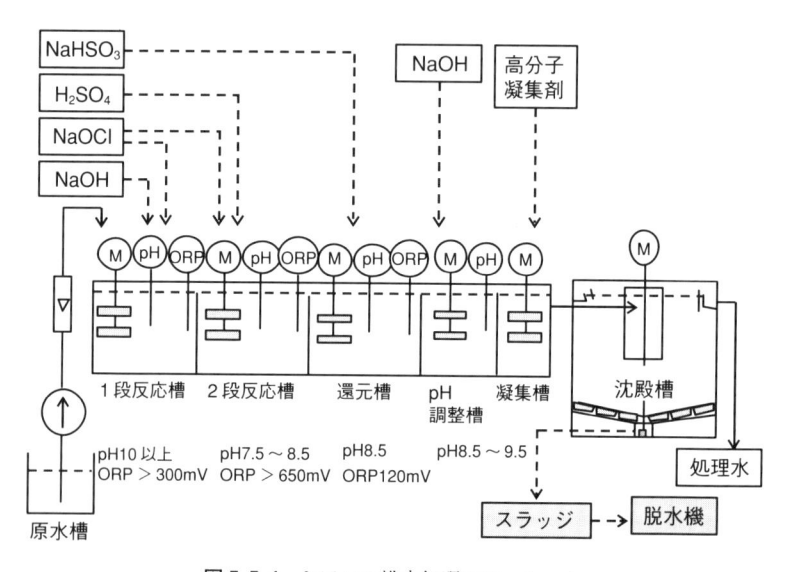

図5.5.4 シアンの排水処理フローシート

● **オゾン酸化法**

オゾンは塩素より酸化力が強いのでシアン化合物の分解に利用できる。シアンとオゾンの反応は次のようになる。

$$\mathrm{CN}^- + \mathrm{O}_3 \rightarrow \mathrm{CNO}^- + \mathrm{O}_2 \quad \cdots\cdots (8)$$

$$2\,\mathrm{CNO}^- + 3\,\mathrm{O}_3 + \mathrm{H}_2\mathrm{O} \rightarrow 2\,\mathrm{HCO}_3^- + \mathrm{N}_2 + 3\,\mathrm{O}_2 \quad \cdots\cdots (9)$$

(8)式×2+(9)式

$$2\,\mathrm{CN}^- + 5\,\mathrm{O}_3 + \mathrm{H}_2\mathrm{O} \rightarrow 2\,\mathrm{HCO}_3^- + \mathrm{N}_2 + 5\,\mathrm{O}_2 \quad \cdots\cdots (10)$$

図 5.5.5 に(8)式におけるオゾン分解時の pH の影響を示す。(8)の反応効率は pH 9.5〜10.5 が高い。

(8)式より、シアン（CN^-）1 kg をシアン酸（CNO^-）まで酸化するに必要な計算

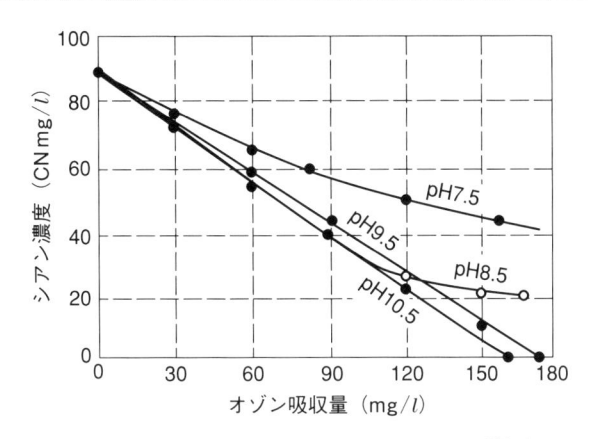

図 5.5.5　オゾンによるシアン分解時の pH の影響[2]

上のオゾン量は 1.8 kg である。

$$O_3/CN = (16 \times 3)/(12+14) = 48/26 = 1.8 \text{ kg}-O_3 \quad \cdots\cdots (11)$$

(10)式より、シアン（CN^-）1 kg を HCO_3^- と N_2 にまで酸化分解するのに必要な計算上のオゾン量は約 4.6 kg となる。

$$5O_3/2CN = 5(16 \times 3)/2(12+14) = 240/52 = 4.6 \text{ kg}-O_3 \quad \cdots\cdots (12)$$

オゾン処理は気液反応なので供給したオゾンの 100% が反応に使えることはない。実際の装置では、ややゆとりを見て 25% 程度過剰に供給する。

演習問題

アルカリ塩素法におけるシアン分解反応は本項の(3)式に従うものとする。

シアン 200 mg/l を含む排水 20 m³ を処理する場合、酸化に必要な NaOCl の理論量はいくらか。

解　答

シアンの全量を計算する：200 mg/l = 0.2 kg/m³

　　0.2 kg/m³ × 20 m³ = 4.0 kg

(3)式および(4)の計算より、シアン 1 kg を分解するのに必要な NaOCl は 7.2 kg（5 NaClO/2 CN = 7.2 kg）であるから　4.0 × 7.2 = 28.8 kg

---

[2]　(社)産業公害防止協会：公害防止の技術と法規、pp. 263、丸善 (1995)

5.6　フッ素含有排水の処理

排水中のフッ素は水酸化カルシウムや塩化カルシウムなどを用いて処理すれば(1)式のようにフッ化カルシウム（CaF_2 の溶解度 16 mg/l、F^- として 7.8 mg/l）として分離できるとされている。

$$2\,HF + Ca(OH)_2 \rightarrow CaF_2 + 2\,H_2O \qquad \cdots\cdots (1)$$

ところが実際のフッ素排水中には図 5.6.1 のようにフッ素以外にカルシウム成分と反応する硫酸イオン、リン酸イオン、二酸化炭素（図中の数字は分子量）なども含まれており、これらの成分もカルシウム分を消費する。そのため、実際のフッ素含有排水を水酸化カルシウムで処理しても目標値の 8 mg/l を達成できるときとできないときとを経験する。

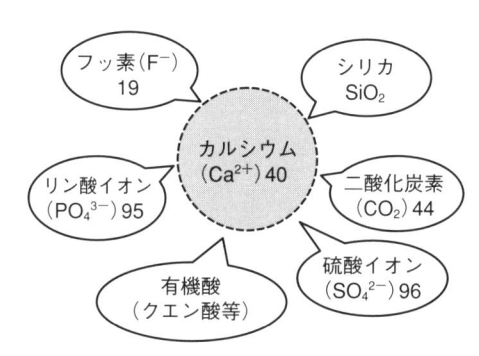

図 5.6.1　排水中でカルシウムと反応する物質

● フッ化カルシウムと炭酸カルシウムの溶解度

図 5.6.2 はカルシウム塩類の溶解度例である。硫酸カルシウムの溶解度は 2,980 mg/l と高いが、それ以外のリン酸カルシウム、フッ化カルシウム、炭酸カルシウムは 14〜25 mg/l と低い数値を示す。

理想的に反応が進行して、硫酸カルシウムが飽和濃度の 2,980 mg/l に達すると、次いで、リン酸カルシウム、フッ化カルシウム、炭酸カルシウムの順に飽和となり不溶化されると思われる。

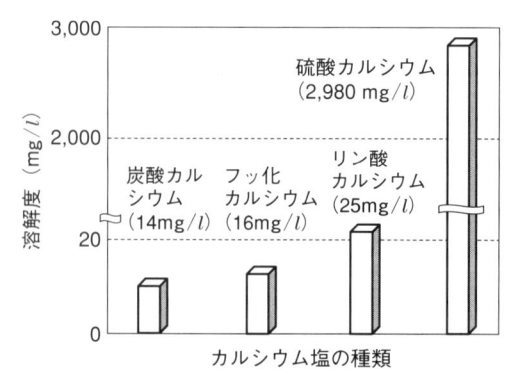

図 5.6.2　カルシウム塩類の溶解度

しかし、リン酸カルシウム、フッ化カルシウム、炭酸カルシウムなどの溶解度はほぼ同じなので、フッ素だけを特定して不溶化するのは難しい。

したがって、フッ素排水をカルシウムで処理しようとしたらフッ素イオン以外にもカルシウムを消費する陰イオンの存在を調べておくことが重要である。

カルシウムイオンを使ってフッ素処理をするときに留意されたいことがもうひとつある。それは空気中の二酸化炭素（CO_2）の存在である。フッ素排水を処理する場合、高い pH 領域で処理液と空気を長時間接触させると、水中のカルシウムが CO_2 を吸収して溶解度の低い炭酸カルシウムが際限なく生成されるということである。

図 5.6.3 はフッ化カルシウムの空気吹き込みによるフッ素再溶解例である。

フッ素含有溶液（F＝20 mg/l）に pH 7.5 以上で塩化カルシウム（Ca＝300 mg/l）を加え（この時点で F は CaF_2 となっている）一昼夜、空気または窒素と接触させた。

その結果、空気を吹き込んだ場合は pH 9 以上でフッ素 20 mg/l となり元の濃度に戻った。

これに対して、窒素を吹き込んだ場合は pH 10 以上になってもフッ素 8 mg/l 程度にとどまる。

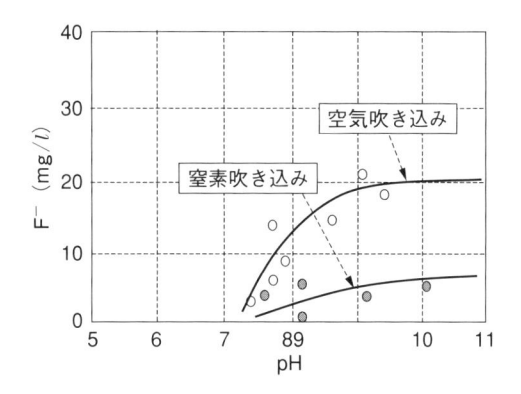

図 5.6.3　空気吹き込みによるフッ素再溶解例[1]

これは空気中の二酸化炭素により(2)式のように、フッ化カルシウム中のフッ素は遊離するが、空気を遮断すればその傾向が低下することを示唆している。

$$CaF_2 + CO_2 + H_2O \rightarrow CaCO_3 + HF \qquad \cdots\cdots\cdots (2)$$

そこで、(2)式の反応を起こさない対策として①処理水と空気を長時間接触させない。②空気を巻き込まない撹拌方法を採用する。③処理水の pH 値をあまり上げない。などの手段をとればよい。

● 硫酸アルミニウムと水酸化カルシウムの併用処理

図 5.6.4 は硫酸アルミニウと水酸化カルシウムを併用したフッ素排水の処理例であ

---

[1] 袋布昌幹ほか：水環境学会誌、Vol. 26、No. 1、pp. 33～38（2003）

る。原水のフッ素濃度を60 mg/lと200 mg/lに調整し、これに硫酸アルミニウム〔$Al_2(SO_4)_3$として〕をフッ素イオン量の5～30倍加えて10%水酸化カルシウム溶液でpH 8.5に調整後、30分静置し上澄水をろ紙でろ過してフッ素濃度を測定した。

その結果、原水のフッ素が60 mg/lの場合はフッ素イオンの10倍量の〔$Al_2(SO_4)_3$〕でフッ素濃度は10 mg/l、20倍で7.5 mg/l程度まで処理できることが確認された。同様に、原水のフッ素が200 mg/lの場合でもフッ素イオンの25倍量の〔$Al_2(SO_4)_3$〕を加えればフッ素濃度7 mg/l程度に処理できる。

しかし、スラッジのSV$_{30}$は26%程度と大きくなるので沈殿槽や脱水機にかかる負荷が大きくなる。これらのことから、硫酸アルミニウムと水酸化カルシウムを併用してフッ素排水の処理を行う場合は原水のフッ素濃度が低いほうが有利となる。

ひとつの目安として前処理のCaF$_2$法の段階でフッ素濃度を60 mg/l以下まで処理しておくことが望ましい。

フッ素濃度が60 mg/l以下になっていれば、後段の硫酸アルミニウムを併用した処理を組み合わせることによってフッ素濃度8 mg/l程度まで処理できる。

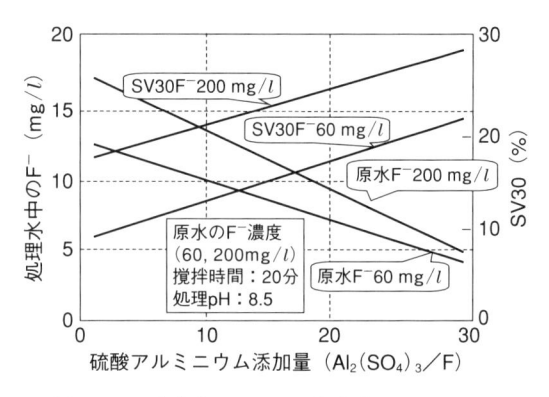

図 5.6.4　水酸化カルシウムと硫酸アルミニウム併用のフッ素排水処理

● 実際のフッ素排水の処理

実際の排水中のフッ素濃度が40 mg/lを超える場合、水酸化カルシウム単独で処理しても目標のF＝8 mg/l以下とするのは難しい。

この場合は図 5.6.5 に示すフローシートのように2段処理が有効である。

1段処理でフッ素濃度を15 mg/l程度にして、2段処理で硫酸アルミニウムと水酸化カルシウムを用いて処理すれば、目標の8 mg/lまで処理できる。

図5.6.5の処理では、本項で述べた理由から長時間撹拌しないですばやく固液分離するのがポイントである。図5.6.5（下段：2段処理）の処理では沈殿槽のスラッジの一部を反応槽①に返送している。これはフッ素イオンを吸着する効果のある水酸化

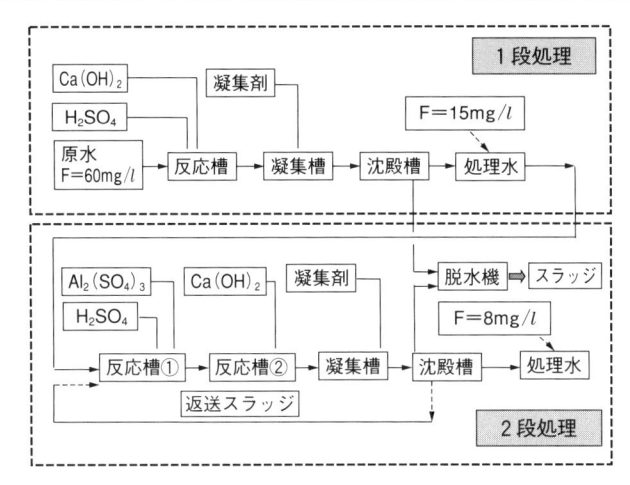

図 5.6.5 フッ素排水処理フローシート例

アルミニウムの有効利用をねらったものである。

演習問題

フッ素排水の処理に関する記述として誤っているのは次のうちどれか。

① CaF_2 は CO_2 と反応して F^- を遊離するから実際の処理では長時間空気と接触させないほうがよい。
② CaF_2 の溶解度は $16\,mg/l$ なので原水中の F 濃度がいくら高くてもカルシウム処理で $16\,mg/l$ 以下となる。
③ 実際のフッ素排水中にはカルシウムと反応する複数の成分が共存するので、フッ素に対応する量よりも多くのカルシウムが必要である。
④ フッ素イオン濃度が $200\,mg/l$ 程度あってもフッ素の 25 倍くらいの硫酸アルミニウムを加えて凝集処理すればフッ素 $8\,mg/l$ 以下となる。
⑤ 硫酸アルミニウムを使うとスラッジ量が増えるので沈殿槽や脱水機にかかる負荷が大きくなる。

解 答

② 排水中の F 濃度が $40\,mg/l$ 以上あるとカルシウムを使って処理しても $F=16\,mg/l$ 以下とはならない。

5.7 ホウ素含有排水の処理

河川・湖沼におけるホウ素の一律排水基準は2001年7月より10 mg/l となった。

ホウ素は低pH域の水中で、ホウ酸またはフルオロホウ酸になっていると考えられる。ホウ酸はpH値によって形態が変わり、アルカリ域では式(1)のように$B(OH)_4^-$になるといわれている。

$$H_3BO_3 + H_2O \rightarrow B(OH)_4^- + H^+ \qquad \cdots\cdots (1)$$

また、ホウ素(B^-)300 mg/l 以上の水中(pH 6〜11)では、$B_3O_3(OH)_4^-$、$B_5O_6(OH)_4^-$、$B_3O_3(OH)_5^{2-}$などのポリマーを形成するという報告がある[1]。

したがって、実際のホウ素含有排水の処理ではpH、ホウ素濃度、共存イオンなどが重要なファクターを占める。

● ホウ素含有排水の凝集処理

図5.7.1は表面処理で実際に使用したホウ素含有排水の凝集沈澱処理例である。
原水の組成はpH 2.4、T-Cr 700 mg/l、Ni^{2+} 760 mg/l、ホウ素(B^-)80 mg/l であ

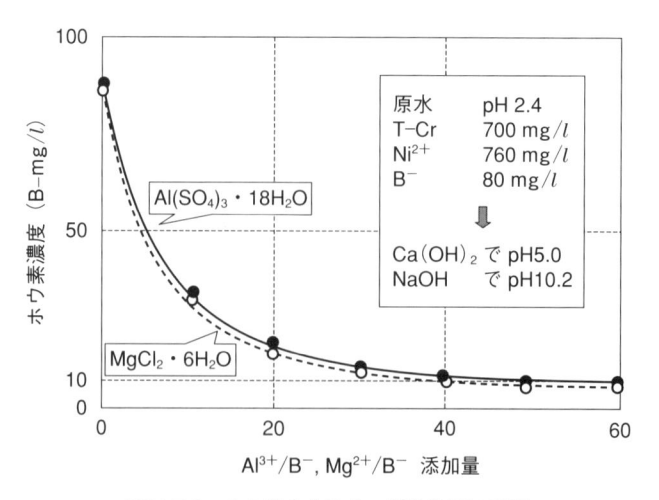

図5.7.1 ホウ素含有排水の凝集沈澱処理例

---

1) 恵藤良弘、朝田裕之:化学装置、Vol. 46、No. 8、pp. 42〜48（2004）

る。

　原水に硫酸アルミニウム（Al^{3+}）または塩化マグネシウム（Mg^{2+}）をホウ素（B^-）の20、40、60倍量加えて20分撹拌した後、水酸化カルシウムでpH 5とし、次いで、水酸化ナトリウムでpH 10.2に調整した。

　図5.7.1の結果から、ホウ素の30倍量のAl^{3+}またはMg^{2+}を添加して$Ca(OH)_2$でpH 5に調整後、NaOHでpH 10.2にすればホウ素濃度は10 mg/lとなる。

　本方法は多量の水酸化アルミニウムまたは水酸化マグネシウムのスラッジにホウ素イオン［$B(OH)_4^-$など］を吸着させるので、必然的に多量のスラッジ発生を伴う。したがって、沈殿槽や脱水機に負担がかかる。

　別の項目で述べるフッ素（F^-）、リン（PO_4^{3-}）、シリカ（SiO_2、$HSiO_3^-$）などのマイナスイオンはどれも水酸化アルミニウムスラッジに吸着するという点でホウ素とよく似ている。ホウ素含有量が多い排水を硫酸アルミニウムを用いて処理する場合はスラッジが増えるので別の凝集処理設備を設けたほうがよい。

● ホウ素のイオン交換処理

　ホウ素（B^-）は水中で$B(OH)_4^-$のようなマイナスイオンの形態をとることから弱塩基性陰イオン交換樹脂を用いた吸着の検討が行われていた。

$$B(OH)_3 + OH \rightarrow B(OH)_4^- \qquad \cdots\cdots\cdots (2)$$

しかし、実際の排水中にはホウ素以外にも多くの陰イオン（SO_4^{2-}、NO_3^-、Cl^-など）が混在しているのでホウ素を特定して吸着する割合は低い。

　図5.7.2にグルカミン基〔$(-HC-OH-)_n$〕を吸着基として持つホウ素吸着樹脂のpH依存性を示す。

　図5.7.2より、グルカミン型樹脂はpH 3以上でホウ素吸着力を発揮しはじめるが、pH 1以下では吸着しない。したがって、吸着したホウ素は酸（硫酸など）により溶離でき、繰り返し使用できる。

　図5.7.3はホウ素吸着樹脂の再生結果例である。5％硫酸溶液を使ってSV 2の流速で再生すれば樹脂量の約5.5倍量の再生剤で溶離は完了する。

　図5.7.4はホウ素吸着用キレート樹脂による海水からのホウ素除去例である。

　通常、海水のpHは8.3程度でホウ素が約5 mg/l含まれている。このpH値はグルカミン型ホウ素吸着樹脂に都合がよい。これを樹脂塔にSV 20で通水すると樹脂容量の300倍以上の処理水を得ることができる。

　ホウ素選択性樹脂は吸着使用の後、酸によるホウ素溶離→アルカリ再生処理をすれ

第5章 物理化学的処理

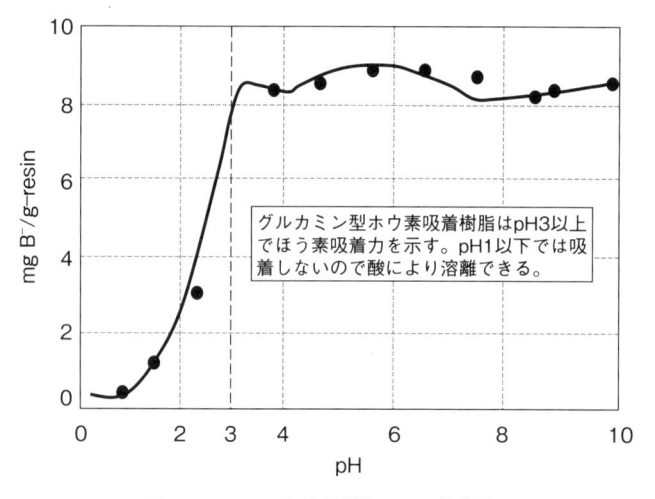

図 5.7.2 ホウ素吸着樹脂の pH 依存性

グルカミン型ホウ素吸着樹脂はpH3以上でほう素吸着力を示す。pH1以下では吸着しないので酸により溶離できる。

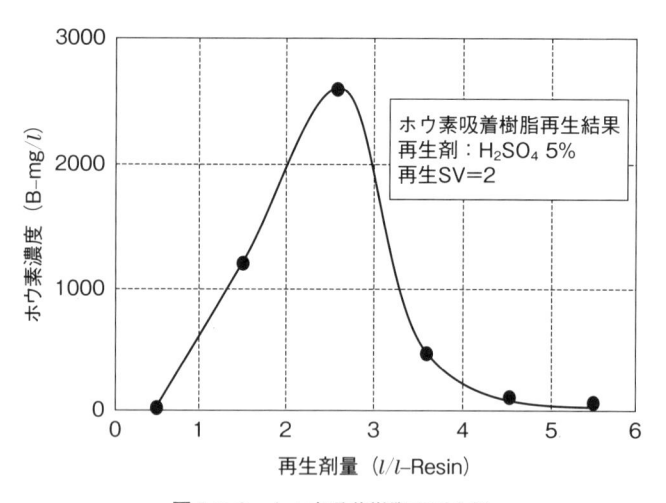

ホウ素吸着樹脂再生結果
再生剤：H_2SO_4 5%
再生SV=2

図 5.7.3 ホウ素吸着樹脂の再生例

ば再使用できる。ホウ素選択樹脂から溶離したホウ素はイオン交換樹脂を用いて再精製するか溶媒抽出法と組み合わせて精製し、再利用する方法などが検討されている。

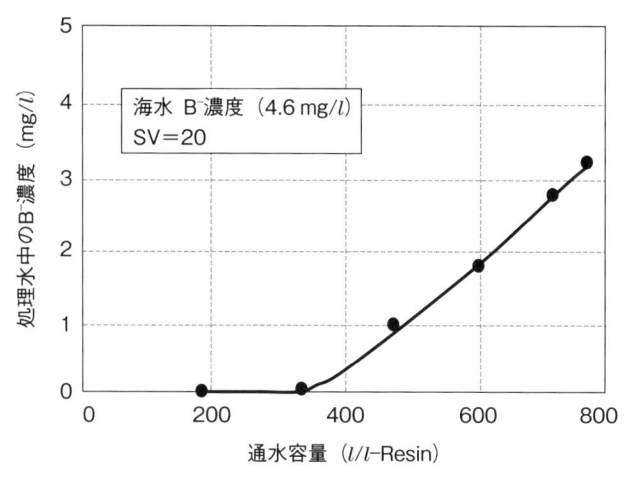

図 5.7.4 海水からのホウ素除去例

演習問題

ホウ素排水の処理に関する記述として誤っているのは次のうちどれか。

① ホウ酸は pH 値によって形態が変わり、アルカリ域では $B(OH)_4^-$ になるといわれている。
② ホウ素含有排水は、ホウ素の 30 倍量の Al^{3+} または Mg^{2+} を添加して $Ca(OH)_2$ で pH 5 に調整後、NaOH で pH 10.2 にすればホウ素濃度は 10 mg/l となる。
③ グルカミン型樹脂は pH 3 以上でホウ素吸着力を発揮しはじめるが、pH 1 以下では吸着しない。
④ ホウ素選択性樹脂は吸着使用の後、硫酸溶液で再生する。再生後の樹脂は水洗すれば繰り返し使用できる。
⑤ 海水の pH は 8.3 程度でホウ素が約 5 mg/l 含まれている。この pH 値はグルカミン型ホウ素吸着樹脂に都合がよい。

解 答

④ ホウ素選択性樹脂は吸着使用の後、酸によるホウ素溶離だけでは再使用できない。酸処理後、水洗を行いアルカリで再生処理をする。ホウ素選択吸着樹脂は、ホウ素イオンだけを吸着するのでその他の陰イオン濃度は無視できる。

第5章 物理化学的処理

5.8 亜鉛含有排水の処理

　亜鉛は自動車や建材構造物用亜鉛めっき鋼板、電子部品、機械部品、ゴムタイヤなど多くの製品に使用されている。欧米諸国は1970年代から生物多様性の確保、生態系の維持に加え、さらに良好な水環境保全のために「亜鉛の水生生物への影響」を考慮した水質目標を設定してきたた。

　我が国では、従来から亜鉛の排水基準は5 mg/lであり、環境基準は定められていなかったが、2003年11月に水生生物保護の観点から「全亜鉛」としてすべての水域における環境基準が0.03 mg/lと定めた。

　今回、水生生物の保護を目的とした基準を導入するに当たって、多くの化学物質・重金属も対象になったが、科学的知見の蓄積が多いものを優先的に選んだ結果、全亜鉛の基準が決定されることとなった。

　図5.8.1は陸水域における亜鉛の流れである。自治体が1992年から10年間に全亜鉛を測定した結果を集約すると、全亜鉛の環境基準値超過が2年以上確認された地点は陸水域で446地点（測定点中の15%）、海域で54地点（同8%）にのぼり、その分布が全国にわたっていることがわかった。

　これらの結果に基づき何回かの検討が加えられ、2006年4月の中央環境審議会・

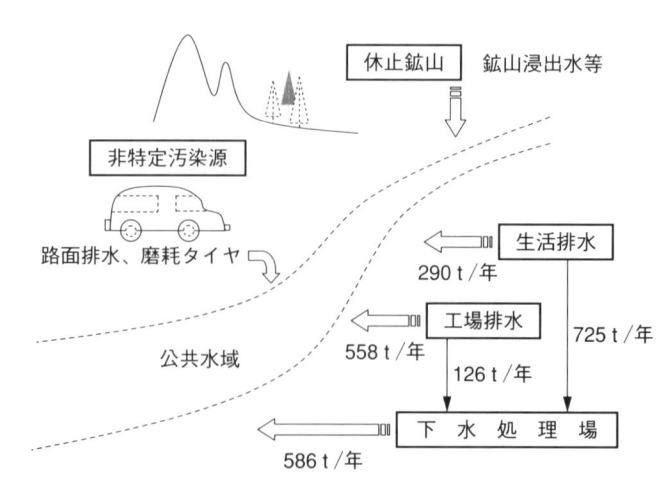

図5.8.1　陸水域における亜鉛の流れ例

水環境部会は「水質汚濁防止法」に基づく亜鉛の一律排水基準を現行の 5 mg/l から 2 mg/l に下げることが適当であるとした。

● 亜鉛の水酸化物処理

亜鉛イオン（Zn^{2+}）は NaOH でアルカリに調整すれば水酸化亜鉛〔$Zn(OH)_2$〕となって析出する。しかし、その適正 pH 範囲は 9.0～9.5 に限られる。特に、NaOH の過剰量は $Zn(OH)_2$ を再溶解するので注意が必要である。

$$Zn(OH)_2 + 2OH^- \rightarrow [Zn(OH)_4]^{2-} \quad \cdots\cdots (1)$$

図 5.8.2 は亜鉛含有排水の水酸化物処理例である。

亜鉛イオンを 300 mg/l 含む 3 価クロム化成処理排水に水酸化カルシウムを加えて pH を 7～12 に調整した。

その結果、pH 9.0～9.5 に限って亜鉛イオン濃度が 0.1 mg/l 以下となった。

pH 12 では亜鉛が 7.5 mg/l に増加する。

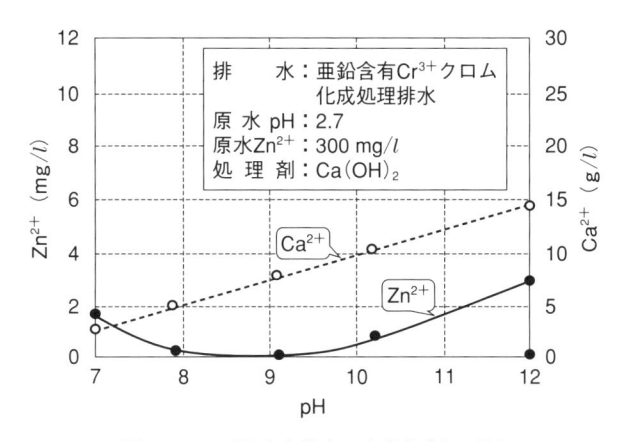

図 5.8.2　亜鉛含有排水の水酸化物処理例

実際の排水では金属成分が亜鉛だけというのはまれで、他に鉄、銅、ニッケル、クロムなどが共存する。

この場合、どの金属イオンに焦点を合わせて処理するかよく検討することが重要である。

● 亜鉛イオンのキレート化

表面処理排水には亜鉛を始め多くの金属イオンと錯体を形成しやすいアンモニア、キレート剤、有機酸などが含まれる。この場合、これらの成分は予め分解するか不溶化して除去する必要がある。

図 5.8.3 に銅イオンおよび亜鉛イオンのキレート結合例を示す。

重金属イオンは一般にシアン、アンモニア、有機酸、キレート剤などと錯体をつく

りやすい。一例として、図5.8.3のようにエチレンジアミンとアンモニアのキレート安定定数を比べると亜鉛は銅の半分程度である。

これは、亜鉛は銅ほど強くはないがアンモニアとキレートを形成するので、アンモニアの共存は亜鉛の水酸化物形成を妨害することを示唆している。

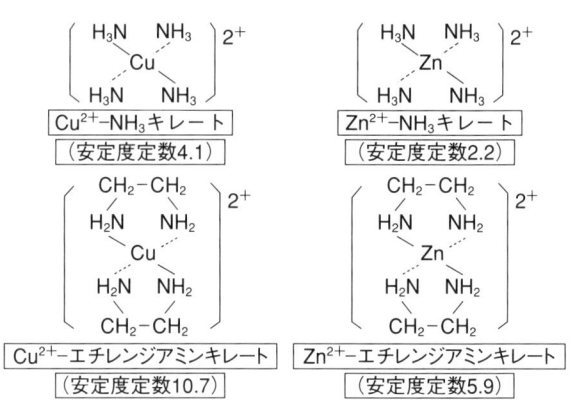

図5.8.3　銅と亜鉛のキレート例

また、せっかく亜鉛を$Zn(OH)_2$として不溶化してもアンモニア（NH_3）があると式(2)のように$Zn(OH)_2$を再溶解するのでアンモニアの共存はpHの上昇と同様に注意が必要である。

したがって、亜鉛・アンモニア含有排水の場合は事前にアンモニア除去後、亜鉛の水酸化物とするか硫化物として不溶化するとよい。

$$Zn(OH)_2 + 4NH_3 \rightarrow [Zn(NH_3)_4]^{2+} + 2OH^- \quad \cdots\cdots(2)$$

● 亜鉛の硫化物処理

亜鉛イオン（Zn^{2+}）は水酸化物より溶解度の低い硫化亜鉛（ZnS）を形成して析出するが、結晶が微細なので凝集しにくい。また、過剰の硫化物添加は微粒化を促進し凝集効果を著しく低下させるので注意が必要である。

水酸化亜鉛〔$Zn(OH)_2$〕と硫化亜鉛（FeS）の溶解度積を比較すると$Zn(OH)_2$：1.2×10^{-17}に対してFeS：2.9×10^{-25}である。これはFeSのほうがはるかに難溶であることを示している。亜鉛はpH5～7で等量の硫化ナトリウムを作用させればFeSとなる。この場合、硫化ナトウムを過剰に加えると硫化水素ガスが発生して作業環境が悪化するばかりか、反応液が還元雰囲気（ORP値の低下）となり、凝集性が大幅に低下する。したがって、硫化ナトリウムの添加は少量ずつ行い、pHとORP値の管理を厳密に行うことが重要である。

図5.8.4は既設の表面処理排水処理設備に亜鉛除去設備を付加した事例である。この設備では、有機酸と亜鉛を含む排水をカルシウムで処理して有機酸を不溶化し、次

いで、硫化ナトリウムで亜鉛を不溶化するプロセスを付加した例である。

既設の設備に加え図5.8.4のような処理設備を準備しておくと表面処理から排出される有機酸、亜鉛、3価クロム、無電解ニッケルなどを含む排水の処理に対応できて便利である。

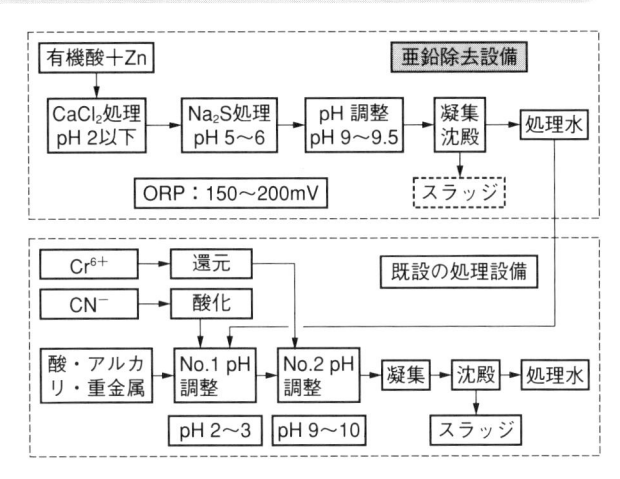

図 5.8.4 亜鉛含有排水の硫化物処理フローシート

る。図5.8.4の上段にpH2以下で塩化カルシウム（$CaCl_2$）を作用させる工程があるが、これは有機酸に過剰のカルシウムイオンを作用させて有機酸カルシウムとして不溶化させようとする手段である。

演習問題

亜鉛含有排水の処理に関する記述として誤っているのは次のうちどれか。

① 欧米諸国では1970年代から、さらに良好な水環境保全のために「亜鉛の水生生物への影響」を考慮した水質目標を設定してきた。
② 我が国では2006年4月に亜鉛の一律排水基準を現行の5 mg/lから2 mg/lに下げることとした。
③ 亜鉛イオン（Zn^{2+}）はNaOHでアルカリに調整すれば水酸化亜鉛〔$Zn(OH)_2$〕となって析出するがその適正pH範囲は9.0〜9.5に限られる。
④ 亜鉛は$Zn(OH)_2$として不溶化してもアンモニア（NH_3）があると$Zn(OH)_2$を再溶解するので注意する。
⑤ 亜鉛はpH5〜7で等量の硫化ナトリウムを作用させればFeSとなるが、さらに過剰に加えると確実な処理ができる。

解 答

⑤ 誤り：亜鉛は等量の硫化ナトリウムを作用させればFeSとなるが、過剰に加えるとかえって凝集性が悪くなって処理できなくなる。

5.9 フェントン酸化

過酸化水素は分解生成物が水と酸素なので塩素酸化と違って、処理水中に溶解塩類が増えたり、有害な有機塩素化合物副生の懸念がない。過酸化水素は、アルカリ性下では不安定で酸化力が弱い。酸性下では安定で酸化力を発揮しないが、鉄イオン（Fe^{2+}）が共存するとフェントン反応に基づくヒドロキシルラジカル（$OH\cdot$）を生成し、強い酸化力を発揮する。

$$Fe^{2+} + H_2O_2 \rightarrow Fe^{3+} + OH^- + OH\cdot \qquad \cdots\cdots (1)$$

$$Fe^{3+} + H_2O_2 \rightarrow Fe^{2+} + HO_2\cdot + H^+ \qquad \cdots\cdots (2)$$

すなわち、Fe^{2+}の場合は式(1)に従い、Fe^{3+}の場合は式(2)および式(1)の二段階を経てヒドロキシルラジカル（$OH\cdot$）が生成される。このヒドロキシルラジカルは水溶液中でほとんどの有機物や還元性物質を酸化する。

● フェントン反応による有機性排水の処理

図5.9.1は有機酸や還元剤を含む無電解ニッケルめっき排水をフェントン酸化処理した結果例である[1]。

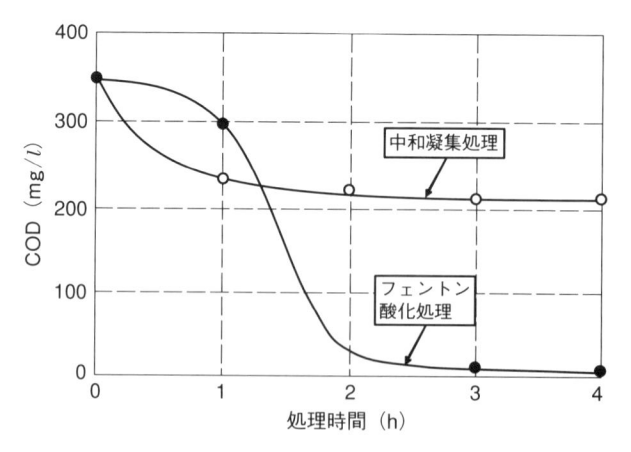

図5.9.1 無電解ニッケルめっき排水のフェントン酸化処理例

---

1) 和田洋六ほか：日本化学会誌、No. 2、pp. 130〜136（1998）

COD 350 mg/l の水洗排水に硫酸第一鉄を鉄イオン（Fe^{2+}）として 500 mg/l 加えて pH 3.0 に調整し 35% 過酸化水素を COD（O）の 1.2 倍量添加して 4 時間酸化処理を行った。酸化処理水は 1 時間ごとに採水し、塩化カルシウムと水酸化カルシウム溶液を加えて pH 10 とし、凝集沈殿させた後、上澄水を No. 5 A ろ紙でろ過して COD を測定した。

比較対照にフェントン酸化処理をしないで COD 350 mg/l の水洗水に硫酸第二鉄を鉄イオン（Fe^{3+}）として 500 mg/l、塩化カルシウムと水酸化カルシウム溶液を加えて pH 10 とし、凝集沈殿させた後、上澄水を No. 5 A ろ紙でろ過して COD を測定した。その結果、フェントン酸化処理した処理水は 2 時間後に COD 30 mg/l となり、4 時間後には 10 mg/l となった。

1 時間後の COD 値が 300 mg/l とあまり変化なかったのは過酸化水素がまだ十分に消費されないで、反応系内に残存していた結果である。過酸化水素は COD を測定する際に使用する過マンガン酸カリウム標準溶液と式(3)のように反応するので、見かけの COD として計測されたと思われる。

$$5\,H_2O_2 + 2\,MnO_4^- + 6\,H^+ \rightarrow 2\,Mn^{2+} + 5\,O_2 + 8\,H_2O \quad \cdots\cdots (3)$$

フェントン反応処理の試料に顕著な COD 低下効果が見られたのは、一例として、試料中に含まれるグリコール酸（$HOCH_2COOH$）などの有機酸が式(4)～(6)のように段階的に酸化され、グリオキシル酸（HOC-COOH）、シュウ酸（HOOC-COOH）を経てギ酸（HCOOH）などの低 pH で COD 値の低い有機酸に分解したためと考えられる[2]。

$$HOCH_2COOH + 2\,HO\cdot \rightarrow HOC\text{-}COOH + 2\,H_2O \quad \cdots\cdots (4)$$
$$HOC\text{-}COOH + 2\,HO\cdot \rightarrow HOOC\text{-}COOH + H_2O \quad \cdots\cdots (5)$$
$$HOOC\text{-}COOH + 2\,HO\cdot \rightarrow 2\,HCOOH + O_2 \quad \cdots\cdots (6)$$

本実験結果から、難分解性有機成分を含む排水でもフェントン酸化処理した後、カルシウムと水酸化ナトリウムによる凝集処理を行えば有機成分の大半は分解できることが明らかとなった。

● フェントン反応による汚染土壌の浄化

フェントン反応に基づく酸化作用を利用すれば有機塩素化合物で汚染された地下水や土壌汚染を改善することができる。

---

2) 和田洋六ほか：化学工学論文集、Vol. 31、No. 5、pp. 365～371（2005）

第 5 章　物理化学的処理

$$Fe^{2+} + H_2O_2 \rightarrow Fe^{3+} + (OH\cdot) + OH^-$$

トリクロロエチレン　$OH\cdot$　ヒドロキシルラジカル

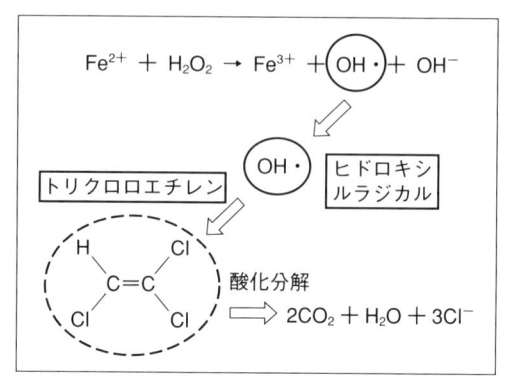

$$\begin{array}{c} H \quad Cl \\ C=C \\ Cl \quad Cl \end{array} \xrightarrow{\text{酸化分解}} 2CO_2 + H_2O + 3Cl^-$$

図 5.9.2　トリクロロエチレンの酸化分解

図 5.9.2 はヒドロキシルラジカルによるトリクロロエチレンの酸化分解の経過である。一例として、汚染土壌を加温して有機塩素化合物、ダイオキシン類、PCB などを水に溶出させ、酸化剤から生成したヒドロキシルラジカルで水中の有機物を酸化分解することができる。

図 5.9.3 は汚染土壌浄化の概要図である。酸化剤調整槽で調整した酸化処理剤は注入ポンプで、直接、汚染区域に注入される。フェントン処理剤は鉄イオンが共存するが、水酸化第二鉄として土壌中に残っても無害なので二次公害の懸念がない。

フェントン酸化処理を適用しない場合は、別の酸化物（過硫酸カリウムなど）を汚染区域に注入することにより、原位置（地表面下）で直接トリクロロエチレンなど分

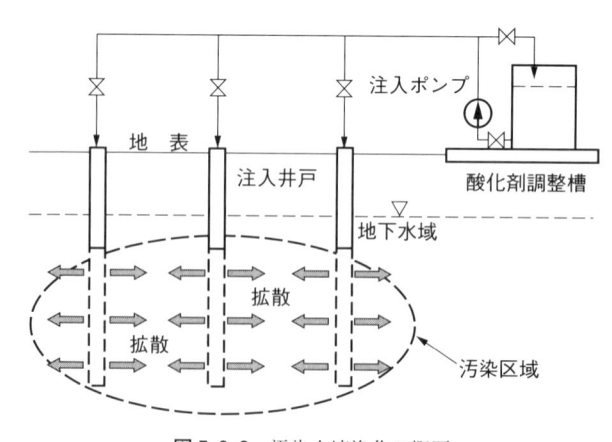

図 5.9.3　汚染土壌浄化の概要

解して無害化する。この方法は、従来法（揚水処理）に比べ浄化期間を大幅に短縮することができる。

● **フェントン酸化による排水処理**

図 5.9.4 はフェントン酸化による排水処理装置のフローシートである。

No.1 酸化槽にくみ上げた原水は硫酸溶液で pH 3～4 に調整し、硫酸第一鉄と過酸化水素を加える。酸化反応は 2～3 時間を要するので No.2 酸化槽にて引き続き酸化処理を行う。

pH 調整槽に移流した処理水に塩化カルシウム溶液を加え、水酸化ナトリウム溶液で pH 9～10 に調整する。この段階ではまだ過剰の過酸化水素が残留している場合があるので次のばっ気槽で空気を送って余剰の過酸化水素を取り除く。

pH 調整により生成した水酸化第二鉄スラッジは凝集槽にて凝集処理する。凝集処理水は沈殿槽に移流して上澄水と沈殿物に分離する。

沈殿スラッジの大半は脱水処理するが、一部は循環スラッジとして No.1 酸化槽に返送して再利用する。図 5.9.4 で加える硫酸第一鉄（$FeSO_4 \cdot 7H_2O$）の量は予備実験で決めるが、ひとつの目安として COD 1,000 mg/l あたり Fe^{2+} に換算して 1,000 mg/l である。

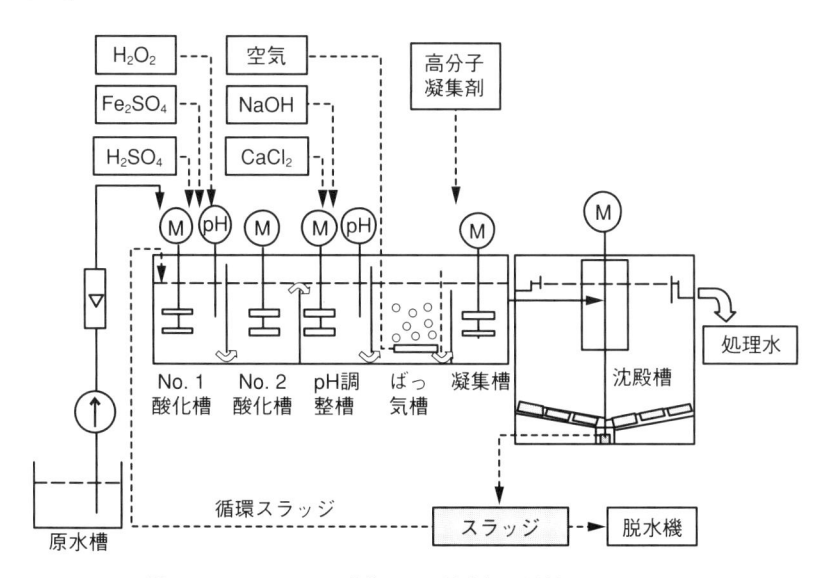

図 5.9.4　フェントン酸化による排水処理装置フローシート

5.10 シリカの除去

シリカは表流水や地下水には例外なく含まれており一般の水道水には SiO_2 として $10～30\,mg/l$ 程度検出される。シリカは水質分析（JIS-K 0101）では SiO_2 として表わすが、pH 9 以下では主として $Si(OH)_4(H_2O)_2$ の形で存在する。

シリカは海水中にはほとんど含まれていない。これはシリカが水中プランクトンに取り込まれてしまうからである。

● シリカの溶解度

シリカは水の pH 値によって式(1)(2)のように解離すると考えられる[1]。

$$pH\,8.5\,以上：Si(OH)_4(H_2O)_2 \Leftrightarrow Si(OH)_5(H_2O)^- + H^+ \qquad \cdots\cdots(1)$$
$$pH\,11\,以上：Si(OH)_5(H_2O)^- \Leftrightarrow Si(OH)_6^{2-} + H^+ \qquad \cdots\cdots(2)$$

上水道処理で扱う水の pH は 6～8 程度の場合が多いのでシリカの大半は $Si(OH)_4(H_2O)_2$ の形で存在している。

図 5.10.1 はシリカの溶解度と pH の関係である。

シリカは通常、2ミリモル/l までは $Si(OH)_4(H_2O)_2$ の形で溶けている。pH が 8.5 を越えるあたりから $Si(OH)_5(H_2O)^-$ が増加するので溶解度が上昇する。

図 5.10.2 はシリカの溶解度と温度の関係である。

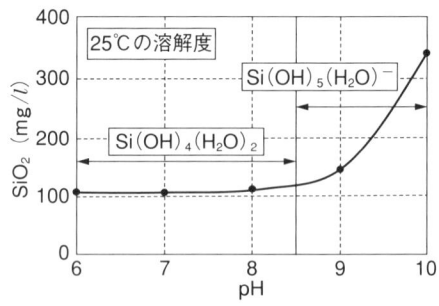

図 5.10.1　シリカの溶解度と pH の関係

シリカの溶解度は温度に比例して上昇する。一例として、常温（25℃）におけるシリカの溶解度およそ $100\,mg/l$ である。

● 凝集処理によるシリカ除去

シリカには不溶性のものと溶解性のものがある。不溶性シリカは凝集沈殿や精密ろ

---

1) 岡本　剛、後藤克己、諸住　高：工業用水と廃水処理、pp. 31、日刊工業新聞社（1974）

過（MFろ過、UFろ過など）で除去できる。水に溶解したイオン状のシリカは通常、マイナスイオンとして存在している。

水には溶解しないもののコロイド状で存在しているシリカもある。用水、排水処理ではイオン状とコロイド状の混在したシリカを扱うこともあるので、これらを取り除くのは簡単なようでてなかなか難しい。

コロイド状シリカはマイナスに帯電しているので、フッ素イオン（F^-）やリン酸イオン（PO_4^{3-}）などのように水酸化アルミニウムで凝集処理をすると除去できる。

図5.10.3は洗浄剤排水（pH 6.2、SiO_2 90 mg/l）に硫酸アルミニウムをAl^{3+}として25〜100 mg/l 加え、pH 8に調整してシリカの溶解度を測定したものである。

図5.10.3は洗浄剤排水（pH 6.2、SiO_2 90 mg/l）に硫酸アルミニウムをAl^{3+}として25〜100 mg/l 加え、NaOH溶液でpH 8に調整してシリカ濃度を測定した。

図5.10.3の結果より、シリカと同じ量（90 mg/l）のAl^{3+}を加えてpH 8に調整すればシリカは10 mg/l 以下となることがわかる。

図5.10.4は実際の表面処理排水

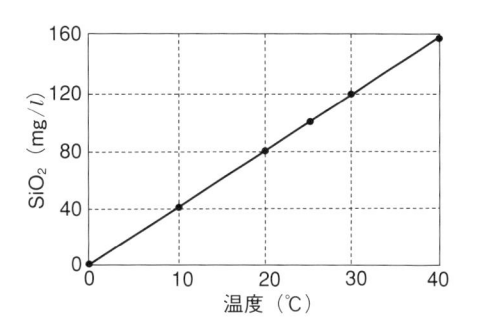

図5.10.2 シリカの溶解度と温度の関係[2]

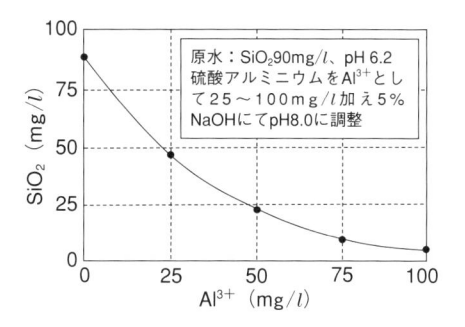

図5.10.3 硫酸アルミニウムによるシリカの除去

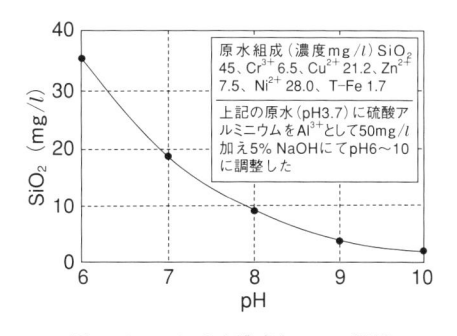

図5.10.4 シリカ濃度とpHの関係

---

2) Dupont 社、Permasep Product Engineering Manual

(pH 3.7、SiO_2 45 mg/l、Cr^{3+} 6.5 mg/l、Cu^{2+} 21.2 mg/l、Zn^{2+} 7.5 mg/l、Ni^{2+} 28.0 mg/l、T–Fe 1.7 mg/l）に硫酸アルミニウムを Al^{3+} として 50 mg/l 加え、pH 6〜10 に調整してシリカの溶解度を調べたものである。

図 5.10.4 の結果より、シリカとほぼ同じ量（50 mg/l）の Al^{3+} を加えて NaOH 溶液で pH 8 に調整すればシリカは 10 mg/l 以下となる。

pH 10 ではシリカ濃度が 2.5 mg/l となった。これは共存する重金属の共沈効果によるものと思われる。

図 5.10.5 は RO 膜処理における濃縮水のシリカの pH 補正係数である。pH 7.0〜7.8 の間の補正係数は 1.0 であるが、pH 5.0 では 1.25、pH 9.0 では 2.0 となり、pH 値が上昇するほど補正係数が高くなる。

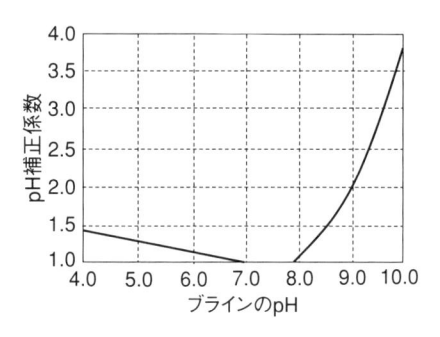

図 5.10.5 シリカの pH 補正係数[2)]

● イオン交換樹脂によるシリカ除去

図 5.10.6 はイオン交換樹脂によるシリカの除去結果例である。

上段の図のように、原水（pH 6.7、SiO_2 25 mg/l、電気伝導率 150 μS/cm）を混床塔に SV 10 で通水すると SiO_2 0.05〜0.1 mg/l の処理水となる。下段の図のように陽イオン塔、陰イオン塔の順に SV 10 で通水すると SiO_2 0.05 以下の処理水となる。

この場合、シリカは陰イオン交換樹脂に吸着される。

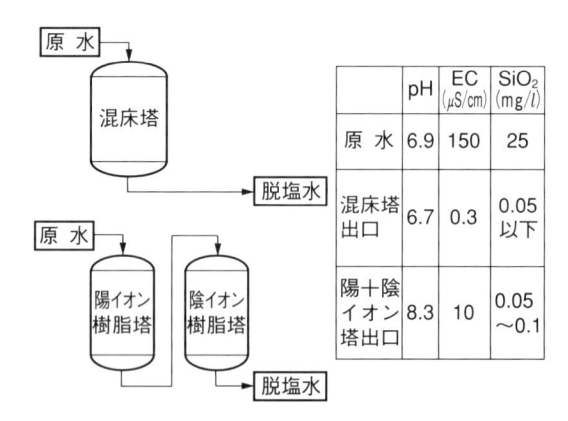

	pH	EC (μS/cm)	SiO_2 (mg/l)
原水	6.9	150	25
混床塔出口	6.7	0.3	0.05 以下
陽＋陰イオン塔出口	8.3	10	0.05〜0.1

図 5.10.6 イオン交換樹脂によるシリカの除去

陰イオン交換樹脂に吸着したシリカは 7〜10% の水酸化ナトリウム溶液で溶離再生する。シリカが樹脂に強固に吸着した場合は水酸化ナトリウム溶液の温度を 40℃ くらいに上げて「加温再生」を行うと再生効率が高まる。

● カルシウムとシリカの混在した水の処理

用水・排水処理で扱う水にシリカが単独で含まれることはまれである。水によってはシリカとカルシウムが混在してカルシウムシリケート水和物（xCaO·SiO_2·nH_2O）などを形成していることもある。

この場合は、図 5.10.7 に示すように一段めの Na_2CO_3 による凝集処理かイオン交換処理でカルシウムを除去し、二段目の RO 膜処理でシリカを除去する方法がある。

シリカの溶解度は pH 9～10 になると pH 7 の時よりも 2～3 倍に増える。RO 膜の中には pH 9～10 でも使用できるものがあるので図 5.10.7 の方法は実際に応用できる。

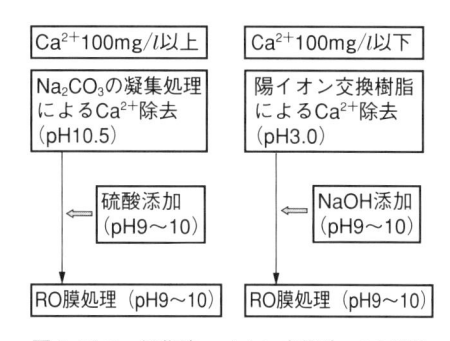

図 5.10.7 凝集法、イオン交換法、RO 膜法の組み合わせによるシリカ除去

演習問題

シリカの除去に関する記述として誤っているのは次のうちどれか。

① シリカは水質分析（JIS-K 0101）では SiO_2 として表わすが、pH 9 以下では主として $Si(OH)_4(H_2O)_2$ の形で存在する。
② シリカは通常、2 mmol/l までは $Si(OH)_4(H_2O)_2$ の形で溶けている。pH が 8.5 を越えるあたりから $Si(OH)_5(H_2O)^-$ が増加するので溶解度が増大する。
③ 常温におけるシリカの溶解度は約 100 mg/l で、pH 値に左右されない。
④ コロイド状シリカはどちらかといえばマイナスに帯電しているので、フッ素イオン（F^-）やリン酸イオン（PO_4^{3-}）などのように水酸化アルミニウムで凝集処理をすると除去できる。
⑤ シリカとカルシウムは混在してカルシウムシリケート水和物（xCaO·SiO_2·nH_2O）を形成していることもある。

解 答

③ 誤り：常温、中性におけるシリカの溶解度は約 100 mg/l であるが、pH 値が高くなると溶解度が増え、pH 10 では 300 mg/l 以上となる。

第5章 物理化学的処理

◆コラム⑤　水がとりもつ紙の水素結合

　紙はセルロースの集合体で、セルロースがもつ水酸基（OH基）による「水素結合」が自己接着性を発揮して紙の強度を保っている。紙の繊維が寄り集まるきっかけを作るのは水で、水がなければ紙はできない。

　紙の作り方の手順は、①原料木材（こうぞ、みつまたなど）の樹皮をむいて水に浸す。②樹皮に水酸化ナトリウム（NaOH）を加えて煮沸すると茶褐色のリグニンが溶け出してセルロース分が残る。③繊維をよく洗って細かく叩きつぶすと柔らかくなり、それを水に分散させると繊維と繊維が接近する。④分散した繊維をスノコですくい上げると薄い層になり、脱水、乾燥して水を蒸発させると紙ができる。ここで、無数のセルロースが寄り集まって「紙」となるのは接着剤の力ではなく「水素結合」の作用によるものである。

　紙は乾燥している限りは丈夫であるが、水に濡れるとすぐに破れてしまう。これは、水が「水素結合」で密着している繊維どうしの仲を引き裂くからである。水素結合をつくるのも水であるが、それをこわすのも水である。紙にとって水は良薬にもなり、毒にもなる。このように、水と紙の縁は切っても切れないのである。

　紙に関する記録は、西暦105年、中国・後漢和帝の元興元年に宮中用度係長官の蔡倫（さいりん）という人が紙を和帝に献上したという内容の記述がある。こうした記録から、紙の発明者は蔡倫とされたこともあったが、現在では、蔡倫は紙の改良者であるといわれることが多い。

　蔡倫の紙は、樹皮、麻、ボロ布などを原料とし、それを石臼で砕いて、水の媒介によって紙を漉いたと伝えられている。

　セルロースが主成分の**繊維**と水を使って、誰が、どんな考えで混ぜ合わせて紙を作ったのか、その発想の原点は不明であるが偉大な発明であることは間違いない。

天然のセルロースはOH基をたくさんもっている。これが水の仲介により隣りの分子と接近し、水素結合を形成して紙となる。

セルロースの構造

第6章

排水のリサイクル

6.1 RO膜による表面処理排水のリサイクル

表面処理排水には重金属イオン、懸濁物、COD成分、シリカおよびカルシウムなどの汚濁物質が含まれる。表面処理排水はこれまで中和凝集沈殿法で処理し、公共水域に放流していたが、塩類濃度が高いので再利用には適さない。

表面処理排水を高度処理して再利用するには①逆浸透膜(以下RO膜)法、②イオン交換樹脂法による脱塩、精製が考えられる。

イオン交換樹脂で塩類濃度の高い排水を直接処理すると純度の高い水が得られるが樹脂が短時間で飽和に達し、再生頻度と再生費用が増えるので不経済な上に環境対策上も好ましくない。ところが、RO膜で塩類の大半を除去した後にイオン交換樹脂処理すれば樹脂の長寿命化を図ることができる。

RO膜処理とイオン交換樹脂処理は、元来、清浄な水の高純度化に適用されてきた方法であるが、適切な前処理を施せば汚濁排水の処理にも応用できる。

ここでは表面処理排水をRO膜処理し、透過水をイオン交換樹脂処理してリサイクルする方法について述べる。

● RO膜モジュール内の内部構造と流速管理 ───────────

用水・排水処理に用いられるRO膜は図6.1.1に示すようにスパイラル(のり巻き状)式のものが多い。

原水は膜モジュール左側から流入し、膜の隙間をぬって流れる間に透過水と濃縮水に分けられ、透過水はモジュール中心にある集水管に集まり、濃縮水はモジュール右側から排出される。図のようにスパイラル膜の内部は緻密な構造なので実際の使用にあたっては下記の注意が必要である。
① 原水は所定の濃度まで濃縮しても塩類が析出しないこと。
② 原水のFI値は4～5とする。
③ RO膜内の流速は懸濁物質が沈着しないように一定速度以上を確保すること。

スパイラル膜は大きな面積の膜を図6.1.1のように巻いて狭い流路(1～2 mm程度の隙間)を水が流れるようになっている。一例として、8インチ膜の膜面積はおよそ36 m^2、4インチ膜では9 m^{2}もあるので流路に堆積しそうな成分や懸濁物は事前に

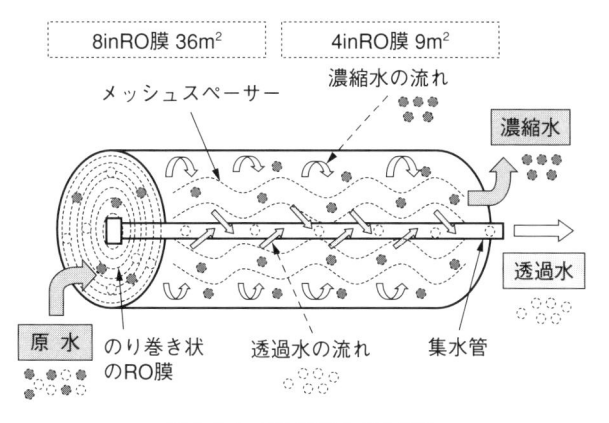

図 6.1.1　RO膜内の水の流れ

取り除くか析出しないように管理することが重要である。

それでも膜表面には「濃縮界面」が形成されるので、排水処理の場合は8インチ膜ベッセル1本あたり12 m³/h程度の流量が必要である。透過水は水温22℃で20 l/m²·h程度（8インチ膜1本あたり0.72 m³/h）回収できる。

● RO膜とイオン交換樹脂による表面処理排水の処理

表 6.1.1 に表面処理排水の一例を示す。表 6.1.1 の原水を直接イオン交換樹脂処理すると塩分濃度が高いので樹脂はたちまちのうちに飽和に達する。

これに対して、図 6.1.2 に示す RO 膜処理を行えば溶解成分の大半が分離できる。

表 6.1.1　原水と透過水の水質

項　目	原水の水質	透過水水質
pH	7.5	4.7
電気伝導率（μS/cm）	1,200	45
全溶解固形分（mg/l）	950	N.D
SS（mg/l）	40	N.D
Cu^{2+}（mg/l）	4	N.D
Ni^{2+}（mg/l）	20	N.D
Ca^{2+}（mg/l）	25	N.D
SiO_2（mg/l）	28	1.2
COD（mg/l）	30	0.9

第6章 排水のリサイクル

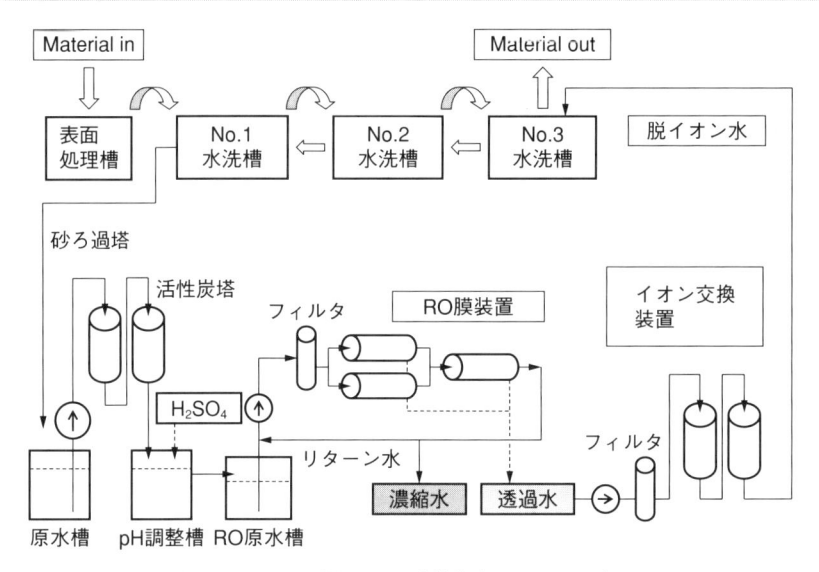

図 6.1.2 RO 膜とイオン交換樹脂処理による表面処理排水の再利用フローシート[1]

図 6.1.2 では、RO 膜装置の前段で砂ろ過、活性炭処理を行い、銅イオン、ニッケルイオンを含んだままで pH 5 程度の弱酸性に調整して RO 膜処理を行う。

その結果、表 6.1.1 に示す透過水が安定して得られた。

● 原水、濃縮水、透過水の吸光度

図 6.1.3 は図 6.1.2 の pH 調整槽で pH 5.0 に調整した原水と回収率 50% で RO 膜処理した濃縮水、透過水の紫外線の吸光度を測定したものである。水中に有機物が混在すると一般に 190〜200 nm の紫外線領域に吸収が見られる。

原水は COD 成分を含むので 198 nm に吸収のピークが現れ、濃縮水は原水の 2 倍の吸光度を示した。透

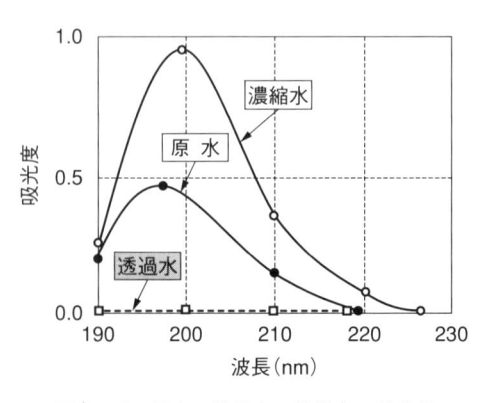

図 6.1.3 原水、濃縮水、透過水の吸光度

---

1) 和田洋六ほか：表面技術、Vol. 50、No. 12、pp. 92〜98（1999）

過水のCOD値は1mg/l以下なので紫外線吸収はほとんど見られない。これらのことから、RO膜処理ではわずかのシリカやCOD成分を除いて、大半の不純物を除去できることが確認された。

排水のRO膜処理では、いくら丁寧に前処理をしても膜面の汚染は避けられない。そこで、いつでも膜洗浄ができるように洗浄回路を設けておくことをお勧めする。重金属汚染では酸洗浄、油分や有機物汚染の場合はアルカリ洗浄が有利である。

● RO膜処理水のイオン交換樹脂処理

表6.1.1の透過水を図6.1.2の流れに従ってイオン交換樹脂処理すると電気伝導率10μS/cm以下の脱イオン水が安定して得られる。

この脱イオン水は表面処理の水洗水としてリサイクルできる。

これにより、それまで排水処理して公共水域に廃棄していた排水がリサイクル可能となる。RO膜処理では必然的に濃縮水が発生するが、それまでの排水処理装置にかかる負担が半分以下に減るので排水処理設備全体からみれば環境負荷軽減となる。

演習問題

RO膜処理に関する記述のうち誤っているのは次のうちどれか。

① RO膜で排水の脱塩処理をする場合、所定の濃度まで濃縮して析出しなければRO膜適用の可能性がある。
② 重金属イオンを含んだ排水をRO膜処理するには供給水のpHは酸性側のほうがよい。
③ 透過水量が減ってきたからといってむやみに濃縮水側の弁を絞って透過水を増やしてはならない。
④ 酸性の重金属含有排水をRO膜処理するには、前処理でアルカリ薬品（NaOH）や高分子凝集剤で凝集沈殿処理して金属イオンを除去しておいたほうがよい。
⑤ 排水のRO膜処理装置は一定時間ごとに化学洗浄できるような回路を設ける必要がある。

解　答

誤り④：高分子凝集剤はRO膜やMF膜の有機性高分子膜面に付着して細孔を閉塞させるので使用してはならない。

6.2 イオン交換樹脂法による重金属含有排水のリサイクル

電気・電子部品、自動車部品、機械部品などの表面処理工程から排出される排水には銅、ニッケル、クロムなどの重金属が含まれている。これらの排水は塩分濃度が 1,000 mg/l 以下であればイオン交換樹脂によるリサイクル化の可能性がある。

塩分濃度 1,000 mg/l 以上の排水のリサイクルについては、処理コストの面から逆浸透膜処理法を検討したほうがよい。ここではイオン交換樹脂法による重金属含有排水のリサイクル事例について述べる。

● イオン交換樹脂法による重金属イオンの除去

図 6.2.1 は表面処理排水に含まれる銅、ニッケルなどの重金属イオンおよびシリカなどをイオン交換樹脂で除去する模式図である。

原水の水質は pH 6.0、電気伝導率（E.C：Electric Conductivity）520 μS/cm、全溶解固形分（TDS：Total Dissolved Solid）420 mg/l、Cu^{2+} 6 mg/l、Ni^{2+} 8 mg/l である。一例として、上記の排水を H 型陽イオン交換樹脂塔と OH 型陰イオン交換樹脂塔の順に直列に接続してゆっくり通水（SV 5）すると銅、ニッケルなどの陽イオンは

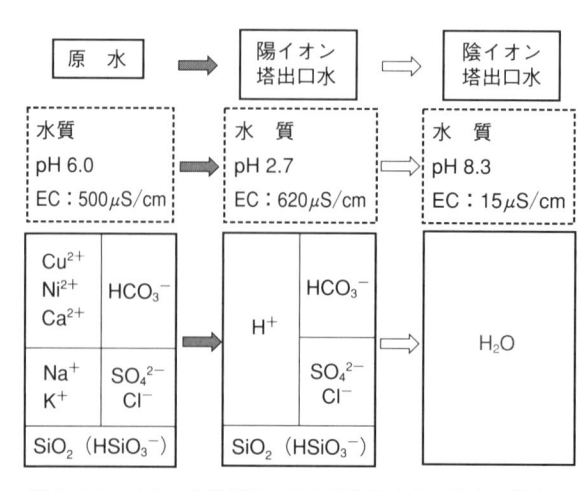

図 6.2.1　イオン交換樹脂による重金属イオン除去の模式図

陽イオンは樹脂に吸着し、その代わりに水素イオン（H⁺）が放出される。これにより、H型陽イオン塔出口水の水質はpH 2.7の酸性水、電気伝導率620 μS/cmとなる。

上記のH型陽イオン交換樹脂塔出口水をOH型陰イオン交換樹脂塔に通水するとpH 8.3、電気伝導率15 μS/cmの脱イオン水が得られる。

ここでpH値が8.3とややアルカリを示すのは陽イオン交換樹脂からわずかにリークしたナトリウムイオンが陰イオン交換樹脂に吸着されず、陰イオン交換樹脂と作用してNaOHに変わったためである。

排水処理に使うイオン交換樹脂は汚染に抵抗性のあるマクロポアー型が適している。通常、水道水の水質はpH 7.3、電気伝導率150 μS/cm程度であるから、表面処理排水をイオン交換樹脂処理することによって水道水よりも純度の高い脱イオン水が回収できる。こうして得られた脱イオン水は実際の表面処理の現場で水洗水として再利用されている。

● 2塔式と混床塔の違い

イオン交換樹脂を用いた脱イオンの処理方式には**図6.2.2**に示すように陽イオン交換樹脂と陰イオン交換樹脂を異なる容器に充填する

2塔式（上段）と同一の容器に陽イオン交換樹脂と陰イオン交換樹脂を混合して充填する混床式（下段）が実用化されている。それぞれの処理水の水質例を**表6.2.1**に示す。

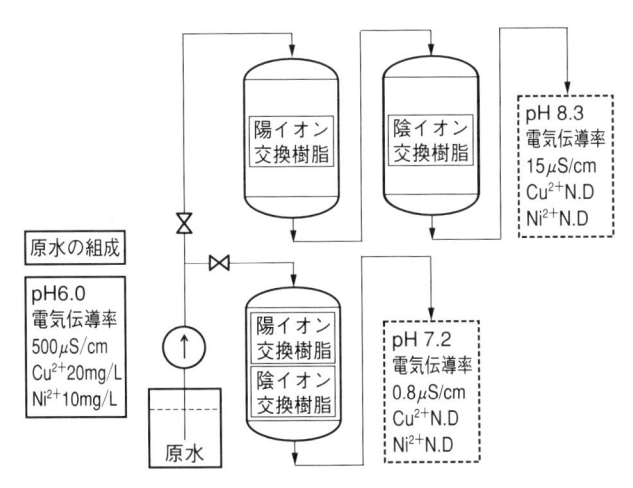

図6.2.2　2塔式と混床塔式の水質の違い

第6章 排水のリサイクル

表 6.2.1 2塔式と混床式の水質の相違

項　目	原　水	2塔式	混床式
pH	6.0	8.3	7.2
電気伝導率（μS/cm）	500	15	0.8
Cu^{2+}	20	N.D	N.D
Ni^{2+}	10	N.D	N.D

2塔式に比べて混床式の水質が良いのは、混床塔の中では陽イオン交換樹脂と陰イオン交換樹脂が隣り合わせに無限段とも言うべき段数で接しており、2塔式に相当する脱イオン反応が何回も繰り返されるうちに水質が向上したものと考えられる。

● イオン交換樹脂法による表面処理排水のリサイクル

図 6.2.3 はイオン交換樹脂法による表面処理排水のリサイクルフローシート例である。表面処理工場からは多くの工程で重金属含有排水が排出される。ここでは、それぞれの工程別に図のようなイオン交換樹脂塔による排水のリサイクルシステムが付設、実用化されている。

この工程で飽和となった樹脂の再生は生産現場では行わず、別の再生専門の工場に運搬して工業規模で再生する「委託再生方式」が実用化されている。

「委託再生方式」の特長は生産現場で樹脂再生を行わないので再生廃液と廃液処理

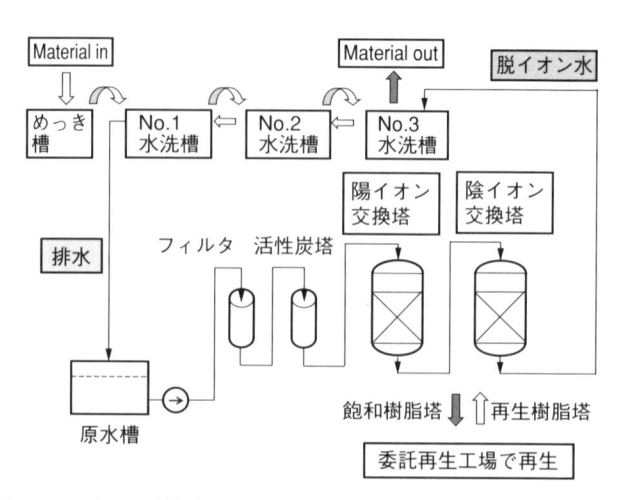

図 6.2.3　イオン交換法による表面処理排水のリサイクルフローシート

に伴うスラッジの発生がないところである。

● 委託再生方式のイオン交換システム

写真 6.2.1 は実際の「委託再生方式」によるイオン交換装置例である。

ボンベ型の樹脂塔は入り口、出口の配管を接続するだけで直ちに脱塩を開始できる。これにより、生産現場では樹脂の再生や排水処理をしなくても排水のリサイクル化が実現する。

写真 6.2.1 委託再生方式のイオン交換装置例

演習問題

重金属を含む表面処理排水をイオン交換樹脂でリサイクルする件に関する記述のうち誤っているのは次のうちどれか。

① イオン交換樹脂で表面処理排水をリサイクルする場合は全溶解固形分（TDS）が 1,000 mg/l 以下を目安とする。
② 排水の脱塩処理では一般に2塔式よりも混床式のほうが水質がよい。
③ 陽イオン塔と陰イオン塔による2塔式で得た処理水の pH 値がややアルカリを示すのは陽イオン塔からわずかにリークした Na イオンの影響による。
④ イオン交換樹脂は陽イオンや陰イオンを吸着するものなので、イオン状ではない有機酸や界面活性剤などが混在していても樹脂の性能に悪影響を与えない。
⑤ 委託再生方式のイオン交換樹システムは現場で飽和樹脂の再生を行わないので再生廃液やスラッジの発生がなく、小規模の生産工場に適している。

解 答

誤り④：有機酸や界面活性剤などはイオン交換反応はしないが、樹脂に吸着したり、樹脂表面を覆って樹脂本来の機能を阻害するので、これらの有機物は事前に分解するか活性炭吸着などで除去しておく必要がある。

6.3 UVオゾン酸化とイオン交換樹脂法によるシアン含有排水のリサイクル

シアン化合物は化学工場、電子部品製造工場、めっき工場などの排水に含まれている。従来、シアン含有排水はアルカリ塩素法で処理し、処理水は公共水域に放流し、発生スラッジは埋め立て処分されていた。

アルカリ塩素法はシアンを無害化できるが、この方法は化学薬品を多く使うので、処理水中の塩類濃度が高く過剰塩素を含むため再利用には適さない。

オゾンは処理薬品を使うことなくシアンを分解できる。過剰のオゾンは自己分解して酸素となるから、処理水中に塩類や有害な塩素酸化物などの副生がない。

水中のオゾンに紫外線を照射するとシアンの分解が促進される。

イオン交換樹脂法はシアン化物イオンを吸着・溶離できるが、陽イオン交換樹脂にシアン排水が接触すると酸性化してシアンガス（HCN）となり、樹脂粒間に充満して処理効率を低下させ、漏れ出ると作業環境が危険となる。ここでは、UVオゾン酸化とイオン交換樹脂処理を組み合わせて、シアン排水を再利用する方法について述べる。

● シアン排水のオゾン酸化

図6.3.1は表面処理工場から排出されたシアン排水のオゾン酸化処理例である。

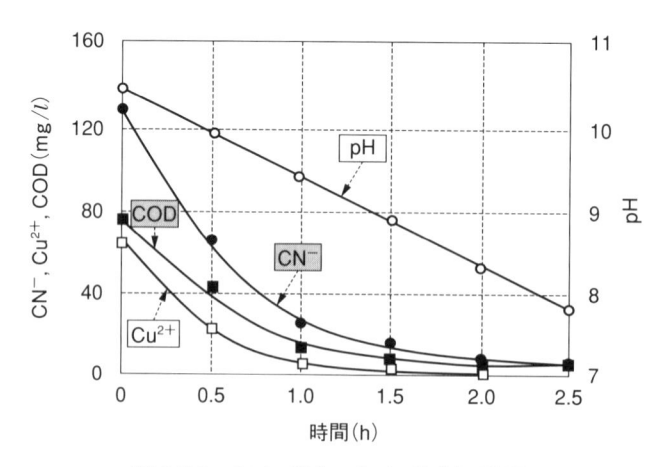

図 6.3.1　シアン排水のオゾン酸化処理例[1]

原水の組成はpH 10.5、CN^- 130 mg/l、COD 79 mg/l、Cu^{2+} 65 mg/lである。オゾン酸化によりシアン、COD濃度は低下して2.0時間後に10 mg/lとなるが、それ以上処理しても変化しない。銅イオンは2.0時間処理でゼロとなる。したがって、実際の排水をオゾン単独で処理しシアン濃度をゼロにするには2.5時間以上を要する。

● シアン排水のUVオゾン酸化

図6.3.2は図6.3.1と同じ試料水をUVオゾン酸化処理しpH、CN^-、CNO^-、CODについて測定した結果例である。

pHは0.4時間あたりで7.8と極小値を示し、それ以後はゆっくり増加した。CODは1.0時間で1.0 mg/lとなった。これは、COD成分の酸化に伴って有機成分が一時的に低分子の有機酸となり、やがて二酸化炭素と水に分解したためである。

シアン濃度は0.4時間でゼロとなったが、その代わり、シアン酸濃度（CNO^-）が上昇し190 mg/lとなった。さらに酸化を継続するとCNO^-は低下し始めたが1.5時間以上たってもあまり変化しなかった。これらのことから、COD成分やCN^-は処理できてもCNO^-濃度が一時的に増加し、2.5時間処理してもあまり低下しないことがわかった。そこで、ここではシアン濃度がゼロとなる0.4時間処理の水を陽イオン交換樹脂塔と陰イオン交換樹脂塔に通水した。その結果、陽イオン交換樹脂塔出口ではCNO^-が検出されなくなった。これは陽イオン交換樹脂塔の中で陰イオンのCNO^-が

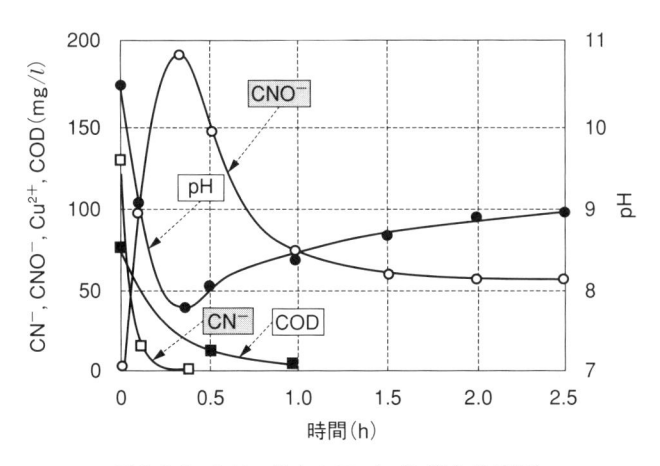

図6.3.2 シアン排水のUVオゾン酸化結果例[1]

---

1) 和田洋六ほか：日本化学会誌、No. 9、pp. 834-840（1994）

第6章 排水のリサイクル

陽イオンの NH_4^+ に変わり樹脂に吸着したためと考えられる[2]。

陽イオン交換樹脂塔出口水はそのまま陰イオン交換樹脂塔に通水した。このようにして得られた水は電気伝導率 $10\,\mu S/cm$ 程度の脱イオン水となった。

● UVオゾン酸化とイオン交換樹脂によるシアン排水処理システム

シアン排水のUVオゾン処理とイオン交換樹脂処理実験に基づき、**図 6.3.3** のフローシートと**写真 6.3.1** に示すUVオゾン酸化とイオン交換樹脂処理法を考案した。

シアンめっき No.1 水洗水はフィルタでろ過した後、UVオゾン酸化を行う。

UVオゾン酸化処理水はもう一度ろ過した後、陽イオン交換樹脂塔と陰イオン交換樹脂塔に通水する。

これにより、シアン含有排水は電気伝導率 $10\,\mu S/cm$ 程度の脱イオン水となるので水洗水としてリサイクルできる。

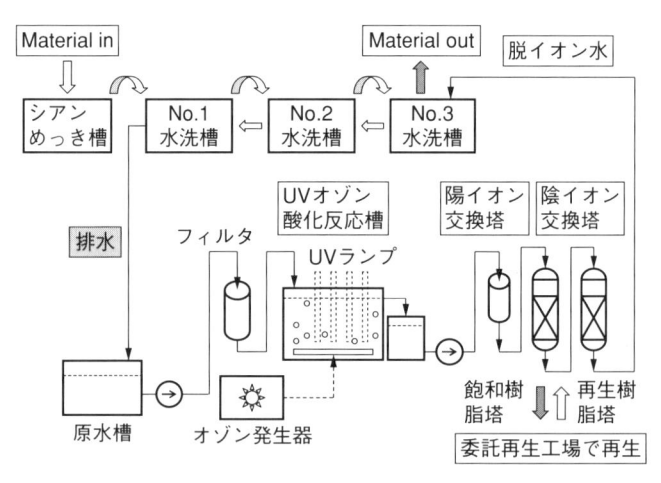

図 6.3.3　UVオゾン酸化とイオン交換樹脂処理によるシアン排水の処理フローシート

---

2) CNO^- が不検出となったのは下記(1)～(3)の反応により CNO^- が陽イオン交換樹脂塔の中でアンモニウムイオン（NH_4^+）に変わり樹脂に吸着されたと考えられる。

$$R-SO_3H + NaCNO \rightarrow R-SO_3 \cdot Na + H^+ + CNO^- \quad \cdots\cdots (1)$$
$$CNO^- + 2H^+ + H_2O \rightarrow CO_2 + NH_4^+ \quad \cdots\cdots (2)$$
$$R-SO_3H + NH_4^+ \rightarrow R-SO_3 \cdot NH_4^+ + H^+ \quad \cdots\cdots (3)$$

図 6.3.3 のようにUVオゾン酸化処理でシアンをシアン酸に変えて、この処理水を陽イオン交換樹脂と陰イオン交換樹脂で処理すれば、シアン排水から安定して脱イオン水が回収できリサイクルできる。

写真 6.3.1 UVオゾン酸化装置例

図6.3.3のリサイクルシステムで飽和に達したイオン交換樹脂の再生は、生産工場では行わず再生専門の工場に運搬して再生する「委託再生」方式を採用した。これにより、生産現場では樹脂再生の手間が省け、再生廃液やスラッジの発生がなくなる。

● UVオゾン酸化処理水のイオン交換処理

図6.3.4はUVオゾン酸化処理前と処理後の水を陽イオン交換樹脂と陰イオン交換樹脂に通水し、樹脂量の何倍の水が回収できたかを測定、比較したものである。

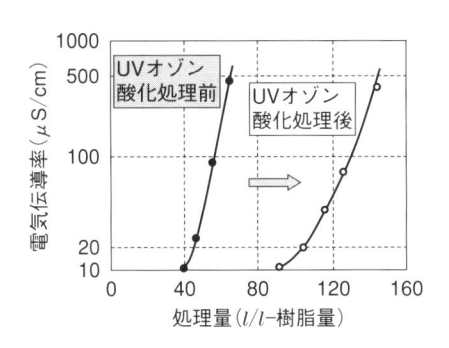

図 6.3.4 陰イオン交換塔出口水の電気伝導率

UVオゾン酸化処理しないで直接イオン交換樹脂に通水すると樹脂量の40倍程度の回収率であるが、UVオゾン酸化処理すると回収率が樹脂量の90倍に増加する。

このように、UVオゾン酸化処理とイオン交換樹脂処理の組み合わせにより、脱イオン水が安定して回収できる。

6.4 UVオゾン酸化とイオン交換樹脂法による 3価クロム化成処理排水のリサイクル

　EUにおける6価クロム使用制限はELV（使用済み自動車）、RoHS（電気電子機器の有害物使用制限）、WEEE（廃棄電気電子機器）の各指令にとどまらず、REACH規則（化学物質を使用、生産する際のリスク評価・管理を強化するシステム）の導入まで拡大されようとしている。

　これらの事情を背景に自動車や電気・電子機器業界では、6価クロムを用いたクロメート処理の代替技術開発が急務となった。当面の選択肢として、3価クロム化成処理が妥当なものと考えられている。3価クロム化成処理液の組成は比較的単純なクロメート液と異なり、3価クロムを主成分にクロム（Ⅲ）錯体を形成するために必要なキレート剤や塩類などが多量に配合されている。したがって、3価クロム化成処理排水を処理するには従来法では対応しきれない。

　ここでは光オゾン酸化とイオン交換法による有機系3価クロム化成処理排水のリサイクルとクロムの再資源化について述べる[1]。

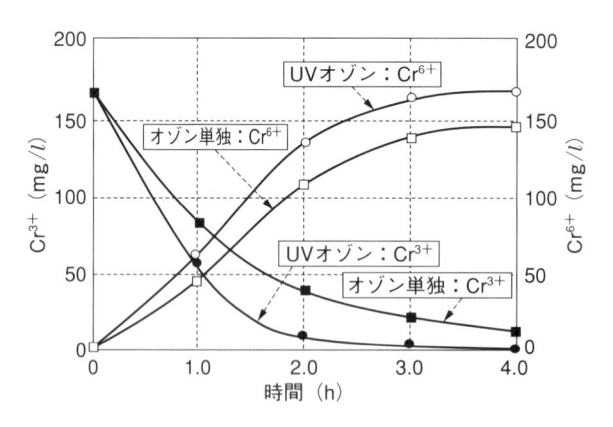

図6.4.1　UVオゾン酸化による3価クロムの酸化

---

1) 和田洋六ほか：化学工学論文集、Vol. 31、No. 5、pp. 365〜371（2005）

● UVオゾン酸化による3価クロムの変化

図 6.4.1 は有機系 3 価クロム化成処理排水を pH 9.4 に調整後、オゾン単独酸化と UV オゾン酸化で処理してクロム濃度（Cr^{3+}、Cr^{6+}）を測定した結果例である。

オゾン単独で酸化処理すると Cr^{3+} 濃度（初期濃度 170 mg/l）は 4 時間後に 15 mg/l となり、Cr^{6+} 濃度は 145 mg/l となった。これに対して UV オゾン酸化処理では 3 時間後にはほとんどの Cr^{3+} が Cr^{6+} に変換した。

● UVオゾン酸化によるCOD、TOCの変化

図 6.4.2 は上記と同じ実験で COD、TOC を測定した結果例である。

オゾン単独で酸化処理すると COD は 4 時間後に 37 mg/l となり、TOC は 24 mg/l となった。これに対して UV オゾン酸化処理では 4 時間後には COD、TOC ともに 5 mg/l 以下となった。

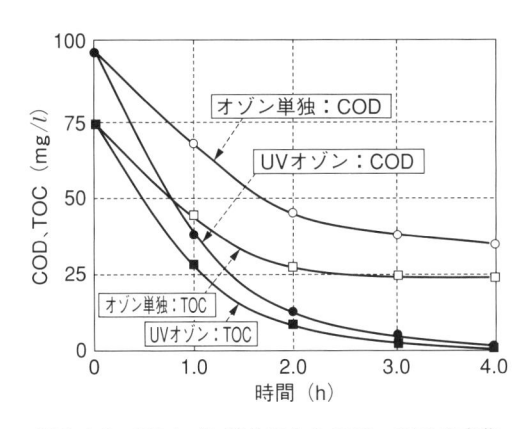

図 6.4.2　UV オゾン酸化による COD、TOC の変化

上記の実験結果から、有機系 3 価クロム化成処理排水は UV オゾン酸化を行えば Cr^{3+} が Cr^{6+} に変換し、COD、TOC 成分は分解できることが確認できた。

● クロムの吸着と再生

酸化処理水中のクロムの大半が Cr^{6+} で COD 値が低ければイオン交換樹脂による脱塩が可能である。UV オゾン酸化処理水を陽イオン交換樹脂塔と陰イオン交換樹脂塔の順に通水すると電気伝導率 10 μS/cm 程度の脱イオン水が安定して得られた。

このようにして得られた脱イオン水は生産工程の水洗水や薬品溶解水として再利用できる。従来の考えならば、陰イオン交換樹脂に吸着したCr^{6+}は NaOH 溶液で溶離すれば回収できるはずである。

ところが、本排水の場合は 10% NaOH 溶液で再生しても樹脂からの溶離率は 55% 程度である。

そこで、いくつかの改善手段について検討したところ図 6.4.3 に示す結果を得た。

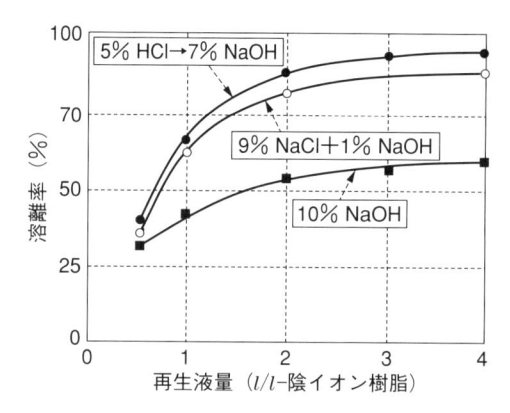

図 6.4.3 強塩基性陰イオン交換樹脂の再生率

図 6.4.3 によれば陰イオン交換樹脂塔に 5% HCl を通液し、水洗をしないで 7% NaOH 溶液をゆっくり（SV 3）流すと溶離率は 90% 程度まで増加した。

これは樹脂再生とクロム回収にとって有利な手段である。

● 陰イオン交換樹脂の洗浄

陰イオン交換樹脂塔に吸着したクロムは 5% HCl と 7% NaOH 溶液によって溶離率が向上したが、廃液中に多量の塩化物イオンが含まれる。クロム酸塩メーカーの見解によれば塩化物イオンの混在はクロム再資源化の障害となる。

そこで、溶離廃液をもう一度陰イオン交換樹脂に飽和となるまで吸着させ、この樹脂を希薄な炭酸ナトリウム（Na_2CO_3）溶液で洗浄した。その結果を図 6.4.4 に示す。

実験の結果、Cr^{6+}とCl^-が多量に吸着した樹脂を pH 10.5〜11.0 の Na_2CO_3 溶液で洗浄すると Cl^- が優先して洗い流されることがわかった。これにより、クロム回収の障害となる Cl^- の

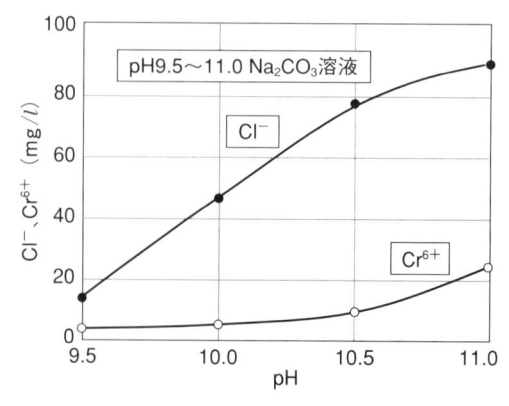

図 6.4.4　Na_2CO_3 による陰イオン交換樹脂の洗浄

大半を除去することができた[2]。

● クロムの回収

図 6.4.5（上段）は樹脂塔①②③④の順に Cl^- の少ないクロム含有廃液を流す模式図である。通液最終時には④を残して他の塔はクロムで飽和となる。クロムを回収する時は配管接続を切り替えて①②③の塔に並行して溶離薬品を流す。

これにより、高濃度のクロム含有液が回収できる。一例として、この回収液のクロム酸（CrO_3）濃度は 8～9% 程度である。本工程で得られた溶離液はクロム塩類の原料として再資源化できる。（平成20年日本ワコン(株)特許No.4155541）

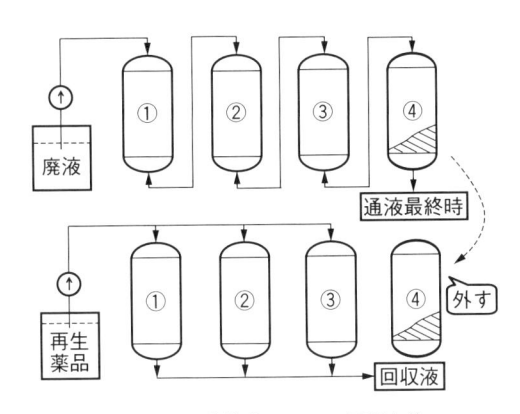

図 6.4.5 高濃度クロムの回収方法

2）下の表は陰イオンと強塩基性陰イオン交換樹脂（Ⅰ型）の選択係数の関係である。

陰イオン	選択係数
NO_3^-	65
HSO_4^-	35
Cl^-	22
HCO_3^-	6.0
OH^-	1.0

上の表は OH^- を基準（1.0）としている。これらの関係から低濃度の HCO_3^- 溶液で樹脂を洗浄すれば吸着している Cl^- を優先して除去できると思われる。

◆コラム⑥　AOPと水のリサイクル

　AOP（Advanced Oxidation Process）は光酸化または促進酸化と訳される。紫外線、オゾン、過酸化水素を併用して酸化力の強いヒドロキシルラジカル（OHラジカル）を生成させ、有機物や還元性物質を「低い濃度まで高度に処理できる」ので水の再利用や循環処理に適している。

　水処理では、対象となる水に含まれる不純物の種類や濃度の範囲が大きく、不純物が $0.1\,\mathrm{mg}/l$ 以下の超純水から、汚濁物質が 10% を超えるような汚水までを扱う。このように広範囲の汚濁水に対し、一種類の方法で対処できる万能な水処理技術はない。水処理にはこの本で述べたように、多くの方法があり、それぞれが得意とする汚染濃度範囲がある。

　AOP技術は高度処理に属し、これと同等の技術には、オゾン酸化、活性炭吸着、UF膜ろ過、RO膜脱塩などの方法がある。高度処理では汚染度の高い水の処理には効率が悪いので、前処理で汚濁物質を $100\,\mathrm{mg}/l$ 以下まで落としておくことが重要である。

　AOPの第1の特長は、対象が有機物の場合はそれを酸化分解し、図に示すように二酸化炭素と水にまで分解する。（実際には、そこまで処理せず中間生成物でとどめ、次いで、イオン交換樹脂や活性炭で処理することもある）AOPでは過酸化水素を使うこともあるが、過酸化水素の分解生成物は水と酸素なので処理水中の溶解塩類が増加せずリサイクル化が可能となる。

　AOPの第2の特長は「スラッジなどの残留物ができない」ことで、環境保全の見地から廃棄物規制がますます厳しくなる時代に適している。

　AOPの第3の特長は紫外線照射により酸化分解時間が短縮され、高いエネルギーを持った紫外線は有機化合物の分子結合を切ることができる。これにより、「難分解性物質」の処理も可能となる。

　これらの特長はいずれも水のリサイクルには最適で、これからの水処理技術として注目されている。

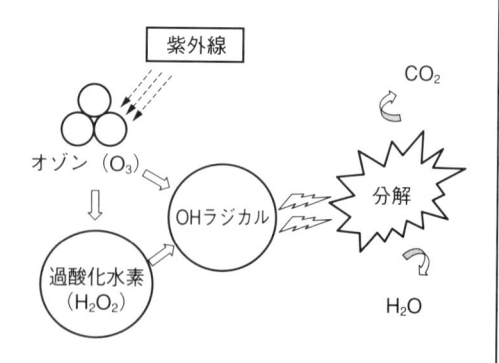

索　　引

● あ行

亜鉛の排水基準 228
アルカリ塩素法 216
アルカリ性食品 20
アルカリ度 50
アンスラサイト 101
アンモニアストリッピング法 190
硫黄還元菌 106
イオン交換樹脂 128, 133
イオン交換樹脂法 47
イオン交換法 190
委託再生方式 248
陰イオン交換樹脂 112
陰イオン交換膜 128
迂回水路 203
永生生物の保護 12
越流せき 85
越流負荷 85
円形沈殿槽 159
円形反応槽 202
塩素殺菌 54, 60
塩素酸化 97
横流式沈澱槽例 160
オゾン 62, 218
オゾン殺菌 60
オゾンレス石英ランプ 60
汚泥再ばっ気法 164, 166
汚泥負荷 182

● か行

加圧浮上分離 88
回収率 127
回転円板法 174
回分式活性汚泥法 178
開放系冷却水 144
加温再生 238
化学物質規制 12
架橋現象 81
角型反応槽 202
過酸化水素 232
可視光線 58
活性汚泥法 166
荷電中和 82
画分子量 120
カルシウム硬度 150
カルシウムヒドロキシアパタイト 196
環境基準 12

間欠逆洗式 118
還元 42
還元漂白 45
緩速ろ過 76
緩速ろ過法 92
貫流ボイラ 142
気-固比 89
気化熱 144
逆浸透膜 124
逆浸透膜法 148
逆洗展開率 101
キャリオーバー 170
急速ろ過法 76, 92
吸着等温線 105
凝集槽 86
強熱残留物 30
キレート安定定数 230
空気逆洗装置 174
空気溶解槽 89
クリプトスポリジウム 122
グルカミン型樹脂 225
クロスフローろ過 116
クロム COD 40
クロム再資源化 256
クロム酸 212
クロム酸排水 212
クロロホルム 78
訓養 180
傾斜板式沈殿槽 160
下水処理場 72
限外ろ過膜 120
懸濁物質 30
高圧水銀ランプ 59
抗菌剤 186
合成石英ガラスランプ 60
高度処理 8
高分子凝集剤 80
向流再生方式 114
国際河川 9
コロイド 80
混床式 134, 248

● さ行

細菌類 180
再生レベル 113
酸化 42
酸化還元電位 22
酸化溝法 164

259

索　引

酸性食品 …………………………………… 20
暫定排出基準 ……………………………… 12
残留塩素 …………………………………… 22
次亜塩素酸 ……………………………… 54, 54
次亜塩素酸イオン ………………………… 54
次亜塩素酸ナトリウム …………………… 54
シアン ……………………………………… 216
シアン・鉄錯体 …………………………… 216
シアン化合物 ……………………………… 250
シアン酸 …………………………………… 251
紫外線 ……………………………………… 58
紫外線殺菌 ………………………………… 60
糸状バルキング …………………………… 170
自然循環ボイラ …………………………… 141
自然浮上分離 ……………………………… 88
ジャーテスト ……………………………… 211
弱塩基性樹脂 ……………………………… 214
じゃま板 …………………………………… 203
循環 ………………………………………… 8
循環型社会 ………………………………… 8
循環速度 …………………………………… 9
浄化槽 ……………………………………… 72
晶析法 ……………………………………… 194
除鉄・除マンガン処理 …………………… 96
シリカ ……………………………………… 236
浸透作用 …………………………………… 124
水管ボイラ ………………………………… 140
水酸化鉄 …………………………………… 97
水生生物の保護 …………………………… 228
水道水の水質基準 ………………………… 73
水面積 ……………………………………… 158
水面積負荷 ………………………………… 84
スカムスキーマー ………………………… 88
ストークスの式 ……………………… 88, 208
スパイラル ………………………………… 242
スパイラル型RO膜 ……………………… 125
生活排水 …………………………………… 72
生物学的処理法 …………………………… 190
生物膜 ……………………………………… 93
生物膜法 …………………………………… 174
整流板 ……………………………………… 160
石灰ソーダ法 ……………………………… 47
接触ばっ気法 ……………………………… 174
全蒸発残留物 ………………………… 30, 132
センターウエル …………………………… 159
全溶解固形分 ……………………………… 246
全量ろ過 …………………………………… 116
総アルカリ度 ……………………………… 53
増殖阻害性 ………………………………… 188
促進酸化法 ………………………………… 66

● た 行

多孔性散気管 ……………………………… 35
多段フラッシュ法 ………………………… 148
脱気膜 ……………………………………… 37
炭酸 ………………………………………… 50
炭酸イオン …………………………… 50, 133
炭酸水素イオン …………………………… 50
炭酸水素鉄 ………………………………… 97
炭酸同化作用 ……………………………… 194
淡水 ………………………………………… 9
単層ろ過 …………………………………… 101
長時間ばっ気法 …………………… 164, 166
超純水 ……………………………………… 136
沈殿槽 ……………………………… 86, 158, 162
沈殿分離 …………………………………… 84
低圧水銀ランプ …………………………… 59
抵抗率 ……………………………………… 136
ディスク型散気装置 ……………………… 35
電気抵抗 …………………………………… 27
電気伝導率 …………………………… 26, 246
電気透析 …………………………………… 128
電気透析装置 ……………………………… 129
電磁波 ……………………………………… 58
当量電気伝導率 …………………………… 28
毒性物質 …………………………………… 186
トリハロメタン ……………………… 57, 77

● な 行

難分解性化学物質 ………………………… 73
難分解性有機物 …………………………… 75
年間平均降水量 …………………………… 10
濃縮界面 …………………………………… 243

● は 行

バーチャルウォーター …………………… 11
排水基準 …………………………………… 12
パイロジェン ……………………………… 121
ばっ気
　154, 155, 158, 161, 162, 164, 165, 166, 167, 168,
　169, 171, 172, 174, 175, 177, 180, 181, 182, 183,
　184, 185
ばっ気槽 …………………………………… 183
発酵工業 …………………………………… 181
バルキング ………………………………… 170
光のエネルギー …………………………… 58
非対称膜 …………………………………… 120
ヒドロキシルラジカル ……………… 66, 232
比熱 ………………………………………… 144
標準活性汚泥法 …………………… 164, 166

260

表面積負荷	90
ピンホール	106
フェリシアン	217
フェロシアン	217
フェントン反応	232
浮上分離	88
フタル酸エステル類	14
分注ばっ気法	164
フッ素含有排水	220
フミン質	77
不溶性シリカ	236
篩い効果	100
不連続点塩素処理法	99, 190
フロイントリッヒの式	105
並流再生	114
ボイラ水の水質基準	142
防食剤	145
ホウ素含有排水	224
ホウ素除去	151
ホッパー型沈殿槽	158
ポリ塩化アルミニウム	94

●ま行

膜分離	116
丸ボイラ	140
マンガンCOD	40
マンガンイオン	98
マンガン砂	98
水のイオン積	19
水の硬度	46
水の世紀	11
密閉系冷却水	144, 146
無機凝集剤	80
メンブレンフィルター	122

●や行

有機塩素化合物	57, 77
有効塩素	56
遊離塩素	104
遊離残留塩素	77
陽イオン交換樹脂	112
陽イオン交換膜	128
溶解性蒸発残留物	30
溶解度積	200, 204
容積負荷	182
溶存酸素	34

●ら行

リサイクル	8

硫化亜鉛	230
硫化物法	204
硫酸アルミニウム	222
粒子の沈降速度	85
流動床法	174
流量調整槽	154, 162
理論純水	136
冷却水	144
連続式活性汚泥法	179
連続式電気脱塩装置	130

●欧数字

2層ろ過	101
3価クロム化成処理	254
6価クロム	212
AOP	66
BOD	38
CEDI装置	131
COD	40
COD吸着等温線	64
DNA	59
ELV	254
FI値	122
MF膜	116
ML	163
MLSS	163
MLVSS	163
NPSH	150
ORP	22
PFOA	73
PFOA問題	14
PFOS	73
PFOS指令	14
pH	18
Pアルカリ度	53
REACH規則	14, 254
RoHS	254
RoHS指令	14
RO膜	132
RO膜処理	242
RO膜ベッセル	126
SS	162
SV_{30}	163
SVI	163
TDS	27
TOC値	109
TOD	38
UVオゾン酸化	108, 250
WEEE	254

【著者略歴】

和田洋六（わだ　ひろむつ）

工学博士
技術士（上下水道部門、衛生工学部門）

1943年10月　神奈川県生まれ。
1969年 3月　東海大学大学院工学研究科（修士課程）修了後、日機装（株）に入社。
1982年12月　日本ワコン（株）に勤務。
　　　　　　常務取締役を経て、現在、常任監査役。

企業で40年余にわたる水処理技術研究の傍ら、国際協力機構（JICA）や経済産業省の水処理技術専門家として東南アジアや南米諸国で用水と排水処理の実務指導を行う。
経済産業省および環境省の排水処理技術検討会委員

東海大学大学院講師（非常勤）（1994年～2014年）
㈳日本表面処理機材工業会　参与

著書
『水のリサイクル（基礎編・応用編）』地人書館
『造水の技術』地人書館
『飲料水を考える』地人書館
『実務に役立つ　水処理の要点』工業調査会
『実務に役立つ　産業別　用水・排水処理の要点』工業調査会
『水処理技術の基本と仕組み』秀和システム

【ポイント解説】　　水処理技術

2011年5月10日　第1版1刷発行　　　ISBN 978-4-501-62700-3 C3058
2021年7月20日　第1版4刷発行

著　者　和田洋六
　　　　Ⓒ Wada Hiromutsu 2011

発行所　学校法人　東京電機大学　　〒120-8551　東京都足立区千住旭町5番
　　　　東京電機大学出版局　　　　Tel. 03-5284-5386(営業)　03-5284-5385(編集)
　　　　　　　　　　　　　　　　　Fax. 03-5284-5387　振替口座 00160-5-71715
　　　　　　　　　　　　　　　　　https://www.tdupress.jp/

JCOPY ＜(社)出版者著作権管理機構　委託出版物＞
本書の全部または一部を無断で複写複製（コピーおよび電子化を含む）することは、著作権法上での例外を除いて禁じられています。本書からの複製を希望される場合は、そのつど事前に、(社)出版者著作権管理機構の許諾を得てください。
また、本書を代行業者等の第三者に依頼してスキャンやデジタル化をすることはたとえ個人や家庭内での利用であっても、いっさい認められておりません。
［連絡先］Tel. 03-5244-5088, Fax. 03-5244-5089、E-mail：info@jcopy.or.jp

印刷：美研プリンティング(株)　製本：渡辺製本(株)　装丁：右澤康之
落丁・乱丁本はお取り替えいたします。　　　　　　Printed in Japan

本書は、(株)工業調査会から刊行されていた第1版2刷をもとに、著者との新たな出版契約により東京電機大学出版局から刊行されたものである。